Mitteilungen

der Gesellschaft für Erdkunde und Kolonialwesen zu Straßburg i. E.

[Zugleich Abteilung Straßburg der Deutschen Kolonialgesellschaft]

für das Jahr 1912.

Drittes Heft.

Mit drei Karten.

Straßburg
Verlag von Karl J. Trübner
1913.

M. DuMont Schauberg, Straßburg.

Inhalt.

Die geographische und wirtschaftliche Bedeutung des Waldes und seine Rückwirkung auf die Volksdichte, unter besonderer Berücksichtigung der Verhältnisse im Oberelsaß.

Von Dr. Friedrich Schmid.

Einleitung.

Wohl kein Gebiet der geographischen Wissenschaft hat in letzter Zeit größere Beachtung gefunden, als das der Anthropogeographie und innerhalb derselben, das der Volksdichte. Doch ein Vergleich der Ergebnisse der Einzelarbeiten auf diesem Gebiete ist unmöglich gemacht durch das Fehlen einer auch nur einigermaßen einheitlichen Methode der verschiedenen Arbeiten. Das ist ein Mangel von weitgehendster, schwerwiegendster Bedeutung. Gerade durch den Vergleich ist es möglich, tiefer in die kausalen Beziehungen innerhalb der Faktoren, die bestimmend auf die Volksdichte einwirken, einzudringen. Dadurch erst lassen sich Fehlschlüsse vermeiden, indem eben der Vergleich als korrigierendes Moment in erster Linie berücksichtigt werden muß. Denn ganz verschiedene Tatsachen können sich aus einerlei Voraussetzungen ergeben, und verschiedene Voraussetzungen können gut die gleichen Folgen zeitigen. Wenn dies innerhalb eines Gebietes schon zutage tritt, so wird es noch viel klarer und besser bewiesen, wenn wir verschiedene Arbeiten miteinander vergleichen können. Weiter aber sollen sich auf den Spezialuntersuchungen kleinerer Gebiete die Darstellungen ganzer Staaten, der Erdteile, der Erde überhaupt, aufbauen. Nur auf solcher Grundlage können jene Gesamtdarstellungen Anspruch auf Genauigkeit haben. Wie ist dies aber möglich, wenn jeder Arbeit andere methodische Erwägungen zugrunde liegen? Durch die Unmöglichkeit des Vergleichs und der Zusammenfassung verlieren alle jene Arbeiten über kleine Gebiete jeden Wert für die Allgemeinheit und für die Gesamtwissenschaft. Sie bleiben Lokalbeobachtungen, die auch nur von lokalem Werte sind. Dies darf zwar ein Zweck, doch nicht der Zweck der Arbeiten sein. Wenn ich Stellung zur Methodik der Volksdichtedarstellung nehme, so tue ich es, um der erwähnten Vereinheitlichung zu dienen.

Ratzel gibt zwei Definitionen der Volksdichte. „Die Volksdichte ist für den Geographen der Zustand eines Gebietes, der hervorgebracht wird durch die Zahl der auf ihm wohnenden Menschen“.[1]) Es dürfte wohl richtiger heißen: Die Volksdichte ist der Ausdruck für den Zustand eines Gebietes usf.[2]).

Die andere von Ratzel gegebene Definition ist wohl die mehr gebrauchte und mehr zitierte. Darnach ist die Volksdichte „das Verhältnis der Zahl der Menschen zur Größe des von ihnen bewohnten Raumes.“[3]) Aus der Unklarheit darüber, was unter dem Begriff „des bewohnten Raumes“ zu verstehen ist, scheinen mir die zu untersuchenden methodischen Schwierigkeiten herausgewachsen zu sein. „Fast in jeder Arbeit ist eine etwas abweichende Definition gegeben worden, während sie alle darin übereinstimmen, daß gewisse Teile eines Landes der bewohnten Fläche nicht zuzurechnen seien.“[4]) Solche Teile sind zunächst Öd- und Unland, das Areal der Wege und Gewässer, sodann der Wald. Die Mehrzahl der Autoren entschied sich dahin, daß jene Areale, also auch der Wald auszuscheiden seien. „Während das Kulturland den wirklichen Lebensboden der Bevölkerung darstellt, ist der Nutzungswert der Holzungen, mit dem jenes verglichen, ein sehr geringer und ihr Einfluß auf die Volksdichte daher in der Regel sehr unbedeutend. Es erscheint daher ein Verfahren berechtigt, welches die Holzungen auf der Volksdichtekarte schon äußerlich als für die Volksdichte unwichtig kennzeichnet, und ziehen wir daher bei der Volksdichteberechnung das Areal der Holzungen von dem Gesamtareal eines Bezirkes ab.“[5]) So äußert sich E. Friedrich

---

[1]) F. Ratzel: Anthropogeographie II. 1891, S. 188.

[2]) Den Mangel an Logik in dieser Definition rügt auch G. Greim: Beiträge zur Anthropogeographie des Großherzogtums Hessen. Stuttgart 1912. (Forschungen zur deutschen Landes- und Volkskunde. Bd. 20. Heft 1).

[3]) Ratzel: Anthropogeographie II. S. 180.

[4]) Ed. Wagner: Die Bevölkerungsdichte in Süd-Hannover. Forsch. z. d. L. u. Vk. XIV. 6. 1903, S. 15 Anmerk. 2. 3.

[5]) E. Friedrich: Die Dichte der Bevölkerung im Regierungsbezirk Danzig. 1895, S. 4.

über seine Stellung zur Frage der zugrunde zu legenden Fläche. In ähnlichem Sinne drückt sich Ed. Wagner aus: „Die Bevölkerung wird bedingt durch das Kulturland, während der Einfluß der Holzungen auf die Verdichtung ein verschwindender ist." — „Erstaunlich ist, daß selbst in dem fast ausschließlich dem Waldgebiet des Solling angehörigen Kreise Uslar und Holzminden, die über 55% ihrer Gesamtfläche von Wald bedeckt haben, in ersterem nur 4,6% in letzterem sogar nur 2,1% der Erwerbstätigen ihren Unterhalt durch eine an den Wald geknüpfte Tätigkeit finden. Dies zeigt den geringen Einfluß des Waldes auf das Erwerbsleben."[1])

Aus diesen Ausführungen ergibt sich, daß für die beiden Autoren der Begriff „bewohnter Raum" gleich bedeutend ist mit dem Kulturland, worunter bei ihnen die landwirtschaftlich genutzte Fläche zu verstehen ist.

In den Darlegungen über die Ursachen der Volksdichte seines Gebietes sagt E. Friedrieh über den Einfluß des Waldes auf dieselbe: „Es wirkt aber der in größeren Komplexen sich findende Wald auf seine Umgebung in sehr merklicher Weise ein. Nur von wenigen Beamten bewohnt, erzeugt er dagegen an seinen Rändern eine stärkere Dichtigkeit durch das produktive Moment, daß er den umliegenden Gemeinden Gelegenheit zum Nebenerwerb (durch Holzarbeiten usw.) gibt, und durch das mechanische Moment, daß er die in der Zeit des Verkehrs immer mehr im Flusse begriffene Menschheit als Verkehrshindernis an seinen Rändern staut. Daraus erklärt sich die Erscheinung, daß wir überall an den Rändern des Waldes und auf den von ihm eingeschlossenen Lichtungen eine Stärke der Bevölkerung finden, welche nicht aus den Verhältnissen des Bezirkes selbst, sondern sich mit aus der Nachbarschaft des Waldes begründet."[2])

In Ed. Wagners Arbeit finden wir folgende dem Solling gewidmeten Worte: „Ebenso, wie der das Gebirge aufbauende Fels, hat auch sein Waldbestand mancherlei Industrie hervorgerufen. In früheren Jahren befanden sich über das ganze Gebiet zerstreut zahlreiche Pottaschesiedereien, deren Produkte teilweise zur Bleiche der hier verfertigten Leinwand, teils zur Glasfabrikation Verwendung fanden. Zwar hat diese Verwendung

[1]) E. Wagner: Die Bevölkerungsdichte in Südhannover, Forsch. z. d. Landeskunde XIV, 6, 1903, S. 97.

[2]) E. Friedrich: Die Volksdichte des Reg.-Bez. Danzig S. 26.

des Holzreichtums in unserer Zeit bedeutend nachgelassen, aber seine Verarbeitung zu Bauholz, sowie zu verschiedenen Holzstofferzeugnissen wird in allen größeren Siedelungen des Gebirges betrieben. Von den übrigen Industriezweigen vermag keiner mehr die Bedeutung erlangen, wie die beiden bereits erörterten."[1])

Im Prinzip sind also beide Autoren für die Ausscheidung des Waldes, weil derselbe nur in verschwindender Weise auf die Volksdichte einwirke. Bei der Betrachtung der konkreten Verhältnisse müssen sie aber einräumen, daß der Wald doch auf das Wirtschaftsleben und auf die Bevölkerungsdichte einwirkt. Dieser innere Widerspruch besteht — und muß bestehen — bei fast allen Arbeiten, die der Ausscheidungstheorie huldigen.

Es genügen aber bei der großen Bedeutung der Waldausscheidungstheorie für die Darstellung der Volksdichte lediglich auf so allgemeine Gegensätze sich gründende Zweifel nicht zur Entscheidung. Die Notwendigkeit einer genauen Untersuchung der Frage, ob eine Ausscheidung des Waldes und der andern genannten Areale (Öd- und Unland, Wege und Gewässer) vorgenommen werden soll, oder ob die Bevölkerung auf das Gesamtareal zu beziehen ist, läßt sich daher nicht von der Hand weisen. Zu einer solchen Untersuchung gehört aber vor allem auch eine Festlegung der Bedeutung des Waldes, die Hauptart der auszuscheidenden Flächen, in geographischer, sowohl als auch in wirtschaftlicher Beziehung.

Die geographische und wirtschaftliche Bedeutung des Waldes im Oberelsaß.

Elsaß-Lothringen besitzt bei einem Gesamtareal von 14521,82 qkm eine Waldfläche von 4439,89 qkm oder 32 % des Gesamtlandes. Von den Staaten des deutschen Reiches wird es nur von Baden, Bayern, Hessen und Württemberg durch einen stärkeren Bewaldungsprozentsatz übertroffen.[2])

Auf die einzelnen Bezirke verteilt sich der Waldbestand wie folgt:[3])

---

[1]) Ed. Wagner: Die Bevölkerungsdichte in Südhannover, Forsch. z. d. Landeskunde XIV, 6, 1903, S. 101—102.

[2]) Stat. Jahrbuch für das Deutsche Reich, 1900.

[3]) Stat. Jahrbuch für Els.-Lothr., 1911, S. 85.

Oberelsaß	125 102,55 ha
Unterelsaß	160 591,16 „
Lothringen	158 295,96 „
Elsaß-Lothringen	443 989,67 ha.

Das gesamte Waldareal setzt sich zusammen aus Staatswaldungen, ungeteilten Waldungen,[1]) Gemeinde-, Anstalts- und Privatwaldungen. Die vier ersten Besitzarten unterstehen der vollen staatlichen Forstordnung.[2]) Den Gemeinden und Anstalten steht insofern ein Mitbestimmungsrecht hinsichtlich der Bewirtschaftung zu, als ihnen die Betriebspläne und sonstige wirtschaftliche Maßnahmen zur Einwilligung vorgelegt werden müssen. Für die Anteile an den Verwaltungskosten der Bewirtschaftung ihrer Waldungen durch den Staat entrichten die Gemeinden und Anstalten 4 % des Ertrags der Hauptnutzung an die Staatskasse.[3]) — Die Waldungen verteilen sich auf die einzelnen Besitzarten wie Tabelle I angibt:[4])

Tabelle I.

Gebiet	Unter der Staatsforstordnung stehende Waldungen.				Privatwald	Summe aller Waldungen
	Staatswald ha	Unget. Wald ha	Gemeindewald ha	Anstaltswald ha	ha	ha
Oberelsaß	22 268,57	—	81 824,03	233,97	20 775,98	125 102,55
Unterelsaß	41 256,03	16 253,14	73 781,06	1 236,72	28 064,21	160 591,16
Lothringen	75 456,40	—	43 587,90	1 029,37	38 222,29	158 295,96
Elsaß-Lothr.	138 981,00	16 253,14	199 192,99	2 500,06	87 062,48	443 989,67
Auf 100 ha der Gesamtwaldfläche fallen in Prozenten:						
Oberelsaß	17,80	—	65,40	0,19	16,61	100,0
Unterelsaß	25,70	10,12	45,94	0,77	17,47	100,0
Lothringen	47,67	—	27,53	0,65	24,15	100,0
Elsaß-Lothr.	31,30	3,66	44,87	0,56	19,61	100,0

[1]) Von Staat und Gemeinden in ungeteiltem Eigentum besessener Wald.

[2]) v. Berg: Mitteilungen über die forstlichen Verhältnisse von Elsaß-Lothringen, 1883, S. 36 ff.

[3]) Gesetzblatt für Elsaß-Lothringen, 1910, Seite 30. — (Eine Abänderung dieses Gesetzes ist in Aussicht genommen.)

[4]) Stat. Jahrbuch für Els.-Lothr., 1911, S. 85.

Im ganzen sind also 80,39 % des Waldareals in Elsaß-Lothringen unter staatlichem Forstschutz, und nur 19,61 % stehen unter minder strenger Beaufsichtigung. Für den Bezirk Oberelsaß ist das Verhältnis noch etwas besser: 83,39 : 16,61. Ganz frei sind auch die Privatwaldungen nicht. Bezüglich der Ernennung des Schutzpersonals, sowie der Rodung und Wiederaufforstung unterliegen auch sie forstpolizeilichen Bestimmungen.[1])

Die elsaß-lothringischen Staatswaldungen sind zum größten Teil ehemaliger Herrschaftswald. Die Herrschaften erhielten seinerzeit in ihrer Eigenschaft als Obermärker bei der Teilung der Markgenossenschaftswaldungen auch ihre Anteile, die nun auch in den Staatswaldungen enthalten sind. Einige kleinere Teile sind auch anläßlich der französischen Revolution eingezogene Güter der toten Hand. Königswald gibt es in Elsaß-Lohringen nicht.[2])

Die ungeteilten Waldungen liegen besonders in den Oberförstereien Buchsweiler, Hagenau-Ost, Hagenau-West, Weißenburg.[3]) Der weitaus größte Teil dieser Waldungen, der sogenannte heilige Forst bei Hagenau, befand sich noch im 12. Jahrhundert als Alleineigentum in den Händen der Hohenstaufen. Durch allmähliche Ausdehnung ihrer Nutzungsrechte gelangte die Stadt Hagenau in den Mitbesitz desselben.[4])

Die heutigen Gemeindewaldungen sind jungen Ursprungs. Das Hauptareal nehmen die aus der Aufteilung der Markgenossenschaften hervorgegangenen ein. Die übrigen Gemeindewälder sind Teile ehemaliger Staats- oder Herrschaftswaldungen, die durch Forstrechtsablösungen, durch Usurpation an die Gemeinde kamen. Es finden sich auch gekaufte und durch Aufforstung der Allmende entstandene Gemeindewaldungen.[5])

---

[1]) v. Berg: Mitteilungen usw., S. 42.

[2]) Carl Ney: Die forstwirtschaftlichen Verhältnisse Elsaß-Lothringens. (In: Das Reichsland Elsaß-Lothringen, Landes- und Ortsbeschreibung, herausgegeben vom statistischen Bureau des Ministeriums für Elsaß-Lothringen, 1898—1901), Bd. I, S. 196 ff.

[3]) Beiträge zur Forststatistik von Elsaß-Lothringen. Herausgegeben vom Ministerium für Els.-Lothr. Heft XXIX, 1912, S. 4.

[4]) Carl Ney: Die forstwirtschaftl. Verhältnisse usw., S. 197.

Vgl. hierzu auch C. Ney: Geschichte des heiligen Forstes bei Hagenau im Els. (Beiträge zur Landes- und Volkskunde von Els.-Lothr. I. Teil, Heft VIII. II. Teil, Heft XII, 1888/90.

[5]) Carl Ney: Die forstwirtschaftl. Verhältnisse usw., S. 197.

Aus der oben beigegebenen Tabelle ergibt sich, daß die Besitzverhältnisse in den verschiedenen Bezirken durchaus verschieden sind. Oberelsaß hat den größten, Lothringen den kleinsten Anteil an den Gemeindewaldungen. „Zu dieser Verschiedenheit haben sowohl die Bodenbeschaffenheit, wie politische Verhältnisse und Stammesverschiedenheiten beigetragen. Insbesondere war der Anreiz zur Rodung von Gemeindewald in Lothringen größer, als in den oberelsässischen Hochvogesen, in welchen die große Masse der dortigen Gemeindeforsten liegt. Das Hervortreten des Privatbesitzes in Lothringen erklärt sich aus der Art der Verteilung des Waldes überhaupt. Die kleinen sequestrierten Wälder der toten Hand waren dort schwerer vorhandenem Staatswalde anzugliedern und leichter verkäuflich."[1])

Die Staatsforsten befinden sich in den Gebieten der ehemaligen großen Herrschaften: Salm-Salm, Leiningen-Dagsburg, Pfalz-Zweibrücken, Hanau-Lichtenberg, Lothringen, also besonders in den unterelsaß-lothringischen Vogesengebieten.

Die Standortsverhältnisse des Waldes im Elsaß und in Lothringen können günstige genannt werden. Der weitaus größte Teil der Waldungen liegt in den Vogesen. „Das Vogesengebirge ist es, das dem Elsaß-Lande den Hauptcharakter verleiht, es ist das Gebirge des Landes, reich an Naturschönheiten, — mit prächtigen, gut gepflegten Waldungen bestanden."[2])

Die oberelsässischen Forsten stehen in der Hauptsache auf Diluvium, Granit und Grauwacke. Eine Zusammenstellung wird uns dies zeigen. Dieselbe stellt den Stand vom 1. Januar 1878 dar. Eine neuere Aufstellung war uns nicht zugänglich, jedoch dürften bezüglich der Standortsverhältnisse keine großen Änderungen eingetreten sein.

Es stehen auf:[3])

Diluvium	36 099	ha
Granit	27 071	„
Grauwacke	17 763	„

---

[1]) C. Ney: Die forstwirtschaftl. Verhältnisse usw., S. 197.

[2]) Pilz: Die Wälder des Elsaß. (Deutsche geographische Blätter, herausgegeben von der geographischen Gesellschaft in Bremen. Bd. XXI, 1898, S. 120.)

[3]) v. Berg: Mitteilungen usw., S. 53.

Vogesensandstein[1]	5 900	ha
Gneiß	4 051	„
Weißer Jura	3 865	„
Porphyr	3 046	„
Alluvium	2 546	„
Brauner Jura	452	„
Tertiär	210	„
Muschelkalk	116	„

Leider fehlen uns für die Holz- und Betriebsartenverteilung getrennte Angaben für die einzelnen Bezirke. Aus einer Übersicht für ganz Elsaß-Lothringen ergibt sich, daß im ganzen 67,5 % Laub- und 32,5 % Nadelwaldungen vorhanden sind. Rechnet man allerdings die Nieder- und Mittelwaldungen ab, so stellt sich das Verhältnis, also nun beim reinen Hochwald, wesentlich anders. Das Areal desselben beträgt: 271 206 ha, wovon 48,5 % Laub- und 51,5 % Nadelwald sind. Der Nieder- und Mittelwald umfaßt also zusammen eine Fläche von 139 868 ha oder 31,6 % des gesamten mit Wald bestandenen Areals.

Über die Niederschlagsverhältnisse unseres Gebietes liegt eine Dissertation von Rubel vor.[2] Seine Darlegungen gehen natürlich nicht vom speziell forstlichen, sondern vom allgemein wissenschaftlichen Gesichtspunkte aus. Die beigegebene Karte über die Verteilung der Niederschläge in Elsaß-Lothringen läßt deutlich erkennen, daß die Vogesen in ihren südlichen, höchsten Teilen ganz besonders auf die Vermehrung der Niederschläge einwirken. In der Hauptsache ist diese Vermehrung wohl auf die Einwirkung der Höhenlage und der besonderen geographischen Lage der Vogesen, und nur zum geringeren Teil auf die Einwirkung des Waldes zurückzuführen. Der Hartwald vermag sein Gebiet nicht über die erste Stufe, 500—600 mm, hinaufzudrücken. Daraus geht hervor, daß Waldungen von der Beschaffenheit des Hartwaldes (Nieder- und Mittelwald), in der Ebene liegend, nur wenig zur Vermehrung der Niederschläge beitragen können. Dagegen sieht man deutlich den Einfluß des fast eben liegenden Hagenauer Forstes (Hochwald). Dort schiebt sich die dritte Stufe, 800 bis

[1]) Bei Berg sind noch 78 ha Buntsandstein aufgeführt, welche hier dem Vogesensandstein, zu dem sie dem gegenwärtigen Stand der Wissenschaft entsprechend gehören, zugezählt sind.

[2]) Otto Rubel: Die Niederschlagsverhältnisse im Oberelsaß. Stuttgart 1895.

1000 mm, ziemlich weit in die Ebene hinaus. Zu dieser Feststellung auf der Karte bildet eine Untersuchung Neys ein bestätigendes Korrelat. An der forstlich meteorologischen Station Hagenau „war bei den 22 Sommerregen und 10 Winterregen von mehr als 20 mm Höhe im Freien, welche von 1882—1891 niedergingen, 11 mal im Sommer und 4 mal im Winter die in den Regenmessern des Waldes aufgefangene Regenmenge größer als im Freien; bei 80 Sommer- und 50 Winterregen von 10,1 bis 20,0 mm zeigte sich 20 mal im Sommer und 23 mal im Winter das gleiche Verhältnis, während in den Jahren 1882 und 1884 unter 239 Regen unter 5,1 mm nur 22 und unter 48 von 5,1—10,0 mm nur 7 waren, bei welchen im Walde mehr Wasser als im Freien aufgefangen wurde. Da Hagenau ganz in der Ebene, die Waldstation am Südrande eines 15 000 ha großen Waldes, die Feldstation südwestlich davon liegt, ist dieser Umstand kaum anders als als Wirkung des Waldes zu erklären“.[1])

Die Abflußverhältnisse der Wasserläufe des Oberelsaß sind zum Teil recht eigentümlicher Natur. Bok[2]) vergleicht jene Verhältnisse mit denen des Breuschtales und des Unterelsasses im allgemeinen. Die oberelsässischen Gebirgsbäche zeigen leicht Anschwellungen und trocknen leicht aus, so daß die Anlage von Stauweihern zur Unterstützung der Regulierung nötig wurde. Der rasche, ungehinderte Abfluß ist in der Natur des Gebirges begründet. Die Gesteinsarten, die dort den Untergrund bilden, machen diesen undurchlässig, besonders da derselbe nur von wenigen Spalten durchzogen ist. Dazu kommt noch, daß die Täler in ihren oberen Teilen von steilen, meist felsigen Hängen umgeben werden, und daß die Seitentäler mit stark geneigter Talsohle kurz sind. Bei einer derartigen Beschaffenheit des Gebirges ist eine Aufspeicherung für lange Trockenperioden sehr schwierig.

Fecht[3]) wirft die Frage auf, ob nicht durch eine Aufforstung die Wasserzurückhaltung gesteigert werden könne. Jedoch lehnt er aus volkswirtschaftlichen Gründen eine zu weit-

[1]) Carl Ney: Der Wald und die Quellen. S. 5.

[2]) O. Bok: Die Breusch. (Strbg., Diss. 1900.) Auch in Zeitschrift für Gewässerkunde. Bd. IV, 1901, S. 1 ff.

[3]) Über die Anlage von Stauweihern in den Vogesen, insbesondere über den Bau des Stauweihers im Ahlfeld. Im Auftrage des Ministeriums für Elsaß-Lothringen, Abteilung für Finanzen, Landwirtschaft und Domänen; bearbeitet von H. Fecht, Ministerialrat. Berlin, 1889.

gehende Aufforstung ab. Das Weideland der Hautes-Chaumes hält er für die Viehzucht des Oberelsaß für zu bedeutungsvoll, als daß unterschiedslos ihre Aufforstung ausgesprochen werden dürfte. Diese kahlen Flächen sollen nach Boyé schon einmal bewaldet gewesen sein.[1]) Über die prinzipielle Bedeutung der Bewaldung für die Regulierung der Wasserläufe kommt Fecht zu keinem positiven Ergebnis. „Ob und inwieweit der Umfang der Bewaldung eines Flußgebietes auf den Verlauf des Hochwassers des Flusses vorteilhaft oder nachteilig einwirkt, läßt sich bei dem jetzigen Stand (1889) der Untersuchungen noch nicht mit Bestimmtheit sagen. Es scheint indessen, daß die Bewaldung in der Regel eine Verminderung der gewöhnlichen Hochwasser herbeiführt. Ganz unzweifelhaft und unbestritten ist die vorteilhafte Einwirkung der Bewaldung auf die Verstärkung der Niederwasserstände der Flüsse.“[2]) Neuerdings denkt man dennoch an eine langsame Aufforstung der kahlen Hänge im Interesse der Wasserabflußregulierung.[3]) Es sollen nur die minderwertigen Weiden und die bisher tatsächlich ertraglosen Flächen, besonders an steilen Hängen, in Angriff genommen werden.

Daß die Bewaldung oder Nichtbewaldung auch auf die Wasserführung der Quellen Einfluß haben kann, geht aus den Messungen des Wasserwerkes Markirch im Lebertal hervor. Herr Direktor J. Guembel,[4]) der Leiter des Wasserwerks, hat mir dieselben in liebenswürdiger Weise zur Verfügung gestellt. Dem Bericht über die allgemeine Anlage des Wasserwerks entnehmen wir folgendes: „Wir entnehmen unser Quellwasser aus zwei Tälern, welche je am Ende einen sogenannten Hauptquellsammler haben, in dem das ganze Wasser gemessen werden kann. All die Jahre her hat nun das eine Tal (Linntal) im Sommer immer etwas mehr Wasser gehabt als das andere (Rauental), obwohl das wasserreichere Tal sehr sonnig liegt und das Wasser, bevor es in die Fassungen eintritt, der ausstrahlenden Wärme sehr viel mehr ausgesetzt ist als das andere Tal.

[1]) Pierre Boyé: Les Hautes Chaumes des Vosges. Etude de Géographie et d'Economie historique. Paris, 1903.

[2]) H. Fecht: Über die Anlage usw., S. 2.

[3]) Denkschrift über Ödlandsaufforstungen im Bezirk Oberelsaß von Dr. Kahl, Kaiserl. Oberforstmeister. (In: Verwaltungsbericht und Vorlagen des Bezirkspräsidenten für den Bezirkstag. Colmar, 1910.) S. 311.

[4]) Berichte des Direktors des Städtischen Gas- und Wasserwerks Markirch, Herrn J. Guembel, vom 11. 9. 12 und 14. 10. 12.

Das Linntal war bewachsen mit einem etwa 100 jährigen Tannenbestand. Im Betriebsjahr 1907/08 war die Forstverwaltung gezwungen, infolge größerer Windfälle Abholzungen in unmittelbarer Nähe der Fassungen und am Bachesrand vorzunehmen. Ein unmittelbares Fallen der Quellergiebigkeit war die Folge". Dies geht aus den Zahlenangaben über die Messungen hervor.

Datum der Messung:	Linntal:	Rauental:
19. VII. 1906	504 kbm	420 kbm
19. VII. 1907	936 „	701 „
16. VII. 1908	360 „	490 „
17. VII. 1911	420 „	525 „
26. VII. 1911	362 „	504 „
31. VII. 1912	477 „	505 „

Die Kubikmeterzahlen beziehen sich auf Vierundzwanzigstundenleistung. „Bis zur Abholzung war das Linntal das wasserreichste. Obwohl auch beim Rauental im Jahre 1908 ein Zurückgehen der Wassermenge zu verzeichnen ist, so ist dasselbe doch lange nicht so bedeutend als beim Linntal. Die Ergiebigkeit des Rauentals war 1908 immerhin noch 69,9 % derjenigen des Jahres 1907. Im Linntal dagegen betrug 1908 die Wasserausbeute nur noch 38,4 % derjenigen des Vorjahres. Die Einwirkung der Abholzung ist also offenbar bedeutend; sie dehnt sich bis auf die diesjährigen Messungen aus. Auch die Trockenheit des Jahres 1911 machte sich an der Quelle des Linntales mehr fühlbar als im Rauental". Im übrigen werden die Tatsachen am besten durch die Zahlen in Tabelle II illustriert, welche die jährlichen Veränderungen in Prozenten angeben.

Tabelle II.

Datum der Messung	Zu- (+) oder Abnahme (—) der Quellergiebigkeit: Linntal		Rauental	
	absolut kbm	in % des vorhergehenden Messungswertes	absolut kbm	in % des vorhergehenden Messungswertes
19. VII. 1906	—	—	—	—
19. VIII. 1907	+ 432	+ 85,7	+ 281	+ 66,9
16. VII. 1908	— 576	— 61,6	— 111	— 30,1
17. VII. 1911	+ 60	+ 16,6	+ 35	+ 6,1
26. VII. 1911	— 58	— 13,8	— 21	— 4,0
31. VII. 1912	+ 115	+ 31,1	+ 1	+ 0,1

„Das Verhältnis zwischen den beiden wäre noch ein ganz anderes, wenn nicht das Rauental eine Nebenquelle hätte, die auch unter Abholzung zu leiden hatte. Diese Quelle lieferte früher immer über 16 cbm pro 24 Stunden. Durch die Abholzung vor einigen Jahren und die Mitwirkung des trockenen Jahres 1911 war die Quelle am 31. August 1912 als versiegt befunden worden. Es dürfte sich daher empfehlen, daß Forstverwaltungen und Wasserwerke bei Abholzung in der Nähe von Quellengebieten für Wasserleitungen Hand in Hand gehen würden. Die Abholzungen in solchen Gebieten sollten räumlich und zeitlich vorsichtig verteilt werden, oder es wären Kahlschläge überhaupt zu vermeiden, indem eine Wirtschaftsmethode gewählt würde, die solche nicht notwendig hat. (Plänterbetrieb.) Wo natürlich die Abholzungen, wie im Linntal, durch Windfälle verursacht sind, läßt sich nur durch möglichst intensive Aufforstung Abhilfe schaffen".

Wenn die Abholzungen schon an diesen Quellen mit einer doch relativ kleinen Ergiebigkeit so sehr fühlbar werden, so läßt sich daraus die Bedeutung ableiten, die die Waldungen für die Wassermenge der oberelsässischen Gebirgsbäche überhaupt haben. Bei der großen Wichtigkeit dieser Wasserläufe für die Industrie ist der Wald auch in dieser Hinsicht von großer Bedeutung.

Wenn wir nun zur Betrachtung der Bedeutung des Waldes in wirtschaftlicher Hinsicht übergehen, so ist von Elsaß-Lothringen zu sagen, was vom Deutschen Reiche gilt, es produziert nicht Holz genug für seinen Bedarf; die Einfuhr übertrifft die Ausfuhr. Wir geben in Tabelle III eine Übersicht über die gesamte Ein- und Ausfuhr, nach Verkehrswegen geordnet. Unserer Zusammenstellung liegen die Darstellungen Herrmanns zugrunde.[1])

---

[1]) Aug. Herrmann: Der Holzverkehr in Elsaß-Lothringen (Beilage zum Wochenblatt für den deutschen Holzhandel. Nr. 81. 21. 10. 1910).

Tabelle III.

A. Landweg.

Jahr	Empfang Tonnen	Versand Tonnen	Versand größer = +, kleiner = — als der Empfang
1900	164 186	152 164	— 12 022
1901	162 540	133 944	— 28 696
1902	173 083	139 639	— 33 444
1903	175 603	184 427	+ 8 824
1904	232 926	145 868	— 87 058
1905	224 872	140 496	— 84 376
1906	212 590	159 436	— 53 154
1907	227 112	181 346	— 45 766
1908	245 644	135 977	— 109 667
B. Wasserweg.			
1. Auf dem Rhein.			
1900	2 928	5 504	+ 2 576
1901	9 085	7 988	— 1 097
1902	2 757	12 532	+ 9 775
1903	9 650	8 332	— 1 218
1904	9 058	6 849	— 2 209
1905	9 349	8 214	— 1 134
1906	6 188	7 938	+ 1 750
1907	7 213	5 340	— 1 873
1908	9 922	8 186	— 1 736
2. Auf den Kanälen.			
1900	7 727	6 742	— 985
1901	13 598	6 022	— 7 576
1902	8 741	8 603	— 138
1903	9 353	5 910	— 3 443
1904	12 661	4 303	— 8 358
1905	10 343	3 406	— 6 937
1906	12 714	3 604	— 9 110
1907	12 818	8 464	— 4 354
1908	13 806	8 432	— 5 374

Herrmann glaubt in Anbetracht dessen die Forderung aufstellen zu dürfen: „Eine ausgedehntere und womöglich intensivere Waldwirtschaft kann somit in den Reichslanden, woselbst noch aufforstungsfähiges und bestockungsbedürftiges Land vorhanden ist, volkswirtschaftlich als erstrebenswert bezeichnet werden.“[1]) Er erachtet also augenscheinlich jene Bedenken, die Fecht in bezug auf eine wesentliche Ausdehnung des Waldareals hat, als nicht so schwerwiegend.

Trotz dieses Überwiegens der Einfuhr ist die Produktion an Holz in unserem Gebiete eine recht ansehnliche.

In den Staats- und ungeteilten Waldungen des Oberelsaß wurden im Wirtschaftsjahr 1910 eingeschlagen: 67 542 Festmeter, davon 32 % Nutzholz. Für ganz Elsaß-Lothringen betrug der Einschlag in den Staats- und ungeteilten Waldungen 619 789 Festmeter, wovon 39 % Nutzholz waren. Das Nutzholzprozent bleibt also im Oberelsaß unter dem Landesmittel, was sich durch den großen Anteil des Oberelsasses am Mittel- und Niederwaldbetrieb erklärt. Der Hartwald allein, der in diesen Wirtschaftsformen bearbeitet wird, umfaßt 15 000 ha.[2])

In den Gemeinde- und Anstaltswaldungen des Oberelsaß war der Holzeinschlag, entsprechend den Arealverhältnissen, ein viel größerer. Derselbe betrug für 1910: 428455 Festmeter, wovon 40 % Nutzholz, womit also das Nutzholzprozent der Staatswaldungen überschritten ist. Der Einschlag aller Gemeindewaldungen in Elsaß-Lothringen betrug 988 937 Festmeter. Hier betrug das Nutzholzprozent 32, also bedeutend weniger, als wenn man das Oberelsaß für sich allein betrachtet.[3])

Pro Hektar Holzbodenfläche betrug der Holzertrag im Jahre 1910: im Staats- und ungeteilten Wald 4,07 fm, im Gemeindewald 5,01 fm Gesamtholzmasse. Bei den Gemeindewaldungen differiert derselbe wieder stark nach Bezirken. Ober- und Unterelsaß kommen über den Durchschnitt, Lothringen bleibt stark darunter.[4])

---

[1]) Aug. Herrmann: Der Holzverkehr in Elsaß-Lothringen. Beilage zum Wochenblatt für den deutschen Holzhandel. (Zu derselben Forderung gelangt der Verfasser auch in seinem Werk: Die Lage der Waldarbeiter in den der Forstordnung unterworfenen Waldungen in Elsaß-Lothringen. Zabern, 1910.)

[2]) Beiträge zur Forststatistik usw., S. 13.

[3]) Beiträge zur Forststatistik usw., S. 19.

[4]) Stat. Jahrbuch für Els.-Lothr. 1911. S. 87 und 88.

Über die Privatwaldungen liegen uns bezüglich ihrer Erträge keine so detaillierten Angaben vor. Gesamtertrag und Fläche kennen wir aber. Der erstere beträgt für ganz Elsaß-Lothringen 315000 Festmeter.[1]) Da wir in ganz Elsaß-Lothringen 87062,48 ha Privatwald haben, so würde das einem Hektarertrage von 3,62 fm gleichkommen. Daraus ergäbe sich, unter Zugrundelegung des Durchschnittsertrags von 3,62 fm pro ha, für das Oberelsaß mit einem Privatwaldbesitz von 20775,98 ha ein Holzertrag aus dieser Besitzart von 75109,04 Festmeter.

Der Reinertrag für die Staatswaldungen und die Staatsanteile der ungeteilten Waldungen betrug im Jahre 1910 3687407 M, also 25,08 M pro ha. Die Bruttoeinnahme belief sich auf 8121127 M.[2])

Der Gesamtstaatsfinanzbedarf für Elsaß-Lothringen für das gleiche Jahr (1910) belief sich auf 71828000 M.[3]) Die Einnahmen aus den Forsten decken also immerhin fast $^1/_8$ des gesamten Bedarfs, was bei den heute herrschenden Finanznöten ein nicht zu unterschätzender Bruchteil ist.[4])

Eine noch größere Rolle spielen die Erträgnisse aus den Gemeindewaldungen für die Finanzierung der betreffenden Gemeinden. Bei den sich immer mehrenden Anforderungen der mannigfachsten Art an die Gemeinden wird ihr Finanzbedürfnis immer größer. Die Gemeinden des Oberelsaß legen deshalb in der Regel größeren Wert auf hohe bare Überschüsse aus ihren Waldungen, als auf die Verteilung von Gabholz an die Bürger. Diese Tendenz tritt in den verschiedenen Bezirken verschieden stark zutage. In Lothringen ist sie am schwächsten. Im Oberelsaß werden nur noch $7^1/_4$ % des Gesamtwertes des eingeschlagenen Holzes an die Bürger verteilt.[5])

Im ganzen betrug die Bareinnahme, die den Gemeinden

---

[1]) Stat. Jahrbuch für Els.-Lothr. 1911. S. 86.

[2]) Stat. Jahrbuch für Els.-Lothr. 1911. S. 92.

[3]) Stat. Jahrbuch für Els.-Lothr. 1911. S. 167.

[4]) Beim Vergleich der Einnahmen aus den Forsten mit den gesamten Einnahmen, also dem Gesamtstaatsbedarf, müssen die Roheinnahmen herangezogen werden, da in der Staatshaushaltsrechnung nicht Reineinnahmen und Reinausgaben eingestellt sind. Im Gegenteil, es wird hier nur mit Bruttoposten gerechnet.

[5]) Dr. Kahl, Oberforstmeister. Die Erfüllung der Abnutzungssätze in den els.-lothr. Gemeindewaldungen mit besonderer Berücksichtigung der Stetigkeit angemessener hoher Reinerträge. (Bericht über die 31. Versammlung des els.-lothr. Forstvereins 1911.)

des Oberelsaß aus den Waldeinnahmen zuflossen 3959948 M.[1]) Dieser Betrag stellt den sogenannten Reinertrag zur Berechnung der Verwaltungskostenbeiträge an den Staat dar. Er bedeutet die Einnahme für Holz, abzüglich der Kosten für Holzwerbung und Kulturen, Stempel und Registrierung.

Von größter Wichtigkeit für die Bestimmung der Bedeutung der Einnahmen aus dem Waldertrag für die Finanzierung der Gemeinden ist das relative Verhältnis zwischen den Einnahmen aus dem Waldertrag und der Gesamteinnahme. „Während z. B. der recht ansehnliche Stadtwald Colmar — mit 1060 ha meist gutwüchsiger Mittelwaldungen — mit seinem Bruttoertrage nur etwa 3 % der gesamten städtischen Einnahmen einbringt, ergeben viele Gemeindewaldungen die Hälfte sämtlicher Bruttoeinnahmen, manche liefern sogar bis ³/₄, vereinzelte sogar ⁹/₁₀, z. B. Felleringen und Ranspach in der Oberförsterei St. Amarin“.[2]) Dies wirkt natürlich bezüglich der Steuerlast als eine Erleichterung. Gegenteilige Verhältnisse erhöhen die Steuerauflagen ganz bedeutend. Das zeigen die Zuschlagspfennige der Gemeinden zu den Staatssteuern. „Sie steigen im Oberelsaß bis auf 365 an; nur 8 % der Gemeinden erheben gar keine, 36 % haben über 100 Zuschlagspfennige. Selbstverständlich finden wir unter den Gemeinden mit mittlerem und großem Waldbesitz fast ausschließlich diejenigen, die wenig oder gar keine Zuschläge nötig haben“.[3])

In vielen finanziell nicht so gut gestellten Gemeinden finden wir noch die Erhebung des Schulgeldes für die Elementarschulen. Zwar wird dasselbe den Armen erlassen, aber auf den mittelmäßig Begüterten wirkt diese Abgabe kopfsteuerartig um so drückender, je zahlreicher die Familie ist.

Ebenso wirken die Abgaben für Wegebau, die sogenannten Fronen, die den kleinen Mann relativ viel stärker belasten, als den bessergestellten.

Daß die Erhebung solcher Abgaben neben den Staatssteuern und ihren oft beträchtlichen Zuschlägen, nicht erleichternd auf die Lebenshaltung einwirkt, ist natürlich. Und alles, was die Lebenshaltung erschwert, wirkt hemmend auf die Be-

---

[1]) Stat. Jahrbbuch für Els.-Lothr. 1911. S. 88.
[2]) Dr. Kahl: Die Erfüllung usw., S. 11.
[3]) Dr. Kahl: Die Erfüllung usw., S. 13.

völkerungsvermehrung, sowie auf die Anhäufungstendenz an dem betreffenden Orte.

Eine äußerst wichtige Rolle spielen die unvorhergesehenen Ausgaben in den Finanzrechnungen der Gemeinden. Um gegen solche gedeckt zu sein, wurde den waldbesitzenden Gemeinden durch den Code forestier vorgeschrieben, daß sie, sofern sie über einen Waldbesitz von 10 ha verfügen, ein Viertel der gesamten Fläche reserviert halten müssen. Diese Bestimmung wird heute nicht mehr in der Form innegehalten; es wird vielmehr ein Viertel der gesamten schlagbaren Holzmasse vom Einschlag zurückbehalten. Von den 288612 Festmeter Derbholz, die in den oberelsässischen Gemeinde- und Anstaltswaldungen 1910 zum Einschlag gelangten, waren 65543 fm aus Extrahieben, die aus jenen Reservevorräten hervorgingen.[1]) Daraus dürfte manche unvorhergesehene Ausgabe gedeckt worden sein, die eine Gemeinde ohne Waldbesitz zu einer Anleihe genötigt hätte, deren Verzinsung und Amortisation die Steuerkraft der Bürger weiter in Anspruch genommen hätte.[2])

Um einen Einblick zu gewinnen, wie die Einnahmen aus dem Waldbesitz einer Gemeinde auf ihre Finanzierung einwirken, stellen wir nachstehend den Waldbesitz der Gemeinden der Höhe der Zuschlagsprozente zur Staatssteuer, die sie erheben, gegenüber.[3]) (Tabelle IV.)

Wir bemerken also ein beinahe proportionales Steigen der Steuerzuschläge mit kleiner werdendem Waldbesitzanteil; oder umgekehrt, je größer der Waldbesitz, desto kleiner die Zuschläge.

---

[1]) Beiträge zur Forststatistik usw. S. 19.

[2]) Dies illustriert auch eine Zeitungsnotiz vom 19. Nov. 1912 aus Murbach. (Straßburger Neue Zeitung 20. Nov. 1912, Nr. 322.) Es heißt darin: Die Grundlage des Wohlstandes einer Gemeinde ist in der Hauptsache mit ein großer Waldbestand. Das zeigt sich an der hiesigen Gemeinde, die jetzt den Bau einer Wasserleitung plant. Die Kosten sollen sich auf 41000 M. belaufen; davon können 32000 M. aus Ersparnissen der letzten Jahre, die von den vereinnahmten Holzgeldern herrühren, gedeckt werden. Für den Rest von 9000 M. wird eine Anleihe aufgenommen, die in den Jahren 1914/15 durch Holzschläge getilgt wird.

[3]) Zusammengestellt auf Grund der Verwaltungsberichte und Vorlagen des Bezirkspräsidenten zur Tagung des Bezirkstages des Oberelsaß 1910, S. 68—84, sowie auf Grund der Akten, betreffend Größe der Staatswaldungen und Namensverzeichnis der Gemeinde-, Stifts- und Kirchenforsten und deren Größe. (Handschriftlich im Ministerium für Els.-Lothr., Abteilung für Finanzen, Gewerbe und Domänen.)

Tabelle IV.

Gemeindewaldbesitz der einzelnen Gemeinden		Die Gemeinden erhoben Zuschläge zu den Staatssteuern %								
Größe ha	Zahl der Gemeind.	0	1-5	6-10	11-20	21-50	51-100	101-200	201-300	üb. 300
0	54	—	—	1	—	—	7	27	16	3
1—10	13	1	—	—	—	—	3	9	—	—
11—50	66	—	—	—	1	2	21	37	5	—
51—100	67	—	—	—	1	9	35	21	1	—
101—200	70	3	1	1	5	25	26	7	2	—
201—500	68	10	4	9	4	23	11	7	—	—
über 500	47	13	2	5	9	5	8	5	—	—
	385	27	7	16	20	64	111	113	24	3

Zwar wird die kontinuierlich ansteigende Linie auch unterbrochen z. B. bei der Stufe von 10—20 % Zuschlägen. Das ist aber ein Zuschlag, der nicht hoch zu nennen ist. Außerdem wird das Resultat etwas gestört durch besondere Verhältnisse bei Orten mit großen sozialen Aufgaben, die trotz ihres hohen Waldanteils noch erhebliche Zuschläge leisten müssen, oder bei Städten, bei deren großem Finanzbedarf die Einnahme aus dem Waldertrag eine kleine Rolle spielt, also eine Änderung in den Zuschlägen kaum herbeiführen kann.

Interessant ist die Stellung der waldlosen Gemeinden bezüglich der Zuschlagssätze im Vergleich zu den andern Gemeinden. Auch das Verhältnis, in welchem sie zu den Gemeinden derselben Zuschlagshöhe stehen, bietet interessante Anhaltspunkte. (Vergl. Tabelle V.)

Der prozentuale Anteil der waldlosen Gemeinden an der Gesamtzahl der derselben Zuschlagszone angehörigen Gemeinden wächst mit steigender Höhe der Zuschläge. Die 3 Gemeinden, die genötigt sind, über 300 Zuschlagspfennige zu erheben, besitzen sämtlich keinen Wald. Die Gemeinden ohne Waldbesitz sind in ihrer übergroßen Mehrzahl genötigt (85 %) über 100 % Zuschläge zu den Staatssteuern zu erheben.

Wenn wir die Zuschlagssätze unter 100 als nicht übermäßig bezeichnen, die über 100 als hoch und den beiden Klassen die Gemeinden nach ihrem Waldbesitz geordnet gegenüber stellen, so werden wir ein zwar gröberes, aber um so klareres Bild von der Einwirkung des Waldbesitzes auf die Gemeindefinanzen erhalten. Um der klarerern Übersicht noch besser zu genügen, teilen wir auch den Waldbesitz nur in 2 Klassen, unter und über 50 ha. Es ist dies auch eine prinzipielle Grenze, da 50 ha ungefähr die Grenze bilden, bis zu welcher herab ein Waldbesitz selbständig bewirtschaftet werden kann. (Vgl. Tabelle VI.)

Tabelle V.

Zuschläge zu den Staatssteuern %	Gesamtzahl der Gemeinden, welche die in Spalte 1 bezeichneten Zuschlagsprozente erheben.	Von den in Spalte 2 verzeichneten Gemeinden sind waldlos	
		absolut	%
1	2	3	4
0	27	—	—
1—5	7	—	—
6—10	16	1	6,2
11—20	20	—	—
21—50	64	—	—
51—100	111	7	6.3
101—200	113	27	23.8
201—300	24	16	66.6
über 300	3	3	100.0

Tabelle VI.

Waldbesitz der Gemeinden ha	Zahl der Gemeinden, die einen Waldbesitz wie in Spalte 1 bezeichnet, inne haben	Von den in Spalte 2 bezeichneten Gemeinden erheben Zuschläge			
		0—100 %		über 100 %	
		absolut	%	absolut	%
1	2	3	4	5	6
0—50	133	36	27.1	97	72.9
über 50	252	209	82.9	43	17.1

Waldbesitzgröße und Höhe der Zuschlagsprozente stehen also in umgekehrtem Verhältnis.

Damit ist meines Erachtens die Einwirkung des Waldbesitzes der Gemeinden auf deren Finanzierung erwiesen.

Die Gemeindeschulden nehmen im Oberelsaß von den drei Bezirken Elsaß-Lothringens am schwächsten zu.[1]) Sollte das nicht mit seinem größten Prozentsatz der Gemeindewaldungen am Gesamtwaldareal zusammenhängen?

[1]) Nachrichten des stat. Landesamtes für Els.-Lothr. 1911. Nr. 3. S. 48.

Man könnte dem entgegenhalten, daß eine gute Finanzlage der Gemeinde als solcher nicht viel an den Lebensbedingungen ihrer Bewohner ändere, denn es komme sehr häufig vor, daß zwar die Gemeinden selbst in günstiger finanzieller Verfassung seien, während die Einwohner arm wären. Das kommt vor. Aber das ändert nichts an der Sache. Daß die Einwohner arm sind, hat eben seine bestimmten Ursachen: unfruchtbarer Boden, schlechte Verkehrslage, ungünstige Erwerbsverhältnisse und a. m. Ob die Einwohner solcher Gemeinden nicht noch unendlich schwerer mit den Lebensbedingungen zu kämpfen hätten, wenn die Gemeinde nicht vermöge ihres Waldbesitzes in der Lage wäre, für sie die öffentlichen Lasten zu tragen, ihnen vielleicht einigen direkten Nutzen am Wald zu gewähren, ist für uns keine Frage. Wir behaupten nicht, daß diese Einwirkungen eine Existenzermöglichung, nur daß sie eine Existenzerleichterung seien, und das sind sie unter allen Umständen.

Auch durch die Einnahmen aus den Privatwaldungen fließt der Volkswirtschaft ein ganz bedeutender Ertrag zu. Wenn wir für die 20775,98 ha Privatwaldungen nur einen Hektarertrag von 20 M annehmen (Staatswaldungen 25,08 M), so beträgt die Summe des Ertrags immerhin 415519,60 M, die dem Nationalvermögen zufließen. — Es wären schließlich noch die Erlöse aus den Jagden zu erwähnen. Die Staatswaldungen sind zum Teil verpachtet, zum Teil werden sie administriert.

Im Oberelsaß waren 1910

verpachtet: 14 360 ha verwaltet: 7 910 ha

Aus denselben wurden erlöst:

an Pacht:	10 733 M
an Schußgeldern:	1 416 „
Im Ganzen:	12 149 M

Die Gemeindejagdpachterlöse stammen nicht allein aus dem Walde, da ja auch die Feldjagden mit inbegriffen sind. Es waren insgesamt verpachtet an Gemeindejagden im Oberelsaß 290153,84 ha. Der Erlös hierfür betrug 301095 M, was einem Hektarertrage von 1,04 M gleichkommt. Die Gemeinden verpachten in diesen Fällen nicht nur ihr privatrechtliches Eigentum, sondern das ganze Gemarkungsareal. Die Beträge werden dann, falls die Grundeigentümer nicht durch Mehrheitsbeschluß die Herauszahlung beschließen, durch die Gemeinde zu speziell landwirtschaftlichen Zwecken verwendet.[1])

Die Waldwirtschaft ist eine in großzügiger Weise angelegte Erwerbsanstalt, besonders weil sie durch die Oberaufsicht des Staates zu einer in ihren Hauptprinzipien vollständig einheitlichen geworden ist. Sie verlangt deshalb ein geordnetes Verwaltungssystem mit einem entsprechend vorgebildeten Beamtenpersonal nebst einer zahlreichen Arbeiterschaft. Wir hätten also nun den Wald als Arbeitgeber zu betrachten.

Im oberelsässischen Forstdienst waren 1910 254 höhere Verwaltungsbeamte und Schutzbeamte beschäftigt.[2])

Es ist uns leider nicht möglich, auch die Waldarbeiter und die übrigen im Walde beschäftigten Personen für den Bezirk Oberelsaß gesondert zusammenzustellen, da uns hierzu die statistischen Unterlagen fehlen. Wir müssen uns auf die Angaben für ganz Elsaß-Lothringen beschränken. Darnach waren in der Forstwirtschaft und in der Fischerei am 12. Juni 1907 beschäftigt:[3]) (Tabelle VII.)

Tabelle VII.

Art der Beschäftigung	Im Hauptberuf i. d. F. u. F. Tätige nebst den Berufszugehörigen				Nebenberuflich waren in F. u. F. tätig	Summe	
	überhaupt	davon weiblich	Angehörige ohne Hauptber.	Dienende für häusl. Zwecke		absolut	In % der Gesamtbevölkerung
	1	2	3	4	5	6	7
1) Inhaber, leitende Beamte	220	2	4337	106	181	946	0,05
2) Verwaltungs-, Aufsichts-, Rechnungsbeamte . .	935	2	2082	90	36	3145	0,17
3) Gehilfen, Lehrlinge, Tagearbeiter, mittätige Familienangehörige	4685	42	7934	10	3854	16525	0,88
Zusammen . .	5840	46	10453	206	4071	20616	1,10

Die Zahl der Waldarbeiter, die in der dritten Zeile der Tabelle mit einbegriffen ist, wird gemeinhin unterschätzt. Die

[1]) Stat. Jahrbuch für Els.-Lothr. 1911. S. 88. — [2]) Desgl. S. 85.

[3]) Stat. Jahrbuch für Els.-Lothr. 1911. S. 21. (Die in der Fischerei Tätigen sind mitgerechnet, sie machen nur einen geringen Teil aus.)

elsaß-lothringischen Waldarbeiterverhältnisse haben eine eingehende Schilderung und Beleuchtung durch Aug. Herrmann erfahren.[1]) Die Waldarbeiter sind nicht alle ständige Arbeiter, sondern es gibt in der Waldarbeiterschaft eine Reihe von Personen, die diesen Beruf nur als Nebenberuf ausüben. Die statistischen Angaben über diese im Nebenberuf in der Forstwirtschaft tätigen Personen können nie genau sein. Gar viele Zwerglandwirte gehen den Winter über ständig im Walde auf die Arbeit. Trotzdem werden viele von ihnen als Beruf den des Landwirtes angeben, einmal, weil sie zur Zeit der Zählung (Juni) wirklich als Landwirte tätig sind, dann aber wird sich auch mancher von diesen kleinen Eigentümern aus gesellschaftlich-sozialen Motiven lieber zum Beruf des Landwirtes bekennen.[2])

Herrmann weist auch auf die Bedeutung der Waldarbeit als einer Arbeitslosenversicherung hin. „Die Waldarbeit, die nicht ausschließlich von ständigen Arbeitskräften vorgenommen wird, bietet namentlich im Winter, wenn die landwirtschaftliche Arbeit ihre Erledigung gefunden hat und eine große Anzahl von Bauhandwerkern und ländlichen Hilfskräften und dergleichen überflüssig und beschäftigungslos geworden ist, eine Arbeitsquelle, die dieser Klasse der Arbeiterschaft gewissermaßen eine Arbeitslosenversicherung ersetzt. Aber nicht sie allein, auch viele Hausindustrielle, Schiffer und Fischer und vor allem der Parzellenbesitzer, der ohne Nebenbeschäftigung seine Familie nicht zu ernähren vermag, finden in ihr einen Unterhaltserwerb, der sie vor wirtschaftlichem Rückgange schützt und sie als Anwohner des Waldes in die Möglichkeit setzt, ohne Verletzung forststrafrechtlicher Bestimmungen sich durchzuschlagen.“ [3])

Man kann gewiß Herrmann in diesem Gedankengang nur Recht geben. Denn der Wald ist tatsächlich der Lückenbüßer, der Arbeit für bestimmte Berufe bietet, wenn diese ihre stille Zeit haben. Daß dieser Gedanke einer Arbeitslosenversicherung durch den Wald nicht allgemein angewendet werden dürfte,

---

[1]) Aug. Herrmann: Die Lage der Waldarbeiter, in den der Forstordnung unterworfenen Waldungen in Elsaß-Lothringen. Zabern. 1910.

[2]) Vergl. f. Baden, Eberbach: Die Waldungen des Großherzogtums Baden in ihrer Bedeutung als Verdienstquelle der Landwirtschaft treibenden Bevölkerung, Karlsruhe, 1900.

[3]) A. Herrmann, Die Lage usw. S. 20.

liegt auf der Hand, davon ist auch nicht die Rede. Denn bei der Industriebevölkerung wäre es mehr als fraglich, ob sie die nötigen physischen Kräfte besäße, um diesen Beruf voll auszuüben.[1])

Von den im Hauptberuf in der Forstwirtschaft tätigen 4622 Personen waren 1415 ohne, 3207 mit einem Nebenberuf verzeichnet. Von den letzteren waren 3163 nebenberuflich in der Landwirtschaft tätig.[2]) Wir sehen also die Wechselbeziehungen zwischen Landwirtschaft im Kleinbetrieb und der Waldwirtschaft. Das ist auch das Erstrebenswerteste. Beide, der Landwirt im Gebirge und der Waldarbeiter kämpfen schwer um ihre Existenz und beider Los ist kein leichtes. Die Waldarbeiterfrage, die zu einer aktuellen geworden ist, zumal die steigende Intensität der Waldwirtschaft wachsende Anforderungen nicht allein an die Quantität, sondern auch die Qualität der Arbeiter stellt, kann meines Erachtens nur auf Grund dieser Verbindung von Landarbeit und Feldarbeit gelöst werden. Der Landwirt ist dem Beruf der Waldarbeit in Bezug auf physische Kraft gewachsen. Und umgekehrt erhält die Arbeit im Walde den Landwirt für seine Arbeit kräftig, besser als es jeder andere Nebenerwerb, etwa in der Industrie, tun könnte.

Die Zahl der mit der Holzabfuhr beschäftigten Personen kann zahlenmäßig nicht genau festgestellt werden. Es sind auch dies sehr oft Landwirte, die auf diese Art und Weise in der arbeitsärmeren Zeit eine Beschäftigung für ihre Gespanne finden. Oft können sie auch das stärkere Gespann nur auf Grund dieses Nebenerwerbs halten. Zwar sind schon eine beträchtliche Zahl von Kilometern Waldbahnen vorhanden, die natürlich diesen Nebenverdienst verringern. Doch auch diese Bahnen brauchen zu ihrer Bedienung Personal, geben also wieder einer Anzahl von Leuten Verdienst.

Die Verarbeitung des Holzes bedingt eine Menge von Gewerbebetrieben und damit eine Quelle von Arbeitsgelegenheit. Da sind zunächst die Sägemühlen zu nennen, oft noch im Walde liegend und die roheste Bearbeitung des Holzes vornehmend. Dann aber gehören hierher alle Betriebe, die sich mit der Ver-

---

[1]) So stammen laut mündlicher Mitteilung von Oberförster Jahn-Markirch die im industriereichen Lebertale nötigen „eigentlichen“ Waldarbeiter aus dem Schwarzwald. Die einheimischen Industriearbeiter sind für die schwere Waldarbeit nicht zu gebrauchen.

[2]) A. Herrmann: Die Lage usw. S. 29.

arbeitung des Holzes befassen. Dieselben verarbeiten zwar nicht nur das im Lande selbst produzierte, sondern auch das eingeführte Holz. Eine Ausscheidung des Arbeitsbedarfs für dieses eingeführte Holz ist uns aus begreiflichen statistischen Gründen nicht möglich. Dafür können wir aber auch die im Holzhandel beschäftigten Personen nicht mit berücksichtigen, da sie der Gruppe der Handelsgewerbe unterstellt sind.

Die Gruppe XII der Berufs- und Gewerbezählung von 1907, die Industrie der Holz- und Schnitzstoffe, zählte 11 823 Betriebe mit 21 670 Personen[1]). Die Betriebe erfuhren seit der vorletzten Zählung eine Zunahme von 4,1 %, die darin beschäftigten Personen eine solche von 28,4 %. Die Betriebe werden also größer. Die Gruppe XII wird nur von 9 andern bezüglich der darin beschäftigten Arbeiter übertroffen. Weniger Arbeiter als sie beschäftigten 12 Gruppen[2]). Sie nimmt also durchaus nicht eine der letzten Stellen in der Industrie des Landes ein. Dazu müssen wir nun noch die Berufszugehörigen und die im Nebenberuf in dieser Gruppe Tätigen berücksichtigen. Wir haben dann[3]):

Hauptberuflich Tätige	. . . . . .	21 670
Berufszugehörige:	a) Angehörige . .	30 727
	b) Dienende . .	263
Nebenberuflich Tätige	. . . . . .	5 931
	Zusammen . . .	58 591[4])

Zu dieser Summe müssen wir nun noch die Zahl der in der Forstwirtschaft Tätigen zählen, um die Gesamtheit derer zu erhalten, die in ihrer Existenz vom Walde abhängig sind.

Von der Forstwirtschaft abhängige Personen . . .	20 570
Von der Industrie der Holz- u. Schnitzstoffe Abhängige	58 591
Summe . . .	79 161[5])

Eine erhebliche Zahl — und doch ist damit noch keineswegs faktisch die Zahl derer erschöpft, die in ihrer Existenz vom Walde abhängen. Wir haben schon darauf hingewiesen, daß wir die Zahl derer nicht kennen, die mit der Holzabfuhr beschäftigt sind, wir haben ferner auf die Unmöglichkeit aufmerksam gemacht, die Zahl der Waldarbeiter genau zu erfassen.

[1]) = 1,15 % der Gesamtbevölk. Els.-Lothr.'s.
[2]) Stat. Jahrbuch f. Els.-Lothr. 1911, S. 22. 100. 101. [3]) Desgl. S. 22.
[4]) = 3,12 % der Gesamtbevölk. Els.-Lothr. [5]) = 4,23 %.

Eine statistisch wohl erfaßte, aber in ihrem Wert und in ihrer Bedeutung umstrittene Größe stellen die sogenannten Nebennutzungen des Waldes dar. Es werden nämlich von der Forstverwaltung alljährlich oder je nach Bedarf Vergünstigungen gewährt in dem Sinne, daß gegen geringes oder ohne Entgelt Nutzungen gewährt werden, die dem kleinen und mittleren Manne in seiner Wirtschaft oft sehr zu gute kommen.

Trotz des geringen Entgeltes, das für diese Nutzungen gewährt wird, beträgt der Ertrag dafür aus den Staatswaldungen des Oberelsaß 21 036,30 M. Für die Gemeinde- und Anstaltswaldungen steht uns eine Angabe nicht zur Verfügung.

Der Wert aller dieser Nutzungen ist in der Regel für den Nutzer bedeutend größer, als die Entschädigung, die er dafür entrichten muß, ausmacht. Dies trifft natürlich nur dann zu, wenn der Benutzer die dazu nötige Arbeit selbst tut und damit seine Arbeitskraft zu verwerten imstande ist, sowie die Erzeugnisse in der eigenen Wirtschaft verwendet.

Hoch sagt in seiner Beschreibung des Hartwaldes über die Grasnutzung [1]: „Von Abschaffung dieser unentbehrlichen Nutzung wird wohl jemals kaum die Rede sein können, da sie armen Leuten die Möglichkeit der Ernährung einer Kuh oder Ziege gewährt, obgleich das Schattengras von geringem Futterwert ist". „Ebensowenig", fährt Hoch weiter, „wie die Gräserei kann die Raff- und Leseholznutzung beseitigt werden. Viele gänzlich unbemittelte und arbeitsunfähige Frauen, Greise und Kinder, die kaum ihr täglich Brot haben und überhaupt kein Holz kaufen können, verschaffen sich durch diese Nutzung ihren sämtlichen Brennbedarf" [2]).

[1]) Hoch, K. Oberförster, Mülhausen: Der Hartwald. Ein Waldbild aus dem Ober-Elsaß. (Zeitschrift für Forst- und Jagdwesen 1875) Seite 60ff.

[2]) Wie hoch übrigens die Bevölkerung, namentlich die ärmere Klasse, die Nebennutzungen des Hartwaldes anschlug, geht auch aus der Petition hervor, die alle Gemeinden der Hart in betreff der Nichtveräußerung des letztern an reiche Industrielle in Mülhausen, die denselben abzuholzen beabsichtigten, im Jahre 1865 an die Mitglieder des französischen Senates richteten. In dieser energischen Kollektiv-Petition heißt es:

Nous demandons instamment, que la forêt de la Harth ne soit pas aliénée, qu'elle reste forêt de l'Etat. . . Vingt-cinq Communes sont groupées à l'entour de cette forêt et partout la classe ouvrière nécessitante y trouve des ressources. Si ces ressources, si ces moyens d'existence venaient à lui manquer par suite d'aliénation de la forêt, il ne lui resterait qu'à abandonner un pays où elle ne pourrait plus vivre".

Durch die Hartbewässerung ist neuerdings auf der Hart die Möglichkeit geschaffen worden, Wiesen anzulegen. Nach Mitteilung des Herrn Oberforstmeisters Kahl-Colmar wird von der Grasnutzung nurmehr in Notjahren in beträchtlichem Umfange Gebrauch gemacht, sonst ist die Beanspruchung des Waldes als Futterlieferant nicht mehr so sehr umfangreich, sie beschränkt sich auf Kleinbauern, deren Frauen und Kinder auf diese Art und Weise ihre Arbeitskraft ausnützen können. Auch hier ist die Tendenz zu der Geldwirtschaft und Arbeitsteilung fühlbar. Der Mann setzt lieber seine ganze Arbeitskraft in Geld um und für einen Teil des Lohnes kauft er sich Futtermittel.

Und doch haben jene Nutzungen ihr Gutes: In ihnen wird sonst ungenutzte und sonst nicht mehr brauchbare Arbeitskraft zur Produktionsvermehrung herangezogen und nutzbar gemacht. Darin liegt ihr wesentlicher Wert, der nicht allein ein privat- sondern auch ein volkswirtschaftlicher ist. Auch Ney ist von der günstigen Wirkung und von dem Wert solcher Nutzungen überzeugt[1]).

In der Waldarbeiterfrage spielen diese Nutzungen für manche Gegenden eine bedeutende Rolle. „So würde z. B. in der Oberförsterei Dieuze, nach eigener Angabe des Revierverwalters, eine Lohnsteigerung diese Arbeiterkategorien lange nicht so wirksam an den Wald fesseln, wie eine billige Gewährung von Naturalbezügen, welche der Arbeiter unbedingt in seiner Wirtschaft braucht[2]).

Waldberechtigungen größeren Umfangs üben oftmals einen bestimmenden Einfluß auf das Vorhandensein einer Bevölkerung an bestimmten Orten aus. Im Oberelsaß sind dieselben ziemlich unbedeutend, es sind nur Brennholz- und Weideberechtigungen. Wir stellen sie kurz zusammen[3]):

a) Brennholz:	Belastete Fläche . . .	758 ha
	Ertrag an Masse . .	100 fm

In ähnlichem Sinne drückt sich schon 1663 der Intendant Colbert in einer Denkschrift (veröffentlicht von Ch. Pfister in der Revue d'Alsace t. 9 1895) aus.

[1]) Carl Ney: Die forstw. Verhältnisse usw. Seite 208.

[2]) Aug. Herrmann: Die Lage der Waldarbeiter usw. Seite 47.

[3]) Stat. Jahrbuch für Els.-Lothr. 1911. Seite 88.

	Geldwert der Masse . . .	300 M
	Gegenleistung	— M
b) Weide:	Belastete Fläche . . .	17 261 ha
	Gegenleistung	30 M

Dagegen bestehen im Unterelsaß und auch in Lothringen noch bedeutende Berechtigungen, die außer Brennholz und Weidenutzungen noch Nutzholzabgaben über eigenen Bedarf umfassen. Wir können uns nicht versagen, darauf einzugeben, um die Wirkung des Waldes auch in dieser Hinsicht beobachten zu können. In der ehemaligen Grafschaft Dagsburg-Leiningen finden wir bezeichnende Beispiele.

Die Gemeinde Engenthal besitzt noch Berechtigungen in umfangreichem Maße. Es ist eine Gemeinde mit magerem Gebirgsboden, der nicht imstande ist, die dort wohnende Bevölkerung auf Grund des Acker- und Wieslandertrages zu ernähren. Die Bewohner treiben deshalb außer Ackerbau und Viehzucht noch als Haupt- oder Nebenberuf: Holzhauerei, Holzschlitterei, Holzabfuhr, Holzhandel, Sägerei. Das sind die Berufe, in denen sie tätig sind, in welchen der Sohn dem Vater folgt, und in denen sie infolgedessen eine große Geschicklichkeit erworben haben. Nun verfolgen die Sägewerksbesitzer in letzter Zeit die Tendenz, ihre Betriebe in die Nähe der Bahnstationen zu verlegen, um auf weiter entfernten Absatzgebieten konkurrenzfähiger zu sein. Außerdem macht sich auch in diesen Betrieben der Zug zum Großbetrieb bemerkbar, womit die Arbeitsgelegenheit auf wenige Punkte zentralisiert wird. So ist es auch in dieser Gegend. Während früher längs der Mossig von Engenthal bis Romansweiler eine Reihe von Sägemühlen standen, ist heute die Großzahl derselben außer Betrieb, zum Teil abgetragen. Dafür stehen am Ausgang des Tales und am Bahnhof Romansweiler zwei modern eingerichtete Dampfsägewerke. Ebenso steht am Bahnhof Maursmünster ein solcher Großbetrieb, wohl einer der größten Elsaß-Lothringens auf diesem Gebiet, der seinen Holzbedarf aus dem Mossig-, Dagsburg- und Zorngebiet deckt und außerdem noch per Bahn bis aus dem Oberelsaß Stammholz bezieht. Nun sollte man erwarten, daß sich in Romansweiler und Maursmünster eine Reihe von Sägern ansiedeln würden, besonders auch solche aus Engenthal, denen nun die Arbeitsgelegenheit in der Nähe ihres Wohnortes fehlt. Eine eigenartige Erscheinung tritt nun zutage. Die Säger bleiben ihrem Berufe treu und arbeiten in den Großbetrieben. Sie kommen aber nur während der Wochentage hierher, und am Samstag Abend treten sie einen Marsch von 3—5 Stunden an, um über Sonntag in Engenthal zu sein. Hier besorgen Frau und Kinder einen kleinen Ackerbau. So bleiben auch die Waldarbeiter, die zum Teil ihren Unterhalt nicht in den umliegenden Wäldern finden, und deshalb als Wanderarbeiter in den verschiedenen Oberförstereien tätig sind, in Engenthal selbst wohnen. Sie gehen ihrer Arbeit nach und kehren periodisch auf Tage wieder an den Wohnort zurück.

Woher diese Anhänglichkeit an die Scholle? Ausschlaggebendes Moment ist hier die Waldberechtigung, die verloren geht, wenn die Berechtigten aus der Gemeinde wegziehen. Der Wert eines solchen Berechtigungsanteils beläuft sich in Geld umgerechnet etwa auf 200—500 M jährlich, je nach dem jeweiligen Wert des Holzes und nach der Ausnutzung des Rechtes[1]).

So bestimmt hier der Wald resp. der Nutzen desselben für den Einzelnen den Wohnort.

Beiträge zur Methodik der Volksdichtekarten.

Wir haben schon in der Einleitung darauf hingewiesen, daß es die Unklarheit über den Begriff des „bewohnten Raumes" ist, die vor allem Verwirrung in die Darstellung der Volksdichte bringt.

E. Friedrich versteht unter bewohntem Raum denjenigen, „über welchen sich gegenwärtig das menschliche Leben zum Zwecke seines Daseins dauernd bewegt"[2]). Es ist dies aber nicht etwa der Wohnplatz, die Fläche, auf der Haus und Hof steht, sondern „bei der ländlichen Siedelung das landwirtschaftlich zum Dorfe gehörige Areal, die Gemarkung, welches dem Dasein der Bewohner die Unterlage gibt, kommt allein in Betracht".[2])

Die Definition, die Wagner von der Volksdichte aufstellt: — „sie gibt die mittlere Zahl von Menschen, die auf die Flächen-

[1]) Vergleiche zu den Waldberechtigungen dortiger Gegend:
J. G. Esser: Die Waldberechtigungen in der ehemaligen Grafschaft Dagsburg. 2 Bände, Straßburg 1894. Nachtrag 1895.
Richhard Stieve: Dagsburg. Germanistische Studien im Elsaß. 2 Bände: Bd. I: Die Dagsburger Markgenossenschaft.

[2]) E. Friedrich: Die Dichte der Bevölkerung im Regierungsbezirk Danzig. S. 1. Danzig 1895.

einheit entfällt, an" —[1]) enthält auch keine Festlegung der Art dieser Fläche. Wagner ist Ausscheidungstheoretiker. Und doch hätte man von dieser Definition, nach Greims Ansicht, leichter auf die heutige Art der Wahl der Fläche, nämlich ohne jede Ausscheidung kommen sollen. „Wenn aber anerkannt ist, daß die Bevölkerungsdichte uns keine Darstellung der tatsächlichen Verhältnisse gibt, sondern nur ein mathematischer Begriff ist, so ist die Frage viel einfacher zu beantworten, auf was die Bevölkerungszahl bezogen werden soll".[2])

Nach den Ansichten der Ausscheidungstheoriker ist als Fläche, auf welche die Bevölkerung bezogen werden soll, nur das landwirtschaftlich genutzte Areal zu betrachten.

Bei den übrigen Flächen, darunter auch dem Wald, wird ein derart geringer Einfluß auf die Volksdichte angenommen, daß sie als indifferent zu derselben gelten.

Der Wald wird also durchaus nicht als Kulturland betrachtet, sondern man sieht in ihm ein Gebiet, das der Art nach durchaus verschieden ist vom landwirtschaftlich genutzten Boden. Dieser letztere allein wird als Kulturland bezeichnet.

Und doch haben wir in dem vorhergehenden Teile gezeigt, in wie mannigfacher Weise der Wald in das Leben der Menschen eingreift. Der Wald hat sowohl in geographischer, wie auch wirtschaftlicher Hinsicht die größte Bedeutung für ein Land. Diese liegt zunächst darin, daß der Wald durch seinen Einfluß auf die hydrographischen, in geringerem Grade auch klimatischen Verhältnisse die wirtschaftliche Ausnutzungsmöglichkeit des Bodens erhöht. Indem er einen Einfluß auf die hydrographischen Verhältnisse ausübt, schafft er zugleich bessere Benutzungsmöglichkeiten der Wasserläufe, sei es zu Kraftanlagen, zu Verkehrszwecken oder zur Bewässerung. Durch seine Güterproduktion ist er volks- und finanzwirtschaftlich wichtig. Ein großer Teil der Waldungen ist in öffentlichem Besitz, in dem des Staats, der Gemeinde, der Anstalten, deren Finanzierung dadurch erleichtert wird. Die Rolle, die der Wald als Arbeitgeber spielt, steht den übrigen an Wichtigkeit nicht nach.

---

[1]) H. Wagner: Lehrbuch der Geographie I, 1908, S. 863.

[2]) G. Greim: Beiträge zur Anthropogeographie des Großherzogtums Hessen. Stuttgart 1912. (Forschungen zur deutschen Landes- und Volkskunde. Bd. 20, Heft 1, S. 94.)

Es ist ja richtig, daß landwirtschaftlich genutztes Areal in der Regel pro Quadratkilometer mehr Menschen zu ernähren und zu beschäftigen imstande ist, als der Wald. Das ist aber nur ein **Unterschied des Grades und nicht der Art.**

Solche graduellen Unterschiede bestehen übrigens auch innerhalb dessen, was man sonst als Kulturland auffaßt, dem landwirtschaftlich genutzten Boden. Denn wir werden Gebiete finden, in welchen auf gleichen Flächen landwirtschaftlich genutzten Bodens durchaus ungleiche Mengen von Menschen zu leben imstande sind. Oder, was das Gleiche ist: Es ist, um eine Familie zu ernähren, in verschiedenen Gegenden eine durchaus verschieden große Bodenfläche nötig.

Der Heidebauer in der Lüneburger Heide braucht nach Grieb ein Areal von 250 ha, um mit seiner Familie durchzukommen. Davon werden allerdings nur 50 ha landwirtschaftlich genutzt, der Rest dient zur Plaggengewinnung. Die Plaggen aber sind zur Düngung jener 50 ha nötig. Es müssen also diese 200 ha doch, wenn auch indirekt, berücksichtigt werden.[1]) Dagegen berechnet Gothein[2]) die für die Existenz einer bäuerlichen Familie nötigen Ländereien in den besseren Lagen der Rheinebene auf 1,80 ha, im Schwarzwalde auf 14,4 ha.

Zwischen den verschiedenen landwirtschaftlichen Betriebs- und Kulturformen finden sich größere Unterschiede hinsichtlich des Reinertrags und der Beschäftigungsmöglichkeit und deshalb auch der Einwirkung auf die Volksdichte, als zwischen dem Ackerland im Hochgebirge und dem Wald.

Um z. B. nur die Reinerträge vergleichsweise nebeneinander zu stellen, sei erwähnt, daß Grieb[3]) aus verschiedenen Untersuchungen einen Mittelreinertrag von 6,80 M pro ha und Jahr in der Heidewirtschaft, sei diese Ackerbau oder Weidewirtschaft, findet. Dagegen sind in den verschiedenen Gemeinden des Oberelsaß die Ackerländereien zu einem Grundsteuerreinertrag von 7 bis 170 M. pro ha veranlagt. Im Rebland steigen die Hektar-Reinerträge noch viel höher, bis zu 700 M. pro ha[4]).

---

[1]) R. Grieb: Das europäische Ödland usw., S. 35.

[2]) Zitiert nach L. Neumann: Die Veränderung der Volksdichte im südl. Schwarzwald. S. 33.

[3]) R. Grieb: Das europäische Ödland usw., S. 39.

[4]) Reinertragstabellen für Els.-Lothr. (Handschriftlich in der Kaiserl. Katasterverwaltung.)

Dies nur zur Illustration des Begriffes „Kulturland“, welches als etwas Homogenes gedacht wird, das aber, wie wir sehen, so überaus mannigfache Variationen in jeder Hinsicht aufweist.

Innerhalb des Forstbetriebes und -Bestandes schwanken natürlich die Reinerträge auch; die Reinertragstabellen unterscheiden hier Klassen mit Hektar-Reinerträgen von 5 bis 50 M. Tatsächlich beträgt die Solleinnamhe pro Hektar und Jahr im Mittel für die Gemeindewaldungen im Oberelsaß 48,46, für die Staatswaldungen Elsaß-Lothringens 48,77 M.

Dadurch ist klar und deutlich bewiesen, daß es zwischen Wald und landwirtschaftlich genutztem Areal in Sachen des Ertrags keine Artunterschiede geben kann; es sind eben nur Unterschiede des Grades, wie sie auch innerhalb des landwirtschaftlich genutzten Bodens bestehen. Daher erscheint es auch durchaus nicht berechtigt, den Wald als „Kulturland zweiter Klasse“ [1]) zu bezeichnen, nachdem er manchem landwirtschaftlich genutzten Areal an Reinertrag weit voransteht. Wenn man alles Land, das dem Walde in dieser Hinsicht gleichzuachten wäre — im Oberelsaß wäre es alles Weideland und eine respektable Fläche von Ackerland und Wiesen — ausschalten wollte, dann bliebe wahrhaft wenig „Kulturland“ übrig.

Auch in Ländern mit verhältnismäßig junger Kultur, in denen noch Urwald vorhanden ist, hat der Wald Bedeutung als Kulturland, als Lebensboden von Menschen. Ratzel warnt davor, im Walde nur menschenleere Wüsten zu sehen [2]). „Man muß sich erinnern, daß der Wald auch Schutz und Nahrung gewährt und daß es Völker gibt, welche recht eigentlich Waldbewohner, d. h. im Walde eingewohnte und -gewöhnte sind“. Sobald die Bevölkerung zunimmt, sobald sich mit wachsender Kultur die Bedürfnisse steigern, mannigfacher werden, wird der Wald der Axt des Menschen weichen müssen, um andere Gewächse an seine Stelle treten zu lassen, soweit dies die Bodenbeschaffenheit und die schutzwaldlichen Erwägungen zulassen. „In diesem Sinne kann man geradezu die Urwaldgebiete als Landstrecken ansehen, die für eine spätere Entwicklung aufgespart bleiben, ein Reserveland“ [3]).

[1]) Ratzel: Anthropogeographie II, S. 189.

[2]) Ratzel: Anthropogeographie II, S. 125.

[3]) Karl Sapper: Der mittelamerikanische Urwald in seiner Beziehung zur Menschheit. (In: Festschrift zu Ratzels 60. Geburtstag. Seite 231 ff.)

In den Kulturländern ist der Wald schon soweit zurückgedrängt, als wirtschaftlich, auf Grund der gegebenen Boden-, Klima-, Produktions- und Absatzverhältnisse, eine andere Kulturart größere Erträge abwirft. (Immer natürlich abgesehen von absoluten Schutzwaldungen.) Ja, die Rodung geht oft zu weit vor, so daß sich bald die Unrentabilität der betreffenden Landwirtschaftsbetriebe herausstellt. Jene Flächen werden dann meist wieder aufgeforstet.

In diesen Fällen, unter diesen bestimmten Verhältnissen ist also Forstwirtschaft die bestmöglichste Wirtschaftsmethode. Hier, wo andere Kulturen infolge der natürlichen Verhältnisse versagen, tritt der Wald in die Lücke und bringt noch ansehnliche Erträge.

Solche Flächen, welche vermöge ihrer Bodenbeschaffenheit mit Wald bedeckt sind, finden sich größtenteils im Gebirge, wo der Wald ohnehin als Schutzwald gehalten werden muß, seltener in Ebenen, in großen zusammenhängenden Komplexen. Die große Flächenausdehnung und die Zerteilung in große Besitzanteile kommen aber der Forstwirtschaft als solcher sehr zu gute, da nur bei größerer Flächenausdehnung ein Forstbetrieb rentabel wird. Das sind alles Ursachen dafür, daß der Wald in so großen Komplexen vorkommt, die uns dann menschenleer erscheinen.

Nach dem Vorhergehenden erscheint das Vorhandensein der verschiedenen Kulturarten, also auch des Waldes, an bestimmten Orten durchaus nicht als eine willkürliche Anordnung. Es ist vielmehr das Produkt der Bodenbeschaffenheit, des Klimas, der Höhenlage, sowie der wirtschaftlichen und kulturellen Zustände eines Landes; die vorhandene Verteilung ist auf Grund dieser Ursachen durch jahrhunderte lange Anpassung geworden. Etwaige willkürliche Änderungen rächen sich in der Regel und notwendige Umwandlungen vollziehen sich unter dem Druck der Verhältnisse von selbst. Unter diesem Gesichtspunkt haben wir die Aufforstung von Bauerngütern, die in größerem Maßstabe auf dem hohen Schwarzwald[1]) und in geringem Umfang auch im elsässischen Jura stattfinden, zu betrachten. Es handelt sich dabei um Areale, die landwirtschaftlich unrentabel geworden

---

[1]) Vgl. hierüber R. Pfefferkorn: Geländeerwerbungen des großh. bad. Domänenärars auf dem hohen Schwarzwald. 1900.

sind, die aber als forstwirtschaftliche Betriebe noch Reinerträge abwerfen. Wiederum zeigt sich da die Flüssigkeit und die Ungenauigkeit des Begriffs „Kulturland" im bisherigen Sinne.

Auch die Aufforstung von Ödländereien ist, außer in der Zone des Schutzwaldes, durchaus nichts Willkürliches. In der intensiver werdenden Volkswirtschaft muß eben jeder nutzbare Fleck zur Produktion herangezogen werden. Die Aufwendung von mehr Kapital und Arbeit auf die Produktionseinheit, die ein solches Vorgehen erfordert, liegt eben im Wesen der intensiveren Volkswirtschaft. Die Aufforstung ist als eine „Melioration" zu betrachten, von der sich der Volkswirtschaftler „eine Verbesserung der Erwerbs- und Finanzverhältnisse der Bevölkerung" verspricht.[1]) Diese kann zur Bevölkerungszunahme führen. So kann der Wald auch aktiv verdichtend wirken. Man ist versucht zu glauben, daß jede Kulturart an dem Orte sich vorfindet, der für sie der bestmögliche Standort ist.

Es sind aber nicht allein die Kulturarten, die eine verschiedene Einwirkung auf die Volksdichte besitzen, sondern auch die Betriebsformen. Es ist ein Unterschied zu machen zwischen Groß- und Kleinbetrieb. Jedermann weiß, und es wird in allen Volksdichtearbeiten, die mit solchen Verhältnissen zu rechnen haben, darauf aufmerksam gemacht, daß landwirtschaftliche Großbetriebe minder verdichtend wirken, als bäuerlicher Kleinbesitz. Der Wald wird im Interesse rationellerer Ausnutzung überwiegend als Großbetrieb bewirtschaftet. Wir dürfen hier ruhig eine Parallele zu den landwirtschaftlichen Betrieben ziehen und sagen, daß das Überwiegen des Großbetriebes in der Forstwirtschaft den geringeren Einfluß positiver Art auf die Volksdichte mit erklären hilft.

Es sind wohl besonders siedelungsgeographische Bedenken, die gegen den Einfluß des Waldes und für dessen Ausscheidung sprachen. Die tatsächlich geringe Besiedelung des Waldes, also die Menschenleere, sie war es wohl, die die Verfasser zur Meinung der Indifferenz des Waldes zur Volksdichte brachte. Diese Unbewohntheit, die Erstreckung über weite Gebiete liegt aber letzten Endes nicht an ihm als Vegetationsformation, sondern an den gegebenen natürlichen Verhältnissen. Siedelungsdichte ist eben nicht proportional der Volksdichte.

[1]) G. Greim: Beiträge usw., S. 93.

In diesem Zusammenhange wird in verschiedenen Arbeiten darauf hingewiesen, daß es eine Fälschung des Bildes der Volksdichte sei, wenn man den Wald einbeziehe. Uns scheint das Gegenteil der Fall zu sein. Denn es ist gerade „die Tatsache des Vorhandenseins von viel und wenig Wald, das Prozentverhältnis des Waldes zum Gesamtareal, einer der Faktoren, der, wie jeder andere, auf die Volksdichte einwirkt und doch nicht einfach durch Ausscheidung unterdrückt werden darf".[1]) Man will dort, bei der Ausscheidung, dem Bilde der Siedelung näher kommen, man glaubt die Frage nach dem Ort des Wohnens, die Frage: „Wo" besser beantworten zu können. Es mag in gewisser Hinsicht stimmen. Aber wenn Ratzel die Beantwortung der Frage „Wo" so sehr in den Vordergrund stellt,[2]) so geschieht dies eben nur aus dem Grunde, weil er als Volksdichtekarten auch die Siedelungskarten ansieht. „Die Bevölkerungskarten der Geographen sind Karten der Wohnplätze".[3]) Diese genaue Präzision der Bestimmung des Ortes wird aber durch jene Ausscheidung doch nicht erreicht, die Frage wird nur halb beantwortet, wogegen sich aus dieser Hinneigung an die Siedelungskarte wesentliche Nachteile anderer Art ergeben.

Greim wirft mit Recht die Frage auf: „Ist es überhaupt möglich, die tatsächliche Verteilung der Bevölkerung rechnerisch oder graphisch darzustellen?".[4])

Mit unserer Volksdichtedarstellung wollen wir nicht eine Wohnplatzkarte, eine Siedelungskarte, verbinden. Es ist das Verdienst Hettners,[5]) die scharfe Trennung der Begriffe Volksdichtekarte und Siedelungskarte durchgeführt zu haben, obwohl er in der gleichen Arbeit von der Möglichkeit einer Überleitung einer Art der Darstellung in die andere spricht.

Wir sehen in der allgemeinen Dichtekarte auch nicht die Erwerbsdichtekarte, wie sie Sandler ausgeführt hat.[6]) Sandler

---

[1]) G. Greim: Beiträge usw., S. 93.

[2]) Ratzel: Anthropogeographie II, S. 198.

[3]) Ratzel: Anthropogeographie II, S. 190.

[4]) G. Greim: Beiträge usw., S. 94.

[5]) Alfred Hettner: Über die Untersuchung und Darstellung der Volksdichte. (Geogr. Zeitschrift 1901). S. 498 ff. und 573 ff.

[6]) Chr. Sandler: Volkskarten. Karten über die Verteilung der Bevölkerung im Reg.-Bez. Oberfranken, Bezirksamt Garmisch, Herzogtum Oldenburg, in der Lichtenfelser Gegend und im 9. Bezirk der Stadt München nach neuer Methode. 1899.

hat dabei die Forderungen Küsters zu erfüllen gestrebt, der verlangt, daß die Bevölkerung nach der Art des Erwerbs getrennt wird und auch getrennt zur Veranschaulichung kommen soll.[1]) Diese Karten bezeichnet Schlüter sehr richtig als Volkswirtschaftskarten.[2]) Damit ist auch das Arbeitsgebiet bezeichnet, in das ihre Darstellung gehört.

Die Dichtekarte soll unseres Erachtens in erster Linie der Ausdruck der verschiedensten Einwirkungen auf den Menschen, wirtschaftlicher und politischer Natur sowohl, als solcher seitens der natürlichen Bedingungen seines Gebietes, seines Bodens, seines Klimas und seiner Lage sein, denn alle diese Einwirkungen finden ihren Ausdruck in der Volksdichte. In ihr stellt sich auch der Sammelpunkt der Wechselwirkungen von Mensch zu Mensch dar, wie sie in den verschiedenen Kulturstufen wechselt und selbst zur Bildung dieser Kultur beitragen. Jene erste Gruppe ist ein festeres Ganze, die letztere ein stets Bewegliches und Veränderliches.

Dann darf aber keiner dieser auf die Volksdichte einwirkenden Faktoren vernachlässigt werden. Es erscheint unter diesem Gesichtspunkte eigentlich nicht mehr verständlich, überhaupt ein Gebiet zur Ausscheidung zu bringen, etwa weil es minder positiv oder gar negativ auf die Volksdichte einwirkt.

Aus diesen Gründen können wir auch der Ausscheidung des Areals für Verkehrswege, Gewässer, Unland nicht zustimmen.

Die Verkehrswege sind von großer Wichtigkeit für die Verdichtung der Bevölkerung. Durch die Verkehrslage wird oft geradezu der Grad der Verdichtung bestimmt, sie ist oft ausschlaggebender als jeder andere Faktor.

Die Gewässer bilden die motorische Kraft für die Industrie an ihren Ufern, und manche Gebirgsindustrie verdankt ihnen die Entstehung, oder doch ihre größere Ausdehnung. Sie machen durch ihre billige Krafterzeugung Industrien dort möglich, wo sie sonst, wegen der weiten Abgelegenheit nicht bestehen könnten. Als Bewässerer der Wiesen verursachen sie den Futter-

[1]) Emil Küster: Zur Methodik der Volksdichtedarstellung. (Ausland 1891.) S. 154 ff. und 166 ff.

[2]) O. Schlüter: Die Siedelungen im nordöstl. Thüringen. S. 61. Stuttgart 1892.

reichtum einer Gegend und bilden so den Grund zu einer gedeihlichen Viehzucht. Als Verkehrswege tragen sie deren Vorteile in noch erheblicherem Maße in sich. Schließlich sei auch noch an ihre Nutzung, die vermöge ihres Fischreichtums möglich ist, erinnert.

Was das Öd- und Unland anbetrifft, so ist es sehr oft das Gebiet, auf dem sich Industrien seiner Bodenschätze bilden, z. B. Stein- und Tongruben. Im übrigen ist das Ödland eine Tatsache des Bodens, meist geologisch, nur zuweilen anders bedingt. Es wird bei höherer Kultur immer mehr nutzbar gemacht, findet sich aber immer noch in Resten vor.

L. Neumann äußert sich treffend hierüber. Er betont, daß es durchaus wesentlich sei, das Areal des Waldes und des Unlandes bei der Dichtebestimmung mit zu berücksichtigen.[1])

„Es ist — kein — auch nur einigermaßen ausgedehntes Gebiet denkbar, auf dem nicht ein Bruchstück der Gesamtfläche zur Benutzung irgend welcher Art durchaus ungeeignet erscheint, sei es ein Felsabhang, eine Geröllablagerung, ein Sumpf usw. Da aber nun unter den, in der Statistik angegebenen landwirtschaftlich unproduktiven Flächen auch das Wegeland, die Steinbrüche, Kiesgruben, Lehmgruben, ferner alles fließende und stehende Wasser inbegriffen ist, und da gerade das Vorhandensein genannter Vorkommnisse unter Umständen für die Anlage von Siedelungen in hohem Grade ausschlaggebend werden kann, wie z. B. der Hinweis auf die überaus zahlreichen Gewerbe- und Fabrikbetriebe dartut, welche den Wasserkräften der Schwarzwaldtäler ihr Dasein verdanken, so wäre es nicht zweckentsprechend, diese Flächen des Unlandes und Wassers bei der Dichtebestimmung auszuschließen, hängt doch manchmal die Volksdichte gerade von ihnen ab“.[2])

Nach diesen Ausführungen soll also in der allgemeinen Volksdichtekarte die Gesamtheit aller Faktoren, die auf die Volksdichte einwirken, seien sie positiver oder negativer Art, zum Ausdruck gelangen.

Dies ist wesentlich für unsere Auffassung. Der Mensch soll in Beziehung gesetzt werden zur Gesamtheit der

---

[1]) L. Neumann: Die Volksdichte im Großherzogtum Baden. S. 59 u. 60.

[2]) Es ist uns unverständlich, wie Neumann in seiner späteren Arbeit über die „Veränderung der Volksdichte im südlichen Schwarzwalde“ den Wald und diese Flächen dennoch von der Berechnung ausschließen konnte.

natürlichen Bedingungen, und es soll sich dann zeigen, inwieweit er ihrer Herr geworden ist, und wieweit andererseits jene Gesamtheit von Faktoren auf ihn eingewirkt haben.[1])

Die Beziehung auf das Gesamtareal weist noch einen anderen Vorzug auf, der besonders bei der historischen Betrachtung der Volksdichte Bedeutung erlangt. Das Gesamtareal ist fast keinen zeitlichen Veränderungen unterworfen und ist deshalb „als Konstante besonders geeignet, um an seiner Einheit, die zeitlich und räumlich variable Bevölkerungszahl zu messen. Die landwirtschaftlich benutzte Fläche ist dafür viel weniger geeignet, weil sie selbst eine zeitlich variable ist und bei gleichzeitiger Veränderung mit der Bevölkerung sehr komplizierte Verhältnisse entstehen können. Schon bei Änderung einer derselben können widersinnige Verhältnisse erhalten werden, noch leichter ist es bei Ländern mit stark extensiver landwirtschaftlicher Kultur (Kanada, Argentinien) denkbar, daß jemand infolge großer Ausdehnung der landwirtschaftlich benutzten Flächen an einer Stelle, trotz fortwährenden Zustroms von Einwohnern, eine Abnahme der Volksdichte errechnen könnte".[2])

Es muß nun noch eine Flächeneinheit gewählt werden, in deren Grenzen die Gesamtheit jener Faktoren bis zu einem gewissen Grade eingeschlossen ist und zum Ausdruck gelangen kann. Wir wählen hierzu die Gemarkung.

Die Gemarkung wird von E. Friedrich[3]) bezeichnet als eine „ebenso geographische, wie administrative Einheit". O. Schlüter[4]) erweitert den Begriff zur „kulturgeographisch-administrativen Einheit".

Daß die Gemarkung ein geographisch einheitliches Gebiet sei, möchten wir nicht behaupten, vielmehr weist Ratzel vollkommen richtig auf die Zufälligkeiten ihrer Erstreckung über geographisch verschiedene Gebiete hin.[5]) Auch Gütererwer-

---

[1]) Der Einschluß des gesamten Areals wurde zwar früher auch schon vorgenommen. Alle jene Autoren, die ihre Volksdichtarbeit aufbauten auf der Bodenbeschaffenheit, der Höhenlage usw., mußten zu dieser Einschließung kommen. Auch andere, z. B. Schlüter, beziehen seine Berechnung auf das Gesamtareal.

[2]) G. Greim: Beiträge usw. S. 95.

[3]) E. Friedrich: Die Dichte usw. S. 3.

[4]) O. Schlüter: Die Siedelungen usw. S. 73.

[5]) Ratzel: Anthropogeographie II, S. 194.

bungen und Schenkungen können bei der Gestaltung der Gemarkung mitgewirkt haben.[1])

Wir sehen in der Gemeindegemarkung ein historisch Gewordenes. In ihrer Größe sind einmal die Kräfte veranschaulicht, die bei ihrer Entwicklung zur Geltung kamen. Bei der Betrachtung dieser Frage und auch bei der Untersuchung des Zusammenhangs zwischen der Einwohnerzahl der Gemeinde und der Größe der Gemeindeflächen muß sicher auf viel frühere Zeiten und Verhältnisse zurückgegriffen werden, „zum Teil auf Zeiten, als die Gemeindeflächen noch nichts Stabiles, noch ausdehnungs- und veränderungsfähig waren. Daß dieser Bedingung teilweise überhaupt nicht praktisch entsprochen werden kann, wird bei ihrer Aufstellung nicht verkannt“.[2]) Weiter liegen in der Größe der Gemarkung außer diesen historischen auch geographische Momente. Zwar darf die Annahme Greims, daß die Gemeindeflächen in der Ebene größer sind, als im Gebirge, nicht verallgemeinert werden. Sie findet sich in unserm Gebiet nicht bestätigt. Dagegen bildet der Jura, beziehungsweise der Sundgau einen guten Beleg für die Annahme, daß die kleinsten Gemeindeflächen sich da finden, „wo das am meisten zerrissene Bodenrelief vorhanden ist und deshalb die Bearbeitung des Bodens, wegen der Vermeidung der weiten Wege und vielen Steigungen zu einer zu starken Zersplitterung der Besiedelung nötigten“.[3]) Und doch darf auch das nicht zu allgemein angenommen werden. Denn die Fruchtbarkeit des Bodens, seine Eignung für die verschiedenen Intensitäts- und Betriebsformen der Land- und Forstwirtschaft spielen eine noch bedeutendere Rolle. Aus der ausschließlichen Eignung für den Forstbetrieb sind die großen Gemarkungen im Gebirge mit erklärt.

Dort wo auf Grund der geologischen Beschaffenheit ein agronomisch minder wertvoller Boden vorhanden ist, sind die Gemarkungen eines und desselben Landes größer, als dort, wo der Boden fruchtbarere Beschaffenheit zeigt. Die landwirtschaftliche Ertragsmöglichkeit war früher der Gradmesser der Existenz. Deshalb ist die Gemarkung nur historisch zu verstehen. Heute treten andere Gradmesser der Existenzmöglichkeiten mit jenem ursprünglichen in erfolgreiche Konkurrenz.

---

[1]) L. Neumann: Die Veränderungen der Volksdichte usw., S. 21.

[2]) Georg Greim: Beiträge zur Anthropogeographie des Großherzogtums Hessen. Stuttgart 1912. (Forschungen zur deutschen Landes- und Volkskunde, Bd. 20, Heft 1. S. 43.)

[3]) G. Greim, Beiträge usw., S. 43.

Schlüter sagt von der Gemarkung, daß sie drei Eigenschaften in sich vereinige, die sie vor allen andern Flächen geeignet mache der Dichteberechnung als Grundlage zu dienen: „1. sie ist klein, 2. Areal und Grenzen stehen fest, und die Angaben darüber sind fast immer leicht zugänglich, 3. sie bildet für die innerhalb ihrer Grenzen wohnenden Menschen in der Tat den Lebensraum, wenn sie auch diesen niemals vollständig in sich begreift“.[1])

Im letztern Punkte und in ihrer scheinbar willkürlichen Erstreckung über verschiedene Geländeformen wird die Anwendung der Gemarkungsfläche oft angegriffen.

Was zunächst die willkürliche Ausdehnung betrifft, so fordert man hier an Stelle der Gemarkung geographische Einheiten als Grundlage. Nun ist es zwar nicht unmöglich, ein Gebiet einzuteilen in kleinere Flächenanteile, die geographisch homogen sind. Ob man aber bis auf jene Kleinheit gelangen kann, die notwendig ist, um ein genaues Eindringen in die Spezialverhältnisse zu ermöglichen, scheint uns recht fraglich, ganz abgesehen von der Schwierigkeit der Beschaffung der statistischen Unterlagen. Das Verfahren wurde von verschiedenen Autoren angewendet, unter anderem in sorgfältiger, genauer Weise von L. Neumann.[2]) Doch hält er sich bei der Abgrenzung der natürlichen Gebiete an die Gemarkungsgrenzen.

Bei der Anwendung der mathematischen Kurvenmethode wird die Willkür und der Zufall der Erstreckung der zugrunde gelegten Einheiten nicht vermieden. Vielmehr ist die Erstreckung eines solchen mathematisch abgegrenzten Flächenteils noch viel mehr dem Zufall und der Willkür preisgegeben, als dies bei der Gemarkung der Fall ist. Auch hier ist mit der Schwierigkeit der Beschaffung statistischen Materials, zudem noch mit der Unmöglichkeit der Verteilung der Bevölkerung eines Ortes, durch den die Grenzlinie der geometrischen Figur hindurchgeht, zu rechnen.

Die Willkür der Ausdehnung der Gemarkung ist also nicht größer als bei anderen Methoden; dort, wo man die Willkür auf ein Minimum zu reduzieren vermöchte, bei den geographischen Einheiten, hindern andere unüberwindliche Schwierigkeiten die Anwendung.

---

[1]) O. Schlüter: Die Siedelungen usw. S. 73.

[2]) L. Neumann: Die Veränderungen der Volksdichte im südlichen Schwarzwald.

Die Gemarkung war früher einmal bei der geschlossenen Hauswirtschaft auch absolut der Lebensboden der Bewohner. Dies hat sich durchaus geändert. Zwischen den Produzenten und den Konsumenten ist der Verkehr getreten, den die Arbeitsteilung notwendig machte. Wenn auch jedes Land darnach strebt, in sich, wie eine politische, so auch eine wirtschaftliche Einheit zu bilden, sich in wirtschaftlicher Hinsicht selbst genug zu sein, so ist dies doch nur ein Ideal, wie Fichtes geschlossener Handelsstaat. Ein ewiger Fluß besteht, ein ständiger Austausch von Gütern, ein Sorgen Eines für Alle und Aller für Einen, das ist der Grundzug unseres heutigen Wirtschaftslebens. Es ist das Produkt der Arbeitsteilung, wo der Einzelne über seinen Bedarf erzeugt und dafür andere Güter eintauscht.

Deutschland produziert auf seinem landwirtschaftlich genutzten Boden nicht jene Menge an Nahrungsmitteln, die nötig ist seine Bevölkerung zu ernähren. Es müßte also noch ein Teil des Kulturlandes im Auslande berücksichtigt werden, wenn wir uns auf die Existenzfläche der Bevölkerung als Grundlage der Volksdichteberechnung stützen wollten. Andererseits produziert Deutschland eine Summe von Industrieprodukten der mannigfachsten Art, die der Kultur anderer Länder zugute kommen, dort den Acker bauen und die Fabrik treiben helfen. Wer will in diese Wechselbeziehungen hineinsehen und sie in reinlicher Scheidung bei der Volksdichteberechnung auseinander halten?

Wie unter den Staaten, so ist es auch innerhalb jedes derselben. Die großen Menschenagglomerationen sind nur möglich auf Grund dieser geteilten Produktionstätigkeit und unter Zuhilfenahme des Verkehrs, der die überschüssigen Produkte hin und her vermittelt, nach einer Seite Lebensmittel bringt und nach der anderen die Produkte der Industrie.

Und jene Orte, die bewohnt werden, nicht um des Erwerbs willen, sondern der Gesundheit, der Erholung halber, die Bäder, die Luftkurorte in den Hochgebirgen sind alle bezüglich der Nahrungsmittelproduktion von anderen Gebieten abhängig. Deshalb muß es auch Gegenden geben, die über ihren Bedarf Lebensmittel produzieren. Andererseits produzieren landwirtschaftliche Betriebe eben nicht nur direkte Lebensmittel. Wir denken an den bedeutenden Tabak- und Hopfenbau des Elsasses, an die Saatgut- und die Rosenzüchtereien anderer Gegenden usw. Was heißt da „ernährende Fläche"?[1])

[1]) Vergl. auch G. Greim: Beiträge usw., S. 95ff.

Die kartographische Darstellung der Volksdichte hat für einen Augenblick das Ganze festzuhalten an dem Ort, wo es sich nun gerade befindet und die Zahl der Menschen dann zur Gesamtfläche in Beziehung zu setzen. Das kann am besten unter Zugrundelegung der Gemarkungsfläche geschehen.

Mit dieser Auffassung fällt auch das Problem der Städteausscheidung. Ihre Einwohner werden eben auf deren Gemarkung verrechnet.

Die Volksdichte des Oberelsaß ums Jahr 1910.[1])

Unter Zugrundelegung der oben entwickelten Methodik für Volksdichtearbeiten ist die Volksdichte des Oberelsaß kartographisch dargestellt worden.

Als Flächeneinheit liegt demnach der Karte die Gemarkung zugrunde und zwar in ihrer ganzen Ausdehnung.

Zur Bestimmung der Dichtestufen wählten wir eine Stufenfolge, die gestattet, in die einzelnen Verschiedenheiten einzudringen, ohne daß die Karte ihre Übersichtlichkeit und leichte Lesbarkeit verliert. Sie muß die beiden letzten Eigenschaften behalten, wenn sie ihre eigentliche Aufgabe erfüllen soll. Die Darstellung der konkreten Verhältnisse muß den Tabellen vorbehalten sein. Das Studium derselben ermöglicht allein eine genaue Kenntnis der lokalen Volksdichtetatsachen. Eine Erklärung derselben geben sie allerdings nur zum Teil. Diese kann nur auf Grund sorgfältigsten Eindringens in die lokalen Verhältnisse gegeben werden.[2])

Die Anordnung unserer Dichtestufen ist die folgende:

Einwohner pro Quadratkilometer

Stufe	I	0—25	Einw.	Stufe	VI	151—200	Einw.
„	II	26—50	„	„	VII	201—300	„
„	III	51—75	„	„	VIII	301—500	„
„	IV	76—100	„	„	IX	501—1000	„
„	V	101—150	„	„	X	über 1000	„

Zu einer Zusammenfassung, wie Neukirch[3]) sie benutzt, konnten wir uns nicht entschließen. Er wendet nur 4 Stufen

---

[1]) Die historische Betrachtung der Volksdichte des Oberelsaß von 1720—1900 wird in einer besonderen Arbeit durchgeführt werden.

[2]) Darauf weist auch Greim hin. S. 78 und S. 98.

[3]) Neukirch: Studien über die Darstellbarkeit der Volksdichte. Freiburg 1897.

an. Dadurch wird ein unrichtiges Bild der Volksdichte gegeben, denn die Karte entspricht viel zu wenig den tatsächlichen Verhältnissen, und lokale Tatsachen gelangen gar nicht zur Anschauung. Es kommt also nicht allein auf die prinzipielle, sondern auch auf die technische Ausführung an, ob bestimmte Einflüsse auf die Volksdichte auch auf der Karte zutage treten.

Bezüglich der Farben schlossen wir uns der Ansicht Schlüters an, der verlangt, daß die Farbenreihenfolge selbst, wie die Stufenfolge, eine Steigerung ausdrücken soll.

Die eine Karte (Tafel I) ist eine Karte des Waldbestandes des Oberelsaß. Dieselbe wurde von den Meßtischblättern (Maßstab 1:25000) mittels Pantographen übertragen. Sie berücksichtigt die Veränderungen bis 1910, gibt also den Bestand dieses Jahres an. Weiter sind auf ihr die Besitzverhältnisse nach Staats-, Gemeinde- und Privatwaldungen eingetragen.

Die Volksdichtekarte (Tafel II) zeigt den Stand der Volksdichte für das Jahr 1910, berechnet auf das gesamte Areal der Gemeindegemarkungen. Waldgemarkungen, also Waldgebiete, die für sich selbst Gemarkungen bilden, gibt es in unserem Gebiete nicht; ebensowenig selbständige Gutsbezirke. Gemarkung und Gemeindefläche sind also für uns gleichbedeutende Begriffe.

Zum Vergleich ist eine Volksdichtekarte beigegeben (Tafel III), die die Volksdichte, bezogen auf das landwirtschaftlich genutzte Areal, darstellt. — Die Karten sind entworfen auf der Grundlage sorgfältig ausgearbeiteter Tabellen, die, vollständig mit zu veröffentlichen, leider der Raum fehlt. (Siehe Seite 71.)

Es erübrigt sich nun noch, unsere Behauptungen und Forderungen durch eine kurze Betrachtung speziell unseres Gebietes an Hand der Karte und unter Zuhilfenahme des Tabellenmaterials zu erhärten.

Der Bezirk Oberelsaß hat eine Größe von 3507,63 qkm und eine Gesamteinwohnerzahl von 517865 Seelen. Es ergibt sich daraus eine durchschnittliche Dichte von 147,64, also rund 148 pro Quadratkilometer. Wie total verändert das Bild wäre, wenn man den Wald ausscheiden würde, ergibt sich daraus, daß dann die Dichte pro Quadratkilometer um nicht weniger als 82, also auf 230 ansteigen würde. Schon jene Dichte von 148 kann nicht als tatsächliche mittlere Dichte des Landes angesehen werden. Die hohe Durchschnittsdichte ist nur aus den sehr hohen Dichten der größeren Orte zu erklären. Scheiden wir einmal alle

Orte über 10000 Einwohner aus (Mülhausen, Colmar, Gebweiler, Markirch, Dornach), die allein 174028 Einwohner, d. i. 28% der Gesamteinwohnerzahl, in sich vereinigen, dann reduziert sich die Mitteldichte sofort auf 98 pro Quadratkilometer. Diese Dichte bleibt ungeändert, ob man das Gesamtareal des Bezirkes zugrunde legt, oder ob man das Areal der ausgeschiedenen Städte abzieht. Diese Dichte dürfte auch wohl die tatsächliche mittlere Dichte sein. Das geht auch aus nachstehender Aufstellung hervor. Wir teilen die Dichtestufen in vier Gruppen. In eine solche mit niederer, mit mittlerer, mit hoher und endlich eine solche mit sehr hoher Dichte. Dabei ordnet sich die Gruppe der mittleren Dichte um die Zahl 98, und wir erhalten folgendes Bild:

Niedere Dichte:	Stufe	I—III	1—75	Einwohner
Mittlere „	„	IV—V	76—150	„
Hohe „	„	VI—VIII	151—500	„
Sehr hohe „	„	IX—X	über 500	„

Nehmen wir 148 als Mitteldichte an, so ergibt sich folgende Gruppierung:

Niedere Dichte:	Stufe	I—IV	0—100	Einwohner
Mittlere „	„	IV—VI	101—200	„
Hohe „	„	VII—VIII	201—500	„
Sehr hohe „	„	IX—X	über 500	„

Teilen wir nun die entsprechenden Gemeinden den Stufen zu, so ergibt sich das Folgende:

Mitteldichte 148:

Orte mit geringer Dichte	(St. I—IV)	246	Gemeinden
„ „ mittlerer „	(St. V—VI)	96	„
„ „ hoher „	(St. VII—VIII)	41	„
„ „ sehr hoher „	(St. IX—X)	12	„

Mitteldichte 98:

Orte mit geringer Dichte	(St. I—III)	189	Gemeinden
„ „ mittlerer „	(St. IV—V)	122	„
„ „ hoher „	(St. VI—VIII)	62	„
„ „ sehr hoher „	(St. IX—X)	12	„

Es ergibt sich also bei der Annahme der Mitteldichte 98 ein viel natürlicheres Bild als bei der andern Anordnung, und dürfen wir dieselbe wirklich als die tatsächliche mittlere Dichte betrachten. Diese Gruppierung wird uns auch bei der nun folgenden Betrachtung der Volksdichte und ihrer Ursachen in unserem Gebiete an Hand der Karte von Nutzen sein. Denn auf der Karte zeigen sich ganze Gebietsteile, die man bezüglich ihrer Dichte der einen oder andern Gruppe zuweisen kann. Dies wird uns die Betrachtung des so verschiedenartig gestalteten Landes wesentlich erleichtern.

Der Bezirk Oberelsaß ist schon seinem geographischen Charakter nach ein Gebiet der mannigfachsten Verschiedenheiten. Ebene, Hügelland, Gebirge finden sich hier vereinigt.

Vom Süden her schiebt der Schweizer Jura noch einige Falten über die elsässische Grenze. Demselben gegen Norden vorgelagert ist ein Hügelland, dessen mäßige Erhebungen und wellenförmige Bildung ein oft eintöniges Aussehen hat. Der Boden ist ein Lößboden, der in seinen oberen Schichten meist zu Lehm verwittert ist. Dieses Hügelland, der Sundgau, flacht sich gegen Osten dem Rheine zu, nach Norden bei Mülhausen und im Nordwesten gegen die Belforter Senke, die Burgunder Pforte, ab.

Von Basel an, zwischen dem Sundgau und dem Rhein, erstreckt sich die Ebene nach Norden. Bei Mülhausen dehnt sie sich weiter nach Westen bis an die Vorhügel der Vogesen aus. Zwischen dieser Hügelzone und dem Rheine zieht sie sich dann nach Norden. Die Ebene, ein Teil der oberrheinischen Tiefebene, ruht auf Alluvium und Diluvium. Gegen die Vorhügel zu nimmt sie an der Lößüberlagerung teil.

Die Hügelkette, die die Ebene im Westen begrenzt, ist zum größten Teil in ihren unteren Hängen ebenfalls mit Löß überlagert. In ihren höheren Lagen besitzt sie meist einen stark kalkhaltigen, natürlichen Verwitterungsboden.

Von den Vogesen liegt in unserem Gebiet der größte Teil, der Ostabhang des kristallinischen Teiles. Die Talbildung ist für die Besiedelung günstig. Die Täler sind breit, die Talsohle hebt sich im Anfang nur mäßig gegen das Gebirge an. Erst in ihrem hinteren Teile steigen sie mit größerem Gefälle an. Sonst ist der Abfall des Gebirges nach der Ebene steil.

Es läßt sich also eine Teilung des Gebietes in fünf geographisch verschiedene, in sich ziemlich einheitliche Teile vornehmen, den Jura, den Sundgau, die Ebene, die Vorhügel und die Vogesen. Zwar ist zwischen den einzelnen Gebieten eine scharfe Grenze nicht vorhanden und ihre Feststellung ziemlich schwierig und oft zweifelhaft. Jedoch haben die Gebiete in ihren ganzen Verhältnissen etwas Einheitliches, so daß durch die Einzelbetrachtung derselben viele Umstände klarer hervortreten und leichter verständlich werden. Die Beschreibung und Erklärung der Volksdichte wird dadurch sehr erleichtert. Deshalb machten wir den Versuch, sämtliche Gemeinden des Oberelsasses nach diesen Gebieten zu verteilen. Vergl. Tab. VIII.

Tabelle VIII.

Gebiet	Zahl der Gemeinden		Zahl der Einwohner	
	absolut	in % der Gesamtzahl	absolut	in % der Gesamtzahl
Jura	32	8,4	12 566	2,4
Sundgau	134	34,7	83 260	16,0
Rheinebene	98	25,3	243 810	47,0
Vorhügel	51	13,3	61 846	11,9
Vogesen	71	18,3	116 383	22,7
Oberelsaß	386	100,0	517 865	100,0

Ebenso wie die Gebiete in geographischer Hinsicht untereinander durchaus verschieden sind, so verhält es sich auch mit den wirtschaftlichen Verhältnissen. Die Dichte der Bevölkerung erklärt sich also in durchaus verschiedener Weise, wenn wir das ganze Land betrachten. Das Bild wird aber wesentlich anders und vor allem einfacher und einheitlicher, wenn wir jeden dieser natürlichen Gebietsteile für sich beobachten. Da zeigen sich innerhalb jedes derselben bestimmte Gruppen von geographischen und wirtschaftlichen Verhältnissen, die diesem Gebiete eigentümlich sind und mit größeren oder kleineren Abweichungen die mehr oder minder hohe Dichte der Bevölkerung erklären.

Wenn wir eine Trennung der produktiven[1]) Bevölkerung in zwei große Berufsgruppen vornehmen, so trennen wir die landwirtschaftlichen Berufe (Landwirtschaft, Gärtnerei, Tierzucht, Forstwirtschaft und Fischerei) von den Berufszweigen der Industrie (Industrie, Bergbau, Baugewerbe, Handel, Verkehr, Gast- und

[1]) Hier produktiv im engeren Sinne, soweit es sich um Gütererzeugung zur Befriedigung materieller Bedürfnisse handelt.

Schankwirtschaft). Dabei zeigt sich, daß der Bezirk Oberelsaß der industriereichste Bezirk des Reichslandes ist.[1]) (Vgl. Tabelle IX.)

Tabelle IX.

Bezirk	Landwirtschaft %	Industrie %
Oberelsaß	32,6	67,4
Unterelsaß	42,6	57,4
Lothringen	35,6	64,4

Diese Verteilungszahlen sagen uns aber nichts über die Art der Verteilung. Sie geben uns auch keinen Aufschluß darüber, wo die industrielle, wo die landwirtschaftliche Bevölkerung zu suchen ist. Anders wird es, wenn wir bis auf die Verteilung der beschäftigten Personen in den einzelnen Gemeinden zurückgehen, und dann noch jene Trennung der Gemeinden, je nachdem sie in einem der fünf natürlichen Gebiete liegen, vornehmen. Bei der Unterscheidung der Beschäftigung der Bewohner teilen wir die Gemeinden in vier Klassen:

Erwerbsklasse	I	Gemeinden mit	0— 25%	Industriebevölkerung
„	II	„ „	25— 50%	„
„	III	„ „	50— 75%	„
„	IV	„ „	75—100%	„

Derselben Einteilung entspricht die Umkehrung, bei welcher der Anteil der landwirtschaftlichen Bevölkerung angegeben ist.

Erwerbsklasse	I	Gemeinden mit	100—75%	landw. Bevölkerung
„	II	„ „	75—50%	„ „
„	III	„ „	50—25%	„ „
„	IV	„ „	25— 0%	„ „

Die Zusammenstellung ergibt ein Bild, wie es Tabelle X zeigt.[2])

[1]) Nachrichten des statistischen Bureaus für Els.-Lothr., Nr. 5. 1910. Straßburg.

[2]) Nachrichten des stat. Bureaus für Els.-Lothr., Nr. 5. 1910. Straßburg. (Die Zusammenstellung ist gemacht auf Grund der den obigen Nachrichten beigegebenen Karte über die Erwerbsverhältnisse Elsaß-Lothringens.)

Tabelle X.

Gebiet	Zahl der Gemeinden des Gebiets. Überhaupt	Zahl der Gemeinden in Erwerbsklasse: (absolute Zahl) I	II	III	IV	(% der dem Gebiet angehörigen Gemeinden) I	II	III	IV
Jura	32	**20**	9	1	2	**62,5**	28,2	3,1	6,2
Sundgau	134	**70**	29	27	8	**52,4**	21,6	20,1	5,9
Ebene	98	**37**	**32**	11	18	**37,7**	**32,6**	11,2	18,5
Vorhügel	51	**19**	13	14	5	**37,2**	25,4	27,4	15,0
Vogesen	71	5	12	25	**29**	7,0	16,9	35,3	**40,8**
Oberelsaß	386	151	95	78	62	39,3	24,6	20,2	15,9

Die Verteilung gestaltet sich ganz anders, wenn wir statt der Zahl der Gemeinden die Zahlen der Einwohner der betreffenden Gemeinden setzen. (Tabelle XI). Tabelle XI.

Gebiet	Einwohnerzahl der Gemeinden der Gebiete	Einwohnerzahl der Gemeinden in Erwerbsklasse: (absolute Zahl) I	II	III	IV	% der Einwohner der dem Gebiet angehörigen Gemeinden I	II	III	IV
Jura	12 566	**6 431**	4 973	373	789	**51,1**	39,6	3,0	6,3
Sundgau	83 260	21 567	12 281	**77 003**	22 409	36,0	14,7	**32,4**	26,9
Rheinebene	243 810	17 586	27 378	12 241	**186 425**	7,2	11,2	5,1	**76,5**
Vorhügel	61 846	14 486	9 993	**25 019**	12 348	23,4	16,1	**40,5**	20,0
Vogesen	116 383	4 123	14 043	26 875	**71 342**	3,5	12,1	23,2	**61,2**
Oberelsaß	517 865	64 193	68 668	91 691	393 313	12,4	13,2	17,7	56,7

Aus den Tabellen X und XI läßt sich auch die mittlere Einwohnerzahl der Gemeinden jedes Gebietes und in jeder Erwerbsstufe des Gebietes berechnen. (Tabelle XII.) Tabelle XII.

Gebiet	Durchschnittliche Einwohnerzahl der Gemeinden	Durchschnittliche Einwohnerzahl der Gemeinden in den Erwerbsstufen: I	II	III	IV
Jura	392	321	552	373	394
Sundgau	621	308	423	2 851	2 801
Rheinebene	2 487	475	855	1 112	10 356
Vorhügel	1 212	762	768	1 787	2 469
Vogesen	1 639	824	1 170	1 076	2 460
Oberelsaß	1 341	425	722	1 175	4 730

Das Gebiet des Jura erweist sich als ein überwiegend Landwirtschaft treibendes. Wir finden hier eine Landwirtschaft, die nicht intensiv genannt werden kann.[1]) Zum Teil wird dieselbe von arrondierten Höfen aus betrieben. Das auf denselben herrschende Wirtschaftssystem ist das der Feldgraswirtschaft. Auf manchen dieser Höfe finden sich Käsereien, welche Greijerzerkäse herstellen. Bei der Landwirtsschaft des Jura macht sich besonders auch die Abgelegenheit von Verkehrslinien unangenehm bemerkbar. Damit sind die Absatzgelegenheiten erschwert, und es lohnt sich schon aus diesem Grunde nicht intensiver zu wirtschaften. Die Kuppen der Jurafalten sind mit Wald bestanden, der in überwiegendem Maße aus Laubhölzern besteht. Die Dichte der Bevölkerung ist auf Grund dieser wirtschaftlichen Grundlagen nicht sehr hoch. Wir geben in Tabelle XIII eine Übersicht über die Zugehörigkeit der Gemeinden des Gebietes, indem wir gleichzeitig die Erwerbsklassen mit den Dichtestufen in Relation setzen.

Tabelle XIII.

Dichtestufen	Den Dichtestufen gehören an Gemeinden	Von diesen Gemeinden gehören zur Erwerbsklasse: I	II	III	IV
1	1	—	1	—	—
2	11	11	—	—	—
3	13	8	5	—	—
4	4	—	2	1	1
5	2	1	1	—	—
6	—	—	—	—	—
7	1	—	—	—	1
	32	20	9	1	2

Mit Ausnahme von Pfirt (VII. Stufe) gehören alle Gemeinden der 1.—5. Dichtestufe an. Über die mittlere Dichte hinaus erhebt sich Pfirt nur aus dem Grunde, weil es Kantonsort und Marktplatz für die Umgegend ist. Die dort periodisch abgehaltenen Viehmärkte haben eine größere als nur lokale Bedeutung. Aus der Tabelle läßt sich auch erkennen, daß die

[1]) Vgl. hierzu: R. Krzymowski: Die Landwirtschaft des Kreises Altkirch. Berlin. 1905.

A. Hertzog: Die bäuerlichen Verhältnisse im Elsaß, durch Schilderung dreier Dörfer erläutert. Straßburg. 1886.

große Mehrzahl der Gemeinden den beiden ersten Erwerbsklassen angehört. Die mittlere Größe der Einwohnerzahlen bleibt überhaupt und in jeder Erwerbsklasse unter dem Landesmittel zurück. Die hier gegebenen wirtschaftlichen Grundlagen, eine fast extensive Landwirtschaft, vermögen eben keine hohen Dichten zu erzeugen. 90,7 % der Einwohner des Gebietes wohnt in Gemeinden mit überwiegend landwirtschaftlicher Bevölkerung (Erwerbsklasse I und II).

Auch der Sundgau hat noch einen landwirtschaftlichen Charakter. Die Orte mit reiner und überwiegender landwirtschaftlicher Bevölkerung wiegen zwar in ihrer Zahl (74,5 %), doch nicht in der Zahl ihrer Bewohner vor. In 74,5 % der Ortschaften mit solchem Charakter wohnen 43,4 % der Einwohner des Gebietes. Bei der Betrachtung der Tabelle über die mittlere Einwohnerzahl der Orte zeigt sich ein regelmäßiges Ansteigen mit zunehmender Industrialisierung des Gebiets. Es beträgt nämlich die mittlere Einwohnerzahl der Orte in Erwerbsklasse I: 336, II: 423, III: 2851, IV: 2871. Setzt man die Dichtestufen, welchen die einzelnen Gemeinden angehören, mit den Erwerbsklassen in Beziehung, wie in Tabelle XIV, so zeigt sich gleichfalls eine höhere Dichte mit steigender Industrialisierung.

Tabelle XIV.

Dichtestufen	Den Dichtestufen gehören an Gemeinden	Von diesen Gemeinden gehören zur Erwerbsklasse:			
		I	II	III	IV
1	1	1	—	—	—
2	14	10	3	1	—
3	56	42	12	2	—
4	23	12	8	3	—
5	20	5	5	10	—
6	10	—	—	9	1
7	6	—	1	2	3
8	3	—	—	—	3
9	1	—	—	—	1
10	—	—	—	—	—
	134	70	29	27	8

Die Orte, die über die mittlere Dichte hinausragen, gehören mit einer Ausnahme alle der III. und IV. Erwerbsklasse an. Eschenzweiler, das der II. Erwerbsklasse und trotzdem der 7. Dichtestufe angehört, liegt nahe bei Habsheim und nicht allzu weit von Mülhausen. Es ist ihm also ein guter Absatz seiner landwirtschaftlichen Produkte gesichert. Außerdem besitzt es etwas Rebbau. Die höheren Dichtestufen folgen überhaupt in ihrer großen Mehrzahl der diesen südlichen Teil des Elsasses erschließenden Eisenbahnlinie. Einmal, weil hier die Absatzverhältnisse für die landwirtschaftlichen Produkte besser sind und die Landwirtschaft deshalb intensiver betrieben werden kann. Dann aber sind verschiedene dieser Orte Sitze von Industrien, so z. B. Wittersdorf, Illfurt, Brunnstatt und Niedermorschweiler. Endlich kommt bei den näher bei Mülhausen gelegenen Orten die Möglichkeit in Betracht, auf dem Dorfe zu wohnen und doch der Fabrikarbeit nachgehen zu können. So fahren aus der Umgegend jeden Morgen eine Menge von Arbeitern nach Mülhausen in die Fabrik, um abends wieder an ihren Wohnort zurückzukehren. Im Sundgau finden wir eine etwas intensivere Landwirtschaft als im Jura. Der Boden ist ein fruchtbarer Löß, der einen ausgedehnten Getreidebau ermöglicht. Besonders wird viel Weizen von bekannter, ausgezeichneter Qualität angebaut. Die Waldareale treten zurück; sie haben auf dem fruchtbaren Boden der Landwirtschaft weichen müssen. Nur auf den höheren Kuppen, an Stellen, wo der Boden von minderer Qualität ist, an zu steilen Hängen findet sich hier noch Wald, der so diesem Boden auch noch einen Ertrag abgewinnt.

Wenn wir den Teil der Ebene zwischen Ill und Rhein, die sogenannte Hardt, betrachten, so finden wir hier eine dünne Bevölkerung. Es ist dies ein Gebiet mit wenig fruchtbarem Boden. Die hier getriebene Landwirtschaft ist extensiv und wenig ertragreich. Dadurch, daß die Ill die aus dem Gebirge herkommenden Flüsse aufnimmt, mangelt dem Gebiete eine Bewässerung natürlicher Art. Der Boden trocknet sehr leicht aus, und die Anlage von Wiesen ist beinahe unmöglich. Jedoch soll durch das großartige Unternehmen der Hardtbewässerung eine Besserung erzielt und auch die Anlage von Wiesen ermöglicht werden. Hierdurch wird erst die Grundlage zu einer genügenden Viehhaltung und damit eine rationellere Betriebsweise geschaffen.

Das ganze Gebiet ist hier durchsetzt mit Waldungen. Der größte Komplex ist der 15000 ha umfassende Hardtwald, der sich in Staatsbesitz befindet. Doch finden sich hier in dem Gebiet zerstreut verschiedene Bestände von unterschiedlicher Größe. Die Waldungen müssen der Bodenverhältnisse halber als Mittel- oder Niederwald betrieben werden. Die Waldwirtschaft wirkt hier wie überall in minder positivem Maße auf die Volksdichte ein, aber trotzdem ist es nicht möglich, die Lage der Waldungen aus der Karte herauszulesen in dem Sinne, daß sich ihre Anwesenheit durch eine besonders geringe Dichte kenntlich machte. Vielmehr zeigen die Gemarkungen dieses Gebietes, ob sie Waldanteile in großem oder sehr geringem Maße besitzen, die gleiche niedrige Dichte. Wenn also das Vorhandensein des Waldes auf die geringe Dichte keinen Einfluß hat, so kann er auch nicht die primäre Ursache derselben sein. Diese ist vielmehr in den Bodenverhältnissen zu suchen. Der Boden ist hier weniger fruchtbar, wodurch auch die weniger arbeitsintensiven und weniger ertragreichen Kulturen, darunter der Wald, erklärt werden. Der Wald ist also auch hier durch die natürlichen Verhältnisse bedingt, und in ihnen liegen die Ursachen der geringeren Dichte.

In diesem östlichen Teile der Ebene besitzen nur wenige Gemeinden eine hohe Dichte: Eichwald liegt an der Übergangsstation nach Baden, Neubreisach ist Festungs- und Garnisonsstadt, Volgelsheim und Biesheim verdanken ihre höhere Dichte ihrer besseren Verkehrslage und der Nähe Neubreisachs.

Anders verhält es sich im westlichen Teil der Rheinebene. Hier finden sich hohe bis höchste Dichtestufen. Gleich im Süden liegt die Stadt mit dem Maximum der Dichte des ganzen Bezirks: Mülhausen. In ihr besteht seit Mitte beziehungsweise Ausgang des 18. Jahrhunderts eine Industrie, die sich in beständiger Entwicklung vergrößerte, sodaß heute etwa 23000 Arbeiter in den verschiedensten Fabriken der Stadt tätig sind. Die älteste und zugleich bedeutendste Industrie der Stadt ist die Textilindustrie, die in ihren ersten Anfängen im Jahre 1746 entstand und von einem Konsortium ins Leben gerufen wurde. Samuel Köchlin, Johann Heinrich Dollfus, Johann Jakob Schmalzer waren ihre Begründer. Jedoch bestehen neben der Textilindustrie noch andere Industrien, zum Teil in recht bedeutendem Umfange. Zu erwähnen wäre die Elsässische Maschinenbaugesellschaft, die in Grafenstaden und Belfort Filialen besitzt. Das Etablissement in Mülhausen beschäftigt ca. 4300 Arbeiter und verfügt über 1800 Pferdekräfte. Mülhausen verdankt seine Stellung als Fabrikstadt, neben historischen Gründen, auch seiner Lage am Knotenpunkt der Verkehrsstraßen nach der Schweiz und nach Frankreich durch die Burgunder Pforte. Dazu kommt der für seine Industrie äußerst wichtige Rhein-Rhone-Kanal. Durch ihn und seinen Anschluß in Straßburg an den Rhein und an den Rhein-Marne-Kanal, der wieder mit dem Saar-Kohlen-Kanal in Verbindung steht, ist eine Wasserstraße bis in die Kohlengebiete gegeben. Neben diesen natürlichen Verhältnissen der Lage Mülhausens spielt in der Entwicklung der dortigen Industrie der großzügige Unternehmungsgeist seiner Bewohner eine Rolle, die sich nicht damit begnügten, ihre Vaterstadt zu einer Industriestadt ersten Ranges zu machen, sondern auch in allen übrigen Teilen des Oberelsaß, wo die Voraussetzungen für die Entwicklung der Industrie gegeben waren, ihren Geschäftsgeist bekundeten. Das Anwachsen der Einwohnerzahl Mülhausens ist zwar nicht mit dem der jüngeren Industriezentren zu vergleichen, doch ist die Zunahme immerhin beachtenswert. 1798 besaß es erst 6000 Einwohner, 1838 zählte man 13000, im Jahre 1866 18773 Einwohner, während es heute die Hunderttausend bald erreicht hat (95041 Einwohner).

Um die Stadt selbst liegen eine ganze Anzahl von Orten mit hoher Volksdichte; sie verdanken dieselbe nur der Nähe Mülhausens. Ein großer Teil ihrer Bewohner ist tagsüber in Mülhausen in den Fabriken beschäftigt, wozu sie morgens und abends mit den von Mülhausen ausgehenden Bahnlinien zur Arbeit und wieder nach Hause fahren. Die Notwendigkeit der Versorgung der großen Industriestadt mit Nahrungsmitteln bewirkt, daß die Landwirtschaft sich mit dem Anbau hierzu geeigneter Produkte befaßt, was einen viel größeren Arbeitsaufwand erfordert, aber auch einen höheren Ertrag abwirft. Einige der Orte betreiben selbst eine namhafte Industrie. Pfastatt und Rixheim haben große Erdindustrien (Ziegeleien, Backsteinherstellung). In Riedisheim befinden sich eine Asphaltkocherei, eine Eisenbahnschwellenbeize, eine mechanische Ziegelei usw. Lutterbach besitzt eine chemische Fabrik, eine Färberei und chemische Wäscherei, sowie eine Holzbearbeitungsanlage.

Der weitere Verlauf des westlichen Teils der Ebene zeigt deutlich eine Erhöhung der Volksdichte gegenüber dem östlichen. Hier ist der Boden fruchtbarer durch die Lößablagerung;

auch die Bewässerungsverhältnisse sind günstiger. Zu der größeren Dichte trägt auch die Nähe der Eisenbahnlinien bei, die einen Absatz aller Produkte ermöglicht. Für die nächsten Jahre steht hier nördlich von Mülhausen eine bedeutende Bevölkerungsverdichtung bevor, indem die neuentdeckten Kalifelder eine entsprechende Erwerbsvermehrung schon gebracht haben und noch mehr bringen werden.

Weiter nördlich, vor dem Ausgang des Fecht- oder Münstertales liegt Colmar, der Sitz der Verwaltungsbehörden für den Bezirk Oberelsaß und des Oberlandesgerichtes für Elsaß-Lothringen. Colmar ist nicht so günstig gelegen wie Mülhausen. Trotzdem weist seine Lage eine ganze Reihe von Vorzügen auf. Es liegt an einer der bedeutendsten Bahnlinien des Elsasses, gegenüber dem Rheinübergang bei Neubreisach und vor dem Eingang eines der schönsten und auch bevölkertsten Täler. Es ist weiterhin mit dem Rhein-Rhone-Kanal durch einen Zweigkanal verbunden. Colmar ist nicht Industriestadt in dem Maße, wie z.B. Mülhausen. Zwar hat sich auch hier die Textilindustrie niedergelassen, doch beschäftigt dieselbe nur etwa 2500 Arbeiter. Neben dieser Textilindustrie bestehen noch Nahrungsmittelindustrien, sowie eine Zigarrenfabrik. Dann aber ist Colmar durch seine verschiedenen Behörden (Bezirkspräsidium, Kreisdirektion, Oberlandesgericht) der Wohnort einer zahlreichen Beamtenschaft. Colmar ist ferner der Ausgangspunkt für die Versorgung einer großen Umgebung mit den verschiedenen Handelsartikeln (Landesprodukte, Konsum- und Gebrauchsartikel).

Bei Colmar tritt auch der Rebbau mehr in die Ebene hinein und bewirkt weiter eine bedeutende Vermehrung der Arbeitsgelegenheit. Von Colmar selbst aus wird ein ziemlich umfangreicher Weinbau getrieben. Auch Landwirte finden sich in der Stadt Colmar noch in ziemlicher Anzahl. Nördlich der Linie Neubreisach—Colmar ist auch die Bevölkerungsdichte der gegen den Rhein zu gelegenen Teile der Ebene etwas höher. Es rührt dies von den besseren Bodenverhältnissen, die eine ertragsreichere Landwirtschaft ermöglichen, her.

Diese Verhältnisse der Ebene spiegeln sich auch in der Verteilung der Gemeinden auf die Erwerbsklassen, sowie auf die Dichtestufen, dann aber auch in der mittleren Einwohnerzahl der Orte wieder. Die letztere steht für das gesamte Gebiet, infolge der Einwirkung von Mülhausen und Colmar, weit über dem Mittel aller Gemeinden. Sie beträgt 2487. Die Gemeinden, die der Erwerbsklasse I angehören, weisen eine mittlere Einwohnerzahl von 475, diejenige der II., eine solche von 855, die der III. 1112, wogegen in der IV. wieder der Einfluß der beiden Städte Colmar und Mülhausen zur Geltung kommt; die mittlere Einwohnerzahl beträgt hier 10356. Dieser IV. Erwerbsklasse gehören nur 18,5% der Gemeinden an, worin aber 76,5% der Bevölkerung der Ebene wohnen. Die Einwirkung der Erwerbsklassen auf die Dichte zeigt sich in Tabelle XV.

Dichtestufe	Den Dichtestufen gehören an Gemeinden	Von diesen Gemeinden gehören zur Erwerbsklasse:			
		I	II	III	IV
1	1	1	—	—	—
2	30	22	8	—	—
3	25	8	12	5	—
4	12	3	5	2	2
5	16	3	6	3	4
6	1	—	—	—	1
7	2	—	—	1	1
8	3	—	1	—	2
9	3	—	—	—	3
10	5	—	—	—	5
—	98	37	32	11	18

Wieder erheben sich die Gemeinden der Erwerbsstufe I und II nicht über die V. Dichtestufe. Eine Ausnahme bildet Neudorf, das jedoch in seinem Landwirtschaftsbetrieb unter dem Einflusse von St. Ludwig und zum Teil auch dem der Großstadt Basel steht.

Anders verhält es sich in der Vorhügelzone. Hier erreichen auch Gemeinden mit überwiegend landwirtschaftlichem Charakter hohe Dichtestufen, wie aus Tabelle XVI hervorgeht. — Hier im Hügelland findet sich jene Kulturart, die dem Elsaß und besonders auch dem Oberelsaß sein charakteristisches Gepräge gibt: der Rebbau. Diese Kulturart verlangt einen größeren Aufwand von Arbeitskräften. Das erklärt auch mit die größere Durchschnittseinwohnerzahl der Orte, die der Erwerbsklasse I angehören.

Tabelle XVI.

Dichtestufe	Den Dichtestufen gehören an: Gemeinden	Von diesen Gemeinden gehören zur Erwerbsklasse: I	II	III	IV
1	—	—	—	—	—
2	2	1	1	—	—
3	8	6	1	1	—
4	6	3	1	2	—
5	15	2	6	7	—
6	13	3	4	3	3
7	5	3	—	—	2
8	2	1	—	1	—
9	—	—	—	—	—
10	—	—	—	—	—
—	51	19	13	14	5

Elsaß-Lothringen steht, bezüglich der Anbaufläche der Rebe an erster Stelle unter den deutschen Staaten. Seine Rebfläche beträgt über $^1/_4$ der ganzen Weinbaufläche des deutschen Reiches. Oberelsaß besaß 1910 10283 ha in Ertrag stehende Rebfläche, das sind 35,2 % des gesamten Weinbaugebietes Elsaß-Lothringens. Der Anteil der Rebbaufläche am gesamten landwirtschaftlich genutzten Areal beträgt im Oberelsaß 5,2 %. Innerhalb der Gemarkungen jener Gemeinden, wo Weinbau in größerem Umfange getrieben wird, ist natürlich der Anteil des Reblandes am gesamten landwirtschaftlich genutzten Areal bedeutend größer. Es gibt im Oberelsaß 6 Gemeinden, in denen über $^3/_4$ des landwirtschaftlich genutzten Bodens zum Anbau der Rebe dienen: Obermorschweier (Kreis Colmar), Hunaweier, Katzenthal, Kienzheim, Niedermorschweier, Rodern (Kreis Rappoltsweiler). Als wirkliche Weinorte bezeichnet man diejenigen Gemeinden, die über 50 ha Rebland aufweisen. Solche Gemeinden gibt es im Oberelsaß 49, wovon in der Vorhügelzone 35, also die überwiegende Mehrzahl, darunter auch die oben erwähnten 6 Gemeinden, liegen. Der Weinbau ist eine sehr arbeitsintensive landwirtschaftliche Betriebsform und wirkt daher sehr verdichtend auf die Bevölkerung. Das erklärt sich daraus, daß wir in den Vorhügeln Gemeinden finden, in denen über 75 % der Bevölkerung landwirtschaftlich tätig sind, und welche trotzdem die hohe Dichte der Stufen VI und VII erreichen.

Es sind dies die Gemeinden: Beblenheim, Bennweier, Sigolsheim mit einer Dichte von 151—200 Einwohner (St. VI) und Mittelweier, Ober- und Niedermorschweier mit einer Dichte von 201 bis 300 Einwohner (St. VII). Wir finden sonst in diesen Dichtestufen keine überwiegend (über 75°/o der Bevölkerung) Landwirtschaft ohne Rebbau treibende Gemeinden. Kein Zweig der Landwirtschaft wirkt also derart intensiv auf die Volksdichte, wie der Rebbau.

Allerdings ist nicht jede hohe Dichte in diesem Vorhügelgebiet durch das Vorhandensein des Rebbaus zu erklären, denn es treten hier eben eine Reihe von Faktoren zusammen. Auch die Industrie treibenden Gemeinden sind in diesem Gebiete nicht selten. Es gibt eine Reihe von Orten, wo eine starke Industrie neben einem ausgedehnten Weinbau besteht. Der Einfluß dieser beiden Faktoren, die beide sehr verdichtend wirken, kommt nicht überall rein zum Ausdruck. Es treten andere Wirtschaftsarten hinzu, welche die Volksverdichtung nicht so sehr begünstigen. Das ist hier einmal die Landwirtschaft anderer Art als Rebbau und dann die Forstwirtschaft. Diese beiden Wirtschaftsarten sind bedeutend arbeitsextensiver, als der Rebbau und bedingen nicht eine solche Arbeitskonzentration, wie die Industrie, wirken also minder verdichtend auf die Volksdichte ein. Rufach z. B. besitzt neben 357 ha Rebland 1744,0 ha sonstiges landwirtschaftlich genutztes Areal und 1383,0 ha Wald. Daß dadurch die intensive Einwirkung des Reblandes wesentlich abgeschwächt wird, ist natürlich. Rappoltsweiler andererseits hat neben den 390,9 ha Weinbergen, 867,7 ha sonstigem landwirtschaftlich genutztem Areal und 1845,3 ha Wald noch eine bedeutende Industrie. Durch diese Gesamtwirkung erreicht es die VI. Dichtestufe, während Rufach, das nur wenig Industrie besitzt, zur V. Dichtestufe gehört. So wirken gerade in der Vorhügelzone die mannigfachsten Verhältnisse zusammen.

Wenn wir nun das fünfte Gebiet, die Vogesen, betrachten, so fällt uns hier zunächst die geringe Zahl der Gemeinden mit überwiegend landwirtschaftlicher Bevölkerung auf. Es finden sich nämlich nur 3 Gemeinden, in denen über 75°/o der Erwerbstätigen der Landwirtschaft zugehören. Die große Mehrzahl der Gemeinden ist überwiegend industriell tätig. 40,8°/o der Gemeinden gehört der IV. Erwerbsstufe an und zwar wohnen in ihnen 61,5°/o der Bevölkerung dieses Gebietes. Die Durchschnittseinwohnerzahl der Gemeinden der Erwerbsklassen I und II sind höher als in den übrigen Gebieten. Dies erklärt sich mit dadurch, daß sehr viele Gemeinden im Gebirge, außer dem Hauptort, noch eine Reihe von Außenorten besitzen. So werden der Gemeinde Urbach 40, der Gemeinde Zell 36 Außenorte zugezählt. Die Wirkung der Industrie auf die Dichte wird etwas abgeschwächt durch die gleichzeitige Einwirkung der arbeitsextensiven Forstwirtschaft, die sich überall findet. Doch zeigt sich der Einfluß der gewerblichen Beschäftigungsarten immerhin in sehr deutlicher Weise, wie das durch Tabelle XVII dargetan wird.

Tabelle XVII.

Dichtestufe	Dieser Dichtestufe gehören an: Gemeinden	Von diesen Gemeinden gehören zur Erwerbsklasse: I	II	III	IV
1	—	—	—	—	—
2	9	1	1	5	2
3	16	2	5	6	3
4	13	—	6	3	4
5	14	1	—	9	4
6	8	—	—	2	6
7	4	—	—	—	4
8	3	—	—	—	3
9	2	—	—	—	2
10	1	—	—	—	1
—	70	4	12	25	29

Wir haben schon bei der Besprechung der Mülhauser Industrie auf die Expansion derselben hingewiesen. Und da sind es vor allem die Vogesentäler, die der Sitz dieser sich ausbreitenden Industrie geworden sind. Die Gründe ihrer Ausdehnung in diese Täler sind verschiedener Art. Die Bevölkerung derselben hatte sich infolge der günstigen Siedelungsverhältnisse am Ende des 18. Jahrhunderts so stark verdichtet, daß die vorhandenen Existenzunterlagen gänzlich unzureichend wurden. Man dehnte die Landwirtschaft bis an die Hänge und oft noch weit an den Hängen empor aus, wo sich dem mageren Boden nur die kärglichsten Erträge abgewinnen ließen. Einer solchen Bevölkerung mußte jeder, auch der geringste Verdienst willkommen sein.

Diese billigen Arbeitskräfte nützten nun die Unternehmer aus, indem sie in den Tälern die Weberei und Spinnerei als Hausindustrie einführten. Als mit Einführung der Maschine und des Motors zum Betrieb derselben eine Konzentration der Arbeit an wenigen Arbeitstellen nötig wurde, legte man diese Fabriken längs der Gebirgsbäche, die die motorische Kraft liefern mußten, an. Der Hausindustrielle wurde zum Fabrikarbeiter. Mit der Vervollkommnung der maschinellen Anlagen und den wachsenden Absatzmöglichkeiten erwachte das Interesse an einem durchgehenden Betrieb. Dies war mit den Wasserkräften allein nicht durchzuführen. Denn besonders im Sommer war die Wasserführung der Bäche eine sehr schwankende. Dadurch wurde oft die Arbeit unterbrochen, was natürlich große wirtschaftliche Verluste mit sich brachte. Einmal konnten die menschlichen Arbeitskräfte nicht voll ausgenutzt werden, weiter wurde auf diese Weise das in den Maschinen angelegte Kapital nicht ganz ausgenutzt, dann aber konnte nicht den Absatzverhältnissen entsprechend fabriziert werden. Der letzte Punkt ist für die Textilindustrie wichtig, wenn man bedenkt, daß sie sehr viele Saisonartikel (Kleidungsstoffe usw.) herstellt. Deshalb wurde bald nach Bekanntwerden der Erfindung der Dampfmaschine ihre Einführung zur Ergänzung der Wasserkräfte auch in den Vogesentälern durchgeführt.

Die oberelsässischen Vogesentäler haben durchaus gleichartige wirtschaftliche Grundlagen und ähnliche geographische Verhältnisse. Am Eingang jedes Tales, oder eine kurze Strecke im Tale aufwärts, liegt ein etwas größeres Städtchen, das Industrie besitzt, sehr oft noch ziemliche Landwirtschaft und Rebbau betreibt und außerdem der Handelsplatz für die mannigfachsten Bedürfnisse des Tales ist. Es sind meist Städtchen mit einer großen geschichtlichen Vergangenheit, die früher wohl eine größere Rolle gespielt haben mögen, als es heute der Fall ist. Um solche Orte zu nennen, seien Thann, Gebweiler, Münster, Kaysersberg, Markirch angeführt.

Der Weinbau an den Südabhängen am Eingang der Täler ist durchaus nicht unbedeutend. Liegen doch 6 der Gemeinden, die mehr als 50 ha Reben in ihrer Gemerkung aufweisen, in Vogesentälern.

Längs der Gebirgsbäche sehen wir dann die Fabriken, in welchen die Mehrzahl der Bevölkerung ihre Beschäftigung findet. Auf der Talsohle und an den unteren Hängen finden sich Wiesen und kleine Ackerstücke. Zum Teil gehören diese Grundstücke Fabrikarbeitern, die so nebenbei noch einen Teil ihrer Nahrungsmittel anbauen und ein paar Ziegen oder eine Kuh halten können.[1]) Doch gibt es auch noch selbständige Landwirtschaftsbetriebe, oft Einzelhöfe, die aber wenig Ackerbau, sondern überwiegend Viehzucht betreiben. Eine wesentliche Grundlage hierzu sind die Hochweiden, auf denen im Sommer das Vieh geweidet wird. Die Mehrzahl dieser Sennereien produziert einen Weichkäse, der nach seinem Hauptproduktionsort, dem Münstertal, Münsterkäse genannt wird.

Ein weiterer Teil der Bevölkerung, besonders im hinteren Teil der Täler und in den Seitentälern findet, wie schon erwähnt, seinen Erwerb im Walde durch Waldarbeit und Holzabfuhr. In jedem Tal treffen wir einige Sägemühlen, meist die Wasserkraft benutzend, die das Holz der ersten Bearbeitung unterwerfen.

Die Gemeinden in den hinteren Teilen der Täler, sowie in den Seitentälern, wo die Industrie nicht mehr stark als Arbeitgeber fühlbar ist, haben entsprechend dem geringeren Ertrag und der minderen Arbeitsintensität der Gebirgslandwirtschaft und auch der Waldwirtschaft, eine niedere Volksdichte. Bodenbeschaffenheit und Höhenlage bedingen auch hier wieder das Vorhandensein dieser weniger ertragreichen und minder arbeitsintensiven Kulturarten, die aber für diese Verhältnisse die bestmöglichsten und unter den gegebenen Umständen die höchsten Erträge zu liefern imstande sind.

Die übrigen Orte, die unter dem Einfluß der Industrie stehen, zeigen eine hohe Dichte. Die Hauptorte der Täler gehören zum Teil den höchsten Dichtestufen an, z. B. Thann, Gebweiler, Münster. Markirch böte, bezüglich seiner Industrie, die gleichen Voraussetzungen für eine hohe Volksdichte. Jedoch besitzt es einmal nicht die die Dichte weiter fördernden Faktoren, wie z. B. den Rebbau, den Thann und Gebweiler in ausgedehntem

---

[1]) Diese landwirtschaftlichen Nebenbetriebe der Fabrikarbeiter finden sich besonders in den Gemeinden, wo eine Gemeindeallmende vorhanden ist. Hier erhält jeder Gemeindebürger eine bis mehrere Parzellen Gemeindeacker- oder Wiesenlandes zur Nutzung überwiesen. (Über diesen Gegenstand ist ein Werk im Erscheinen begriffen von Aug. Herrmann: Die Gemeindeallmende im Elsaß.)

Maße aufweisen. Statt dessen liegt in seiner Gemarkung ein ausgedehntes Waldareal, das natürlich die Volksdichte herabdrückt.

Aus der Betrachtung der einzelnen Gebiete läßt sich die verschiedene Einwirkung der verschiedenen Beschäftigungsarten auf die Verdichtung der Bevölkerung klar erkennen. Jede Erwerbsgrundlage zeigt eben eigenartige Einwirkungen.

Es ergibt sich, daß Landwirtschaft mittlerer Intensität und Forstwirtschaft nur geringe bis mittlere Dichten hervorzubringen imstande sind.

Die intensivere Landwirtschaft mit Handelsgewächsbau, insbesondere auch mit Feldgartenbau in der Nähe von Städten, sowie der Rebbau können schon eine Verdichtung von ziemlicher Höhe bewirken.

Am stärksten verdichtend wirken die Industrie und der Handel mit ihrer Konzentration von Arbeitsgelegenheiten. Nur sie sind es, die in unserem Gebiet die höchsten Dichten erklären.

Es erübrigt sich nun noch, die Einwirkung desjenigen Faktors auf die Volksdichte zu beobachten, der im Vordergrund unserer Betrachtung steht, des Waldes.

Der Einfluß des Waldes auf die Volksdichte im Oberelsaß.

Von den 385 Gemeinden des Oberelsaß haben 371 innerhalb ihrer Gemarkungsareale Wald aufzuweisen. Es sind also im Ganzen nur 14 waldlose Gemeinden vorhanden. Anders verhält es sich mit dem privatrechtlichen Besitz von Wald seitens der Gemeinden. Hier finden wir 354 Gemeinden mit und 31 Gemeinden ohne Waldbesitz. Von den Wirkungen dieser Gemeindewaldungen haben wir weiter oben schon gesprochen.

Wir möchten bemerken, daß es daher sehr gut vorkommen kann, daß eine Gemeinde, die privatrechtlich Wald besitzt, innerhalb ihrer Gemarkung keinen Wald aufzuweisen hat, daß derselbe vielmehr in der Gemarkung einer anderen Gemeinde liegen kann. Ebenso können Gemeinden vorhanden sein, die innerhalb ihrer Gemarkungsgrenzen ein vielleicht bedeutendes Waldareal besitzen, die aber privatrechtlich nicht Waldbesitzer sind. Daß dies den Nachweis über den Einfluß des Waldes nicht erleichtert, ist selbstverständlich.

Wenden wir uns den 14 waldlosen Gemeinden zu. Dieselben verteilen sich auf die verschiedenen Stufen wie folgt:

Stufe			
Stufe	II	3	geringe Dichte: 6
"	III	3	
"	V	1	mittlere Dichte: 1
"	VI	1	hohe Dichte: 4
"	VII	2	
"	VIII	1	
"	IX	1	sehr hohe Dichte: 3
"	X	2	

Die waldlosen Gemeinden nehmen also an den niederen, wie an den hohen Dichtestufen teil. Waldlosigkeit ist also nicht Voraussetzung für hohe Dichte, folglich können noch andere Faktoren, als der Wald, weniger verdichtend wirken. Die 6 Gemeinden der niederen Dichtestufe liegen alle im Gebiet der Hardt, das sich durch eine mindere Bodenfruchtbarkeit auszeichnet. Die Ursache der geringeren Verdichtung ist also dieselbe, die die Anwesenheit des Waldes an bestimmten Orten bedingt, die Bodenbeschaffenheit.

Die 3 Gemeinden mit sehr hoher Dichte: Burgfelden, St. Ludwig, Neubreisach verdanken dieselbe durchaus nicht der Waldlosigkeit.

Burgfeldens starke Bevölkerung ist ein Produkt seiner Lage in der Nähe der Grenze und der Großstadt Basel.

St. Ludwig ist die Übergangsstation nach der Schweiz. Hier besteht ein lebhafter Verkehr und eine ausgedehnte Industrie. Schweizer Fabriken haben hier ihre Filialen, um auch auf deutschem Markte konkurrieren zu können.

Neubreisach ist Garnisonsstadt, Festung, sowie Kantonsort, also der Sitz verschiedener Behörden. Es liegt am Rhein-Rhonekanal und an der Bahnlinie Colmar—Freiburg—Stuttgart. Es ist eine junge Gründung, die aus militärischen Interessen erfolgte. Die künstlich zugeteilte Gemarkungsfläche ist klein, was die Dichte auch noch höher ansteigen läßt.

Die übrigen 371 Gemeinden, die alle Waldanteile haben, verteilen sich auf die einzelnen Stufen wie unten angegeben. Wir stellen hier die bei Berechnung auf das landwirtschaftlich genutzte Areal gewonnenen Ergebnisse neben die andern Resultate, die sich auf das Gesamtareal beziehen.

Berechnung auf das Gesamtareal:			Berechnung auf das landw. genutzte Areal:		
Stufe	I	3 Gemeinden	Stufe	I	2 Gemeinden
„	II	63 „	„	II	17 „
„	III	116 „	„	III	75 „
„	IV	57 „	„	IV	70 „
„	V	65 „	„	V	72 „
„	VI	30 „	„	VI	46 „
„	VII	17 „	„	VII	41 „
„	VIII	11 „	„	VIII	27 „
„	IX	5 „	„	IX	14 „
„	X	4 „	„	X	7 „

Es zeigt sich also bei der Ausschließung des Waldes ein Aufrücken in die höheren Stufen.

Noch übersichtlicher gestaltet sich das Bild, wenn wir wieder die Stufen in Gruppen ordnen:

Berechnung auf das Gesamtareal:		Berechnung auf das landw. genutzte Areal:	
Niedere Dichte	183 Gemeinden	Niedere Dichte	94 Gemeinden
Mittlere „	121 „	Mittlere „	142 „
Hohe „	58 „	Hohe „	114 „
Sehr hohe „	9 „	Sehr hohe „	21 „

Es treten bei der Verrechnung auf das landwirtschaftlich genutzte Areal gegenüber der Berechnung auf das Gesamtareal 89 Gemeinden aus der unteren Gruppe aus, um sich auf die oberen Stufen zu verteilen. Dies schiene also wirklich darauf hinzudeuten, daß der Wald negativ auf die Volksdichte wirkt. Daß dies nicht der Fall ist, haben wir schon genugsam nachgewiesen. Er wirkt nur minder positiv.

Daß die Verschiebungen, die durch die Einbeziehung des Waldes in den Dichtestufen entstehen, nicht allzu groß sind, geht daraus hervor, daß die meisten nur um eine Stufe erfolgen. Es ergibt sich nämlich das Folgende.

133 Gemeinden	= 35 %	behalten die gleiche Stufe	
139 „	= 36 %	wachsen um	1 Stufe
72 „	= 19 %	„ „	2 „
19 „	= 5 %	„ „	3 „
6 „	= 1,5 %	„ „	4 „
2 „	= 0,5 %	„ „	5 „
371 Gemeinden	= 97 %	mit Wald	

371	Gemeinden	= 97 %	mit Wald
14	„	= 3 %	ohne „
385	Gemeinden	= 100 %.	

Demnach behalten immerhin 35 % der Gemeinden ihre ursprüngliche Stufe, ein gewiß starker Prozentsatz. Bei den Verschiebungen kommen mannigfach modifizierende Momente in Betracht, woraus sich ergibt, daß ein gleiches Waldareal durchaus verschiedene Einwirkungen haben kann. Solch modifizierende Momente sind: Gemarkungsgröße, Einwohnerzahl der Gemeinden, Besitzverhältnisse des Waldes u. a. m.

Dies ist durch Tabelle XVIII, XIX, XX veranschaulicht.

Tabelle XVIII.

Waldareal (absolutes) und Abänderung der Dichte nach Einwohnern.

Waldteile der Gemeinden ha	Zahl der Gemeinden, bei welchen die Dichte per qkm durch Einbeziehung des in Sp. 1 bez. Waldanteils erniedrigt wird um Einwohner:											Sa.
	0	0—5	6—10	11—20	21—30	31—40	41—50	51—75	76—100	101—500	über 500	
0— 10	6	9	1	—	—	—	—	—	—	—	—	17
11— 20	1	3	3	—	—	1	—	—	—	—	—	8
21— 50	—	8	12	8	3	—	—	—	—	2	—	33
51— 100	—	5	11	17	10	5	5	1	1	—	1	56
101— 200	—	—	5	29	16	11	6	6	4	9	—	86
201— 500	—	—	3	14	16	11	11	10	9	22	2	98
501—1000	—	—	—	3	6	5	2	7	10	18	2	53
über 1000	—	—	—	—	—	2	3	2	—	12	1	20
	7	25	35	72	52	35	27	26	24	63	6	371

Tabelle XIX.

Waldareal (absolut) und Abänderung der Dichte nach Stufen.

Waldanteile der Gemeinden ha	Zahl der Gemeinden, die sich durch die Einbez. um Stufen ändern:						Sa.
	0	1	2	3	4	5	
0— 10	17	—	—	—	—	—	17
11— 20	8	—	—	—	—	—	8
21— 50	25	8	—	—	—	—	33
51— 100	37	17	2	—	—	—	56
101— 200	27	44	14	—	1	—	86
201— 500	14	51	21	11	1	—	98
501—1000	4	13	28	5	3	—	53
über 1000	1	6	7	3	1	2	20
	133	139	72	19	6	2	371

Tabelle XX.
Waldanteil (prozentual) und Abänderung der Dichte nach Stufen.

Abänderung um Stufen:	Zahl der Gemeinden, die um die in Sp. 1 bez. Stufen in der Dichte pr. qkm abgeändert werden bei einem Bewaldungsprozent von:										Sa.
	0—10	11—20	21—30	31—40	41—50	51—60	61—70	71—80	81—90	91—100	
0	49	52	23	8	1	—	—	—	—	—	133
1	4	24	32	50	20	5	4	—	—	—	139
2	—	—	5	10	26	21	10	—	—	—	72
3	—	—	—	—	5	4	8	2	—	—	19
4	—	—	—	—	—	—	2	3	1	—	6
5	—	—	—	—	—	—	—	2	—	—	2
	53	76	60	68	52	30	24	7	1	—	371

Bei Tabelle XVIII ist beobachtet, inwieweit ein Waldanteil von bestimmter Hektargröße auf die Volksdichte einwirkt. Es zeigt sich da, daß die gleich großen Waldanteile durchaus verschiedene Wirkung haben können. Diese verschiedenen Abänderungen durch die gleichen Waldanteile zeigen sich besonders deutlich bei den Gemeinden mit einem Waldanteil von 100—200 ha und bei jenen mit einem solchen von 200—500 ha. Diese Waldanteile kommen auch am häufigsten vor. 86 Gemeinden haben ein Waldareal von 100—200 ha, 98 ein solches von 200—500 ha.

Von den ersteren erleiden durch die Einbeziehung des Waldes eine Verminderung der Dichte:

um 0—10 Einwohner pro Quadratkilometer 5 Gemeinden
„ 11—20 „ „ „ 29 „
„ 21—30 „ „ „ 16 „
„ 31—40 „ „ „ 11 „
„ 41—50 „ „ „ 6 „
„ 51—75 „ „ „ 6 „
„ 76—100 „ „ „ 4 „
„ 101—500 „ „ „ 9 „

Man kann also von einer proportionalen Richtung der Wirkung nicht sprechen. Die Wirkung ist mehr oder weniger verteilt.

Noch viel mehr tritt dies bei den Gemeinden mit einem Waldanteil von 200—500 ha hervor. Es ändern nämlich hier ihre Dichte:

um	0—10	Einwohner	pro	Quadratkilometer	3	Gemeinden
„	11—20	„	„	„	14	„
„	21—30	„	„	„	16	„
„	31—40	„	„	„	11	„
„	41—50	„	„	„	11	„
„	51—75	„	„	„	10	„
„	76—10	„	„	„	9	„
„	101—500	„	„	„	22	„
„	500 u. mehr	„	„	„	2	„

Hier ist die Wirkung beinahe gleichmäßig verteilt. Dieselben Waldanteile bringen also die verschiedenartigsten Veränderungen hervor.

Ebensowenig zeigt Tabelle XIX, die die Abänderung nach Stufen angibt, eine regelmäßige Einwirkung an.

Erst bei Tabelle XX kann man von einem kontinuierlichen Einwirken sprechen, wenn auch nicht von einem proportionalen. Bei dieser Tabelle ist der Einfluß des prozentualen Waldanteils einer Gemarkung beobachtet. Hier ist eben ein die Einwirkung der Waldeinschließung bedeutend modifizierendes Moment ausgeschieden: die Gemarkungsgröße. Denn bei einer verschieden großen Gemarkung wird der Einschluß eines Waldareals von bestimmter Größe eine verschiedene Veränderung bewirken. Ebenso wirkt übrigens auch die Einwohnerzahl. Bei zwei Gemeinden mit durchaus verschiedener Einwohnerzahl wird die Verrechnung eines gleich großen Waldanteils eine ganz verschiedene Veränderung bewirken. Dies zeigt erneut, wie schwer es ist, die Wirkung eines einzelnen Faktors für sich zu erfassen, es kann sich daher m. E., wie schon im methodischen Teil erwähnt, nur um die Erfassung und Darstellung der Gesamtwirkung aller Faktoren handeln.

Vom Standpunkt der Waldausscheidungstheoretiker sollte man glauben, daß bedeutende Waldanteile eine allzu hohe Dichte bei Berechnung auf das Gesamtareal ausschließe. Oder umgekehrt: man könnte annehmen, daß bei den Orten mit hoher und höchster Dichte kein Wald oder nur ganz geringe Flächen desselben vorkommen.

Es finden sich in unserm Gebiete 74 Gemeinden mit einer Dichte von über 150 Einwohnern pro Quadratkilometer.

Es sind dies also die Gruppen der hohen und sehr hohen Dichte. Interessant ist es nun, zu untersuchen, ob diese hohe Dichte auch durch den Waldmangel veranlaßt wird, und wie es sich überhaupt mit dem Waldanteil dieser Gemeinden verhält. Von diesen 74 Gemeinden haben:

7	keinen Waldanteil		
11	einen „	von 0—50	ha
13	„ „	„ 51—100	„
15	„ „	„ 101—200	„
13	„ „	„ 201—500	„
10	„ „	„ 501—1000	„
5	„ „	„ über 1000	„

Diese Gemeinden haben also trotz ihrer hohen Dichte in ihrer großen Mehrzahl recht bedeutende Waldanteile oder trotz ihres großen Waldanteils eine hohe Dichte. Wir können also konstatieren, daß der Wald eine tatsächlich hohe Dichte am Hervortreten nicht hindert. Und bei solchen Orten wäre eine Verrechnung auf das landwirtschaftlich genutzte Areal zu verwerfen. Denn was hat die Überzahl der Einwohner dieser Orte mit jenem zu tun? Von diesen 76 Gemeinden besitzen 46 eine bedeutende Industrie, das sind 60,5 % der Orte. Auch von den übrigen 28 Orten verdanken noch manche ihre hohe Bevölkerungsdichte nur der Verkehrslage oder einer blühenden Hausindustrie.

Auch bei den übrigen Gemeinden herrscht durchaus keinerlei Proportionalität zwischen hohem Waldanteil und niederer Dichte und umgekehrt. Denn darnach müßte der mittlere Waldanteil pro Gemeinde in den niederen Dichtestufen am größten sein, was, wie aus Tabelle XXI hervorgeht, nicht zutrifft. Vielmehr fällt das Maximum des durchschnittlichen Waldanteils beinahe mit dem Maximum der Dichte zusammen; das Maximum des durchschnittlichen Waldanteils pro Gemeinde findet sich nämlich in Stufe IX.

Es zeigt sich also keine Regelmäßigkeit oder Proportionalität. Die höchsten Durchschnittsanteile gehören durchaus verschiedenen Stufen an, der neunten, der ersten, der zweiten und der sechsten.

Dies zeigt sich auch, wenn wir die prozentuale Verteilung der Zahl der Gemeinden mit gleichen prozentualen Waldanteilen an der Gemarkung auf die einzelnen Dichtestufen betrachten. (Tabelle XXII.)

Tabelle XXI.

Stufe	Zahl der Gemeinden dieser Stufe	Summe des Waldanteils dieser Gemeinden ha	Durchschnittsanteil pr. Gemeinde ha
I	3	1 373,3	457,8
II	63	25 073,9	398,0
III	116	33 388,0	287,8
IV	57	18 935,2	332,1
V	65	17 531,4	269,7
VI	30	13 091,0	436,3
VII	17	5 641,2	331,7
VIII	11	1 717,3	156,1
IX	5	2 571,0	514,2
X	4	510,9	127,7

Dabei sollten die Gemeinden mit geringem prozentualen Waldanteil in die höhern Stufen, die mit großem Waldanteil in die niedersten Dichtestufen kommen.

Tabelle XXII.

Von der Gemarkung der Gemeinden sind Wald %	Von den Gemeinden mit dem in Sp. 1 bez. Bewaldungsprozentsatz gehören der Stufe — an %:									
	I	II	III	IV	V	VI	VII	VIII	IX	X
0	—	21,4	21,4	—	7,2	7,2	14,4	7,2	7,2	14,4
0 — 10	—	5,4	30,3	14,2	25,0	5,4	8,9	7,2	—	3,6
10,1— 20	1,3	9,4	37,8	22,9	16,4	5,4	2,7	2,7	1,4	—
20,1— 30	—	20,9	37,0	12,9	16,0	5,2	3,2	1,6	3,2	—
30,1— 40	1,6	25,7	28,7	16,0	12,0	0,4	3,2	1,6	1,6	3,2
40,1— 50	—	23,6	25,4	9,8	19,5	13,9	3,9	3,9	—	—
50,1— 60	—	26,6	23,3	13,3	13,3	20,0	3,5	—	—	—
60,1— 70	4,0	4,0	20,0	20,0	20,0	12,0	12,0	4,0	4,0	—
70,1— 80	—	33,3	66,7	—	—	—	—	—	—	—
80,1— 90	—	—	—	—	100,0	—	—	—	—	—
90,1—100	—	—	—	—	—	—	—	—	—	—

Auch hier kommt keineswegs die erwartete Proportionalität zum Durchbruch. D e r W a l d w i r k t e b e n u n t e r v e r s c h i e d e n e n V e r h ä l t n i s s e n d u r c h a u s v e r s c h i e d e n. Er ist einer jener Faktoren, die die Volksdichte beeinflussen, muß also auch in Berechnung gezogen werden, und es wird sich dann auch zeigen, daß die Volksdichte, die auf diese Weise unter Berücksichtigung des Gesamtareals der Gemarkung ein durchaus wahrheitsgetreueres Bild gibt, als z. B. die Berechnung auf das landwirtschaftlich genutzte Areal, welche oft, entgegen der umgekehrten Behauptung der Waldausscheidungstheoriker, ein durchaus falsches Bild erzeugt.

Wenn wir z. B. den höchstgelegenen Ort des Oberelsaß und zugleich Elsaß-Lothringens betrachten, so würde derselbe bei der Verrechnung auf das Kulturland eine Dichte von 208 Einwohner pro Quadratkilometer erhalten, also eine recht hohe Dichte. Beim Anblick einer hohen Dichte der Bevölkerung denken wir unwillkürlich an günstige Lebensbedingungen. Wer das bei den Einwohnern von Altweier erwartet, geht fehl. Das Klima ist rauh, der Boden mager. „Die Hacke muß beim Umgraben der steinigen Äcker den Pflug ersetzen, und mühselig muß in jedem Frühjahr die heruntergerutschte Erde auf dem Kopf wieder zum höheren Teil des Ackers getragen werden, — auf demselben Kopf, der Heu- und andere Lastwagen ausschaltet“[1]). Da bezeichnet doch die Volksdichte, auf das Gesamtareal verrechnet, die Verhältnisse besser; sie beträgt nur 80 Einwohner pro Quadratkilometer.

Auch Thannenkirch, das seine einst größere und jetzt noch verhältnismäßig hohe Einwohnerzahl von 732 Personen der Hausindustrie verdankt, ist ein gleiches Beispiel. Auf das landwirtschaftlich genutzte Areal verrechnet, hat es eine Dichte von 307 Einwohnern pro Quadratkilometer; die Berechnung auf das gesamte Areal ergibt eine Dichte von 150 pro Quadratkilometer. Thannenkirch verdankt, wie gesagt, seine hohe Einwohnerzahl der Hausindustrie. Seit diese zurückgeht, nimmt auch die Bevölkerung ab.

Die Gemeinde Mitzach im St. Amarintal besitzt bei einer Einwohnerzahl von 485 Seelen nur 58,0 ha Ackerland, 92,0 ha Wiesen, daneben noch 150 ha Weiden und Hutungen. Davon kann die Gemeinde nicht leben. Wenn wir eine Familie zu fünf Personen rechnen, so ergeben sich 97 Haushaltungen. Gothein[2]) berechnet nun für den Schwarzwald ein Existenzminimum an Land für eine Bauernfamilie im Schwarzwald 14,4 ha. Es dürfte

[1]) Eduard Grucker: Die Vogesen. Seite 108.

[2]) Zitiert nach L. Neumann: Die Veränderung der Volksdichte im südlichen Schwarzwald, Seite 33.

genug Ähnlichkeit zwischen den beiden Gebirgen herrschen, um diese Zahl zum Vergleich heranziehen zu können. Selbst bei Einrechnung der Weiden und Hutungen ergibt sich aber für Mitzach nur ein Areal von 3,1 ha pro Familie. Dieses Resultat spricht für sich selbst.

Die Familien sind also auf Nebenverdienst angewiesen. Diesen finden sie zum Teil in dem 1 1/2—2 Stunden entfernten St. Amarin in den dortigen Fabriken, oder aber im Wald.

Wer nun die Verhältnisse kennt, unter denen diese Leute leben, und weiß, wie da jede Existenzerleichterung wirkt, der wird auch die Bedeutung des Waldes in seinen Nebennutzungen für eine solche Gemeinde bewerten können. Es gibt in diesen Gemeinden nicht viele, die über das hinaus verfügen, was zum Leben notwendig ist. Da werden Raff- und Leseholzvergünstigungen, Gewährung von Streu und Gräserei oder Waldweide eine Rolle spielen, die nicht unterschätzt werden darf.

Wie falsch wäre es auch bei der Gemeinde Mitzach die Volksdichte auf das „Kulturland“ zu verrechnen. Nach dieser Methode bekäme es eine Dichte von 156 Einwohnern pro Quadratkilometer zugeteilt. Viel richtiger gibt uns doch die Dichte des Gesamtareals ein Bild von den tatsächlichen Verhältnissen.

Dies alles gilt nicht nur für diese drei Gemeinden, es gilt noch für viele andere, für alle, die unter analogen Verhältnissen stehen. Die Beispiele zu häufen, böte keine Schwierigkeit.

In allen diesen Fällen werden unter Zugrundelegung des landwirtschaftlich genutzten Areals, dessen unterschiedliche Qualität wir ja kennen gelernt haben, Dichten herausgerechnet, die dem Stande der Lebensbedingungen und den kulturellen Verhältnissen gar nicht entsprochen, uns also eine durchaus falsche Vorstellung derselben vermitteln. Jene Orte, die wirklich inmitten einer rauhen Gebirgslage eine hohe Stufe der Kultur und eine Verbesserung der Lebensbedingungen erreicht haben, sei es durch Industrie, sei es durch Ausbeutung von Bodenschätzen u. a. m., werden auch bei Einbeziehung des Waldes durch ihre höhere Dichte hervortreten. Wir denken da an die Gemeinden mit hoher und sehr hoher Dichte, die fast alle über einen bedeutenden Waldanteil verfügen. Wir haben dann ein Bild, das den tatsächlichen Verhältnissen entspricht, wie es sich aus dem Zusammenwirken aller Faktoren ergibt, und nicht ein künstliches, gemachtes.

Zusammenfassung.

Blicken wir nun noch einmal zurück und überschauen wir das Gesamte, fassen wir die Ergebnisse kurz zusammen, so müssen wir zu der Forderung gelangen, daß die allgemeine Volksdichtekarte sich zu stützen hat auf die Gemarkung, das statistisch am besten und sichersten erfaßbare, kleinste und dennoch wirtschaftlich und administrativ relativ selbständigste Gebilde, welches in seiner Ausdehnung zwar keine geographische Einheit ist, aber dennoch einzelne geographische Momente in seiner Erstreckung zur Grundlage hat. Der Berechnung ist die gesamte Fläche der Gemarkung zugrunde zu legen, da damit erst die Gesamtheit aller Faktoren, die bestimmend auf die Volksdichte einwirken, zum Ausdruck kommen. Diese Faktoren sind einmal in den natürlichen geographischen Verhältnissen (Klima, Hydrographie, geologischer Bau, Bodenfruchtbarkeit u. a. m.) enthalten, andererseits zeigen sie sich in den wirtschaftlichen und kulturellen Verhältnissen, sowie in den Wechselbeziehungen mannigfacher Art zwischen den Menschen selbst in den verschiedenen Zeiten und unter den verschiedenen Kulturstufen. Aus der Reihe dieser Erscheinungen den Wald, der in so mannigfacher Hinsicht eminente Bedeutung hat, auszuschalten, scheint uns demnach verfehlt. „Der Mensch und seine Kultur hängen nicht nur von einzelnen, sondern von sämtlichen Erscheinungen der Natur der Erdoberfläche ab, die Abhängigkeit kann daher nur aus dem gesamten Wesen der Naturerscheinungen und aus ihrem Zusammenwirken begriffen werden“[1]).

[1]) Alfred Hettner: Die Geographie des Menschen. (Verhandlungen des 16. Deutschen Geographentages zu Nürnberg.) Berlin 1907. Seite 298.

Tabellen.[1])

Gemeinde	Fläche ha	Davon entfallen in % auf landw. genutztes Areal	Forsten	Ödland	Wege und Gewässer	Einwohner am 1. Dez. 1910	Dichte unter Zugrundlegung des Gesamtareals	landw. gen. Areals
				I. Jura.				
Alt-Pfirt	663,6	68,5	27,9	0,7	2,9	509	77	106
Bendorf	754,7	51,9	45,1	0,7	2,3	196	26	48
Bettlach	408,7	56,2	40,1	—	3,7	220	54	90
Biederthal	416,3	72,4	25,0	—	2,6	256	62	82
Buchsweiler	625,2	47,9	42,5	8,2	1,4	337	54	109
Dürlinsdorf	778,3	72,6	24,5	—	2,9	471	61	80
Fislis	753,0	56,4	42,0	—	1,6	327	30	52
Kiffis	655,4	70,7	26,9	—	2,4	231	35	48
Köstlach	822,7	75,8	20,7	—	3,5	408	50	63
Leimen	1164,0	65,1	31,9	—	3,0	793	68	100
Liebenzweiler	387,1	52,6	43,9	1,6	1,9	200	52	92
Liebsdorf	422,3	60,6	31,3	1,3	6,8	262	62	90
Linsdorf	336,2	49,9	47,2	—	2,9	170	51	96
Lützel	1027,5	60,5	37,0	—	2,5	118	11	18
Lüxdorf	1003,6	61,5	35,4	0,4	2,7	316	32	49
Luffendorf	527,5	58,4	37,5	0,0	4,1	181	34	55
Lutter	849,6	58,6	39,8	—	1,6	296	35	58
Mörnach	678,6	75,2	21,3	—	3,5	444	65	83
Moos	341,4	80,3	12,0	0,8	6,9	281	82	98
Neuweiler	372,3	76,4	22,6	—	1,0	461	124	160
Niederhagenthal	619,5	79,9	16,7	0,3	3,1	703	113	138
Oberhagenthal	492,1	56,9	38,0	0,1	5,0	349	71	114

[1]) Das Tabellenmaterial konnte wegen Mangel an Raum nicht vollständig mitveröffentlicht werden. Wir geben hier nur die wichtigsten Daten desselben wieder.

Das Tabellenmaterial ist zusammengestellt und berechnet auf Grund:

a) der Ergebnisse der Volkszählung in Elsaß-Lothringen vom 1. Dezember 1910. (Erschienen als Beilage im Zentral- und Bezirks-Amtsblatt für Elsaß-Lothringen 1911.)

b) der Erhebungen über die Verteilung der Kulturarten in Elsaß-Lothringen. (Vom Stat. Landesamt im Druckbogen überlassen.)

Gemeinde	Fläche ha	Davon entfallen in % auf landw. genutztes Areal	Forsten	Ödland	Wege und Gewässer	Einwohner am 1. Dez. 1910	Dichte unter Zugrundlegung des Gesamtareals	landw. gen. Areals
Oberlarg	821,3	62,8(?)	26,8(?)	?	?	225	27	38
Oltingen	1336,9	64,5	32,3	—	3,2	687	51	76
Ottendorf	960,2	58,8	38,5	—	2,7	490	51	83
Pfetterhausen . . .	1401,9	67,1	24,2	—	8,7	1210	86	115
Pfirt	194,3	81,8	7,9	4,6	5,7	508	262	298
Rädersdorf	739,7	44,5	46,4	0,3	8,8	342	46	94
Sondersdorf . . .	821,6	47,5	50,6	—	1,9	335	41	83
Werenzhausen . .	450,5	73,1	23,5	—	3,4	373	83	108
Winkel	786,6	57,9	33,7	6,3	2,1	464	59	98
Wolschweiler . . .	1014,2	61,2	35,3	—	3,5	403	40	61
II. Sundgau.								
Altenach	618,2	64,0	28,3	0,8	6,9	348	58	79
Altkirch	954,3	75,0	15,6	1,5	7,9	3491	366	441
Altmünsterol . . .	413,2	78,3	16,9	0,7	4,1	975	236	283
Ammerzweiler . .	305,9	96,6	—	—	3,4	219	72	72
Aspach	420,2	79,5	15,3	0,1	5,1	643	152	180
Attenschweiler . .	510,9	97,3	0,4	0,2	2,1	612	119	120
Ballersdorf	1071,8	49,3	46,8	0,2	3,7	682	64	119
Balschweiler . . .	723,4	81,1	15,6	2,5	1,8	528	73	87
Baronsweiler . . .	209,6	73,3	22,3	—	5,4	173	82	106
Bartenheim . . .	1247,8	69,5	23,5	0,7	6,3	1829	146	194
Berenzweiler . . .	608,3	82,1	15,3	—	2,6	310	51	60
Bernweiler	759,8	75,9	21,2	—	2,9	476	63	80
Bettendorf	472,9	81,1	14,5	0,6	3,8	363	77	90
Bisel	808,4	65,7	28,8	—	5,5	568	70	99
Blotzheim	2604,5	88,0	8,0	0,1	3,9	2554	98	110
Bretten	415,8	69,2	26,9	—	3,9	156	38	51
Brinkheim	335,2	90,5	7,2	0,2	2,1	213	63	68
Brubach	701,0	92,0	4,4	—	3,6	523	75	78
Brunstatt	966,8	85,5	8,9	—	5,6	3594	372	408
Brückensweiler . .	640,2	71,6	25,8	0,2	2,4	330	52	69
Brünighofen . . .	330,5	64,3	28,4	—	7,3	158	48	67
Buschweiler . . .	416,2	87,3	9,4	0,3	3,0	640	153	201
Bütweiler	384,0	83,1	12,2	1,1	3,6	217	57	65
Carspach	1719,0	47,0	46,3	—	6,7	1518	88	164
Dammerkirch . . .	409,9	91,5	3,4	0,7	5,4	1175	287	287
Didenheim	442,1	90,3	5,0	1,1	2,6	1113	251	265
Diefmatten	314,8	60,9	34,3	1,0	3,8	231	77	113
Dietweiler	1101,2	56,9	41,2	0,2	1,7	397	36	61

Gemeinde	Fläche ha	Davon entfallen in % auf landw. genutztes Areal	Forsten	Ödland	Wege und Gewässer	Einwohner am 1. Dez. 1910	Dichte unter Zugrundlegung des Gesamtareals	landw. gen. Areals
Dürmenach	578,5	55,9	41,1	—	3,0	975	169	288
Eglingen	372,0	88,4	7,8	0,5	2,3	279	75	83
Ellbach	317,0	64,0	33,7	—	2,3	138	44	66
Emlingen	241,8	76,4	19,8	0,4	3,4	201	83	104
Enschingen . . .	275,9	93,0	—	—	7,0	165	60	60
Eschenzweiler . .	319,3	95,9	—	—	4,1	704	221	221
Falkweiler	353,3	86,3	10,2	1,0	2,5	195	55	62
Feldbach	501,5	70,2	24,9	—	4,9	294	59	78
Flachslanden . . .	436,0	80,9	15,6	—	3,5	677	155	184
Franken	621,9	78,2	17,6	—	4,2	306	49	60
Friesen	842,2	61,2	31,6	0,6	6,6	537	63	94
Fröningen	444,2	80,7	14,8	0,4	4,1	647	146	171
Füllern	527,7	59,6	36,9	0,1	3,4	396	75	119
Galfingen	536,3	90,1	7,4	—	2,5	600	112	121
Geispitzen	601,9	50,9	47,3	—	1,8	378	63	119
Gevenatten	215,5	73,3	19,9	2,7	4,1	176	82	102
Gildweiler	501,7	40,6	55,7	1,8	1,9	253	50	114
Gommersdorf . . .	411,2	99,6	—	—	0,4	301	73	73
Gottesthal	147,0	70,7	19,7	—	9,6	120	82	102
Grenzingen	517,9	85,1	10,4	0,5	4,0	532	103	116
Habsheim	1543,9	43,5	54,6	—	1,9	2024	132	289
Hagenbach	482,0	74,6	20,0	0,7	4,7	508	105	132
Hausgauen	577,8	81,0	15,5	1,9	1,6	367	63	79
Häsingen	896,0	89,8	5,7	—	4,5	1379	154	163
Hecken	244,2	82,7	14,3	—	3,0	149	61	71
Heidweiler	448,5	72,9	18,0	0,7	8,4	363	81	98
Heimersdorf . . .	758,9	60,2	32,2	0,3	7,3	484	64	94
Heimsbrunn . . .	1050,9	61,8	31,9	0,7	5,6	905	86	130
Heiweiler	204,8	92,8	4,0	0,4	2,8	129	63	65
Helfrantskirch . .	622,9	89,7	7,1	0,1	3,1	545	87	94
Henflingen	261,0	83,1	13,8	—	3,1	133	51	59
Hindlingen	800,4	56,4	40,1	1,2	2,3	368	46	64
Hirsingen	1288,4	59,9	32,9	1,1	6,1	1444	112	170
Hirzbach	1385,9	47,5	48,9	—	3,6	1045	75	147
Hochstatt	847,2	78,1	18,9	1,0	3,0	1207	143	176
Hundsbach	403,1	88,6	6,4	0,4	4,6	259	64	68
Illfurt	910,4	74,1	19,1	0,4	6,4	1395	153	192
Jettingen	630,2	78,8	15,2	—	6,0	428	68	80
Jungmünsterol . .	334,9	63,5	31,3	—	5,2	341	102	148
Kappeln	513,6	83,8	13,4	0,5	2,3	350	68	79

Gemeinde	Fläche ha	Davon entfallen in % auf landw. genutztes Areal	Forsten	Ödland	Wege und Gewässer	Einwohner am 1. Dez. 1910	Dichte unter Zugrundlegung des Gesamtareals	landw. gen. Areals
Knöringen	467,7	84,4	12,8	—	3,0	192	41	46
Kötzingen	504,7	91,4	3,9	—	4,7	336	67	69
Landser	301,3	89,3	5,9	—	4,8	317	105	112
Largitzen	560,4	69,4	23,7	0,7	6,2	309	55	72
Lümschweiler . .	727,1	83,1	13,2	1,2	2,5	634	87	102
Luttern	369,9	74,4	20,5	—	5,1	118	32	40
Mansbach	532,9	76,6	19,4	—	4,0	395	74	92
Menglatt	430,3	79,7	15,3	0,4	4,6	168	39	49
Merzen	198,7	74,9	18,9	—	6,2	201	101	124
Mittelmüspach . .	456,1	84,4	12,5	—	3,1	299	65	75
Niederlarg	216,2	61,0	33,3	—	5,7	90	42	67
Niedermagstatt . .	334,9	90,5	2,9	—	6,6	244	73	75
Niedermichelbach .	493,9	85,6	10,7	—	3,7	266	54	59
Niedermorschweiler	750,1	85,7	9,9	—	4,4	2309	308	349
Niedermüspach . .	679,2	82,9	14,3	—	2,9	485	71	83
Niederranspach . .	451,5	89,3	6,6	—	4,1	573	126	136
Niedersept	673,0	70,9	23,4	0,2	5,5	726	108	141
Niederspechbach .	408,5	95,3	0,2	0,1	4,4	433	106	107
Niedersteinbrunn .	856,9	81,0	11,2	—	7,8	694	82	97
Niedersulzbach . .	564,7	80,8	15,6	—	3,6	443	78	93
Niedertraubach . .	677,7	66,8	25,5	1,4	6,3	453	67	95
Oberdorf	413,4	85,9	10,5	—	3,6	504	122	137
Obermagstatt . . .	388,6	83,6	12,9	—	3,5	389	100	114
Obermichelbach .	738,2	83,2	14,9	—	1,9	374	51	60
Obermorschweiler .	604,7	88,5	0,2	0,1	2,2	352	58	64
Obermüspach . . .	690,6	86,2	10,2	—	3,6	459	66	74
Oberranspach . .	439,3	86,5	10,9	0,2	2,4	366	83	94
Obersept	626,9	73,9	21,4	1,9	2,8	339	54	70
Oberspechbach . .	387,3	96,9	0,4	—	2,7	375	94	96
Obersteinbrunn . .	931,8	84,9	11,0	0,4	3,7	650	69	78
Obertraubach . . .	690,0	75,9	19,5	0,1	4,5	457	66	82
Rantsweiler . . .	519,5	89,8	6,7	—	3,5	309	60	64
Retzweiler	414,3	69,4	23,3	0,4	6,9	599	44	188
Riedisheim	696,0	57,9	29,6	0,3	12,2	5678	672	959
Riespach	756,7	55,3	28,8	0,1	15,8	530	71	99
Rixheim	1960,5	47,0	43,6	—	9,4	3595	237	325
Roppenzweiler . .	415,1	63,8	32,2	0,3	3,7	826	199	217
Rüderbach	444,3	58,7	37,4	—	3,9	313	71	115
Schaffnatt a. Weiher	603,6	63,5	32,4	0,1	4,0	360	60	88
Schlierbach . . .	1177,8	47,3	50,9	—	1,8	598	51	97

Gemeinde	Fläche ha	Davon entfallen in % auf landw. genutztes Areal	Forsten	Ödland	Wege und Gewässer	Einwohner am 1. Dez. 1910	Dichte unter Zugrundlegung des Gesamtareals	landw. gen. Areals
Schwoben	237,0	65,3	30,0	—	4,7	141	60	85
Sternenberg . . .	343,6	70,5	25,8	2,1	1,6	116	34	46
Steinsulz	405,8	86,0	10,0	0,2	3,8	482	116	132
Stetten	432,2	85,9	10,3	—	3,8	283	66	73
Strüth	431,4	67,8	26,9	—	5,3	287	67	91
St. Cosman . . .	271,1	81,2	15,5	—	3,3	51	19	22
St. Ulrich	385,0	69,3	27,0	—	3,7	269	70	96
Tagolsheim	319,4	77,3	18,9	0,6	3,2	368	115	142
Tagsdorf	251,4	92,8	3,2	—	4,0	239	95	98
Überstraß	504,0	61,3	31,3	0,2	7,2	272	54	79
Überkümen	235,8	65,6	25,8	3,9	4,7	198	84	119
Uffheim	433,5	95,3	0,4	—	4,3	553	128	130
Volkensberg . . .	672,0	63,8	34,7	0,1	1,4	525	78	119
Wahlbach	641,0	91,0	3,5	—	5,5	333	51	53
Waldighofen . . .	413,6	75,6	21,0	—	3,4	931	224	286
Walheim	483,1	73,9	22,3	0,2	3,6	751	155	200
Waltenheim . . .	232,2	97,0	—	0,4	2,6	164	71	71
Weiler (Altkirch) .	621,3	87,2	8,5	1,2	3,1	466	75	83
Welschensteinbach	496,3	70,5	23,6	—	5,9	207	42	55
Wenzweiler . . .	473,0	75,0	20,4	0,2	4,4	475	100	127
Willern	290,1	67,5	28,2	—	4,3	162	56	78
Wittersdorf	476,2	64,7	31,5	—	3,8	801	168	246
Wolfersdorf . . .	373,4	84,9	8,5	0,2	6,4	302	81	89
Zässingen	499,3	94,2	3,6	—	2,2	307	62	64
Zillisheim	821,4	58,5	33,8	1,4	6,3	1654	201	311
Zimmersheim . . .	315,2	90,7	4,7	0,3	4,3	435	138	145
III. Rheinebene.								
Algolsheim	721,6	74,4	10,4	5,8	9,4	343	44	57
Andolsheim . . .	1160,2	63,0	34,2	—	2,8	730	63	96
Appenweier . . .	771,6	64,3	31,6	—	4,1	238	31	45
Arzenheim	968,8	75,1	19,4	—	5,5	514	53	62
Baldersheim . . .	1271,1	34,8	63,3	0,1	1,8	706	56	151
Balgau	949,2	92,3	—	—	7,7	442	47	47
Balzenheim . . .	652,4	49,6	38,3	—	12,2	268	43	67
Banzenheim . . .	2052,3	43,8	48,9	—	9,2	974	48	92
Battenheim	1671,1	43,3	55,2	—	1,5	961	58	128
Bergheim	1915,9	65,1	29,9	1,3	3,7	1956	102	148
Berrweiler	768,8	79,7	15,6	—	4,7	713	93	110

Gemeinde	Fläche	Davon entfallen in % auf				Einwohner am 1. Dez. 1910	Dichte unter Zugrundlegung des	
	ha	landw. genutztes Areal	Forsten	Ödland	Wege und Gewässer		Gesamtareals	landw. gen. Areals
Bilzheim	707,5	70,8	25,9	—	3,3	231	33	44
Biesheim	1655,4	58,2	31,6	0,8	9,4	1 275	77	115
Bischweier	320,8	92,4	0,9	—	6,7	339	106	107
Blodelsheim . . .	2145,6	57,4	36,0	0,8	5,8	908	42	67
Bollweiler	862,5	75,9	20,0	0,5	3,6	1 154	133	167
Burgfelden	237,3	93,2	—	0,7	6,1	1 399	591	591
Colmar	6544,9	74,5	17,2	—	8,3	43 808	670	819
Dessenheim . . .	1900,3	67,1	23,3	0,1	9,5	969	51	68
Dornach	701,1	91,4	1,3	—	7,3	10 447	1490	1512
Dürrenenzen . . .	622,2	67,1	27,8	—	5,1	423	68	93
Egisheim	1407,0	68,9	27,0	0,6	3,5	1 387	99	135
Eichwald	240,3	50,4	41,6	—	8,0	332	138	237
Ensisheim	3607,0	65,5	32,4	—	2,1	2 500	69	103
Feldkirch	420,3	58,5	37,1	0,3	4,1	395	94	149
Fessenheim . . .	1786,4	62,4	26,3	1,6	9,7	667	37	52
Fortschweier . . .	478,0	83,5	12,5	—	4,0	275	58	66
Geiswasser	824,2	28,9	46,4	1,2	13,5	230	28	55
Gemar	1802,9	83,5	13,1	—	3,4	1 013	56	64
Grussenheim . . .	752,4	80,4	6,8	—	12,8	856	114	122
Gundolsheim . . .	800,3	82,0	13,2	—	4,9	606	76	87
Hausen	669,3	66,9	28,1	—	5,0	1 054	157	219
Hegenheim	668,7	91,0	5,5	0,3	3,2	2 353	352	372
Heilig-Kreuz . . .	2570,7	72,8	20,9	0,1	6,2	1 354	53	67
Heiteren	2245,5	74,9	21,7	0,1	3,3	746	33	44
Herlisheim	767,8	89,2	4,9	1,0	4,9	812	106	111
Hettenschlag . . .	771,1	92,8	4,0	—	3,2	209	27	29
Hirzfelden	2221,3	69,5	26,1	1,8	2,6	669	30	43
Holzweier	646,2	79,3	15,9	—	4,8	275	81	96
Homburg	1478,3	31,8	64,2	0,1	3,9	369	25	59
Horburg	436,8	88,7	2,9	1,6	6,8	1 134	259	267
Hüningen	273,5	54,4	33,6	—	12,0	3 588	1314	2535
Illhäusern	1046,4	80,8	16,6	—	2,6	538	51	62
Illzach	1058,0	77,3	8,1	2,5	2,1	3 566	337	377
Jebsheim	1485,5	89,5	6,6	—	3,9	848	57	61
Kembs	1720,7	43,4	45,0	1,0	10,6	1 116	65	120
Kingersheim . . .	668,8	86,6	8,6	—	4,8	868	130	142
Klein-Landau . . .	1705,4	46,4	43,4	0,9	9,3	531	31	56
Künheim	1174,7	51,2	36,9	—	10,9	600	51	81
Logelnheim . . .	438,7	96,0	0,1	—	3,9	334	76	76
Lutterbach	856,3	55,0	38,9	0,6	5,5	3 053	357	590

Gemeinde	Fläche ha	Davon entfallen in % auf landw. genutztes Areal	Forsten	Ödland	Wege und Gewässer	Einwohner am 1. Dez. 1910	Dichte unter Zugrundlegung des Gesamtareals	landw. gen. Areals
Meienheim	1280,0	70,0	15,6	2,1	12,3	591	46	56
Merxheim	909,9	80,7	14,1	—	5,2	775	85	99
Munweiler	667,4	96,7	—	0,8	2,5	334	50	50
Munzenheim . . .	648,1	93,4	0,3	0,3	6,0	426	66	66
Mülhausen	1229,8	33,1	3,4	1,5	62,0	95 041	7733	8137
Münchhausen . . .	2369,8	42,6	55,5	—	1,9	849	36	81
Nambsheim . . .	1003,4	75,1	13,9	3,3	8,7	355	35	42
Neubreisach . . .	131,8	—	—	1,7	98,3	2 809	2130	2130
Neudorf	626,4	73,1	—	1,9	15,0	2 473	395	397
Niederenzen . . .	871,6	91,9	4,0	—	4,1	249	29	30
Niederhergheim . .	1244,7	75,5	16,9	0,9	6,7	701	56	69
Niffer	887,7	36,1	53,4	—	10,5	263	30	64
Oberaspach	867,7	82,1	13,6	—	4,3	656	76	87
Oberenzen	878,8	86,3	7,9	2,9	2,9	478	54	61
Oberhergheim . .	2013,9	73,4	23,2	0,1	3,3	1 0?2	52	67
Obersaasheim . .	1300,2	89,9	5,1	0,1	4,9	500	38	41
Ostheim	803,4	90,2	4,9	—	4,9	1 078	134	141
Ottmarsheim . . .	2440,7	38,1	57,9	—	4,0	708	29	69
Pfastatt	522,8	68,4	23,1	0,1	8,4	3 216	615	800
Pulversheim . .	823,6	60,8	37,8	—	1,4	283	34	59
Rädersheim . . .	569,4	94,3	2,5	0,1	3,1	346	61	62
Regisheim	2354,0	80,7	12,5	4,3	2,5	1 477	63	75
Reichweiler . . .	555,3	59,3	29,5	—	11,2(?)	750	135	192
Reiningen	1844,8	67,9	27,2	2,1	2,8	1 350	73	104
Riedweier	304,4	73,0	22,4	—	4,6	400	132	182
Roggenhausen . .	644,6	56,6	40,9	—	2,5	212	33	55
Rosenau	451,8	59,2	25,4	—	15,4	496	110	147
Rumersheim . . .	1641,5	53,3	39,5	—	7,2	707	43	71
Rülisheim	722,0	78,3	16,3	0,5	4,9	767	106	130
Rüstenhart	1229,6	96,0	—	0,7	3,3	601	49	49
Sausheim	1673,7	45,4	52,4	0,1	2,1	1 398	83	177
Sennheim	1804,1	63,6	26,6	3,3	6,5	5 180	287	402
Sierenz	1312,4	60,9	36,8	0,1	2,2	1 417	108	171
Staffelfelden . . .	735,9	54,2	36,7	1,9	7,2	253	34	56
St. Ludwig	414,3	89,9	—	0,4	9,7	5 417	1308	1308
Sundhofen	1274,8	75,9	15,7	—	8,4	861	68	80
Ungersheim . . .	1351,6	80,6	15,3	—	4,1	817	60	71
Urschenheim . . .	642,0	80,5	16,0	—	3,5	353	55	65
Vogelgrün	501,9	46,6	32,4	1,9	18,1	167	33	51
Volgelsheim . . .	864,9	82,5	0,3	0,4	16,8	1 115	129	130

Gemeinde	Fläche ha	Davon entfallen in % auf landw. genutztes Areal	Forsten	Ödland	Wege und Gewässer	Einwohner am 1. Dez. 1910	Dichte unter Zugrundlegung des Gesamtareals	landw. gen. Areals
Weckolsheim . . .	692,7	79,7	13,8	0,1	6,4	272	40	46
Weier a. Land . .	497,3	95,8	0,4	—	3,8	412	83	83
Wickerschweier . .	227,5	91,0	0,9	—	8,1	208	92	92
Wiedensolen . . .	1066,6	56,3	38,8	—	4,9	458	43	71
Wittelsheim . . .	2363,0	38,4	55,1	0,6	5,9	1629	69	170
Wittenheim . . .	1900,9	61,0	37,3	—	1,7	2270	119	191
Wolfganzen . . .	938,5	64,4	33,0	—	2,6	329	35	52
IV. Vorhügel.								
Ammerschweier . .	1968,1	35,6	60,8	1,0	2,6	1565	80	208
Bebelnheim . . .	556,8	93,4	—	—	6,6	958	172	172
Bennweier	653,8	80,7	11,0	0,5	7,8	990	152	170
Bergholz	423,8	77,1	18,8	2,4	1,6	539	127	161
Bergholz-Zell . . .	228,7	47,3	51,7	—	1,0	392	171	332
Geberschweier . .	870,0	32,6	62,5	—	4,9	1231	141	377
Gewenheim . . .	854,9	72,6	21,6	0,4	5,4	879	103	131
Hartmannsweiler .	481,4	41,3	55,6	—	3,1	556	115	261
Hattstatt	596,4	59,4	29,7	—	10,9	746	125	178
Häusern	121,0	53,6	40,4	—	6,0	436	359	605
Hunaweier	480,8	56,1	39,4	—	4,5	586	122	202
Ingersheim	727,9	81,5	10,9	—	7,6	2686	369	415
Isenheim	816,8	82,8	10,8	0,1	6,3	1947	238	254
Katzenthal	345,5	62,8	32,3	0,2	4,7	509	148	216
Kaysersberg . . .	2481,5	11,7	85,8	—	3,5	2700	109	789
Kienzheim	483,1	60,1	35,4	—	4,5	867	190	278
Leimbach	357,4	63,5	31,0	--	5,5	746	209	303
Michelbach	335,1	61,1	35,5	—	3,4	162	48	75
Mittelweier	240,1	91,5	1,7	—	6,8	690	287	292
Morzweiler	422,7	59,1	37,7	0,2	3,0	207	49	80
Niederaspach . . .	801,2	79,7	16,2	—	4,1	526	66	78
Niederburnhaupt .	1176,5	66,6	29,4	0,4	3,6	790	67	98
Niedermorschweier	334,6	30,4	64,4	1,5	3,7	726	217	615
Oberburbach . . .	688,3	37,9	60,5	0,9	1,7	487	71	179
Oberburnhaupt . .	1248,6	57,4	37,6	—	5,0	918	73	118
Obermorschweier .	159,1	94,6	—	—	5,4	395	248	248
Orschweier	708,8	49,6	47,2	—	3,2	1105	155	295
Osenbach	559,9	50,7	40,6	4,8	3,9	591	106	193
Pfaffenheim . . .	1451,2	34,5	52,3	—	11,2	1325	91	192
Rappoltsweiler . .	3195,0	39,0	57,7	1,6	1,7	5846	183	450
Reichenweier . . .	1704,0	22,8	74,5	—	2,7	1438	84	331

Gemeinde	Fläche ha	Davon entfallen in % auf landw. genutztes Areal	Forsten	Ödland	Wege und Gewässer	Einwohner am 1. Dez. 1910	Dichte unter Zugrundlegung des Gesamtareals	landw. gen. Areals
Rodern (Rapp.) . .	705,0	17,5	79,4	0,1	3,0	360	51	248
Rodern (Thann) . .	716,1	81,9	12,8	0,4	4,7	898	125	145
Rohrschweier . . .	246,5	91,5	—	—	8,5	287	116	116
Rufach	4004,6	60,0	34,5	1,4	4,1	3 785	95	147
Schweighausen . .	1078,2	73,9	22,5	1,3	2,3	542	51	66
Sentheim	615,2	70,0	25,6	0,1	4,3	1227	200	220
Sigolsheim	573,0	87,7	4,9	0,1	7,3	870	152	161
Steinbach	609,1	34,6	61,7	1,3	2,4	825	135	402
St. Pilt	1787,2	44,5	51,5	1,6	2,4	1 473	82	176
Sulz	3108,9	51,1	45,3	1,6	3,0	4 852	156	294
Türkheim	1647,3	44,6	50,4	2,7	2,3	2 522	153	326
Uffholz	1190,8	47,2	47,6	—	5,2	1 418	119	235
Vöklinshofen . . .	398,6	55,5	41,2	0,5	2,8	593	149	251
Wattweiler	1360,5	48,2	47,6	0,8	3,4	1 099	81	157
Westhalten	1097,6	60,1	36,3	0,7	2,9	901	82	130
Wettolsheim . . .	886,2	65,6	29,3	0,1	5,0	1 325	149	212
Winzenheim . . .	1886,3	48,3	47,4	0,6	3,7	3 576	189	365
Wünheim	622,1	42,7	53,3	—	4,0	1 031	165	354
Zellenberg	481,3	93,7	0,4	1,0	4,9	325	68	68
				V. Vogesen.				
Altenbach	295,2	48,7	50,1	—	1,2	122	41	83
Alt-Thann	510,9	67,0	22,1	2,4	8,5	2 128	414	545
Altweier	488,4	39,4	53,1	—	7,5	295	60	126
Aue	460,1	47,2	49,1	—	3,7	844	183	361
Bitschweiler . . .	1259,8	26,8	65,4	0,1	7,7	2 316	184	531
Breitenbach . . .	918,8	52,5	39,8	7,9	1,2	1 118	125	246
Bühl	896,9	29,0	65,5	0,3	5,2	3 347	372	1080
Deutsch-Rumbach .	1792,4	51,3	45,5	2,1	1,1	1 524	85	156
Diedolshausen . .	2212,2	66,3	32,5	—	1,2	1 179	53	79
Dollern	837,1	44,8	44,6	—	10,6	564	67	122
Eschbach	481,6	38,3	55,9	1,6	4,2	469	101	353
Felleringen . . .	2146,0	35,0	63,2	0,3	1,5	1 670	68	211
Gebweiler	980,4	46,8	37,4	1,7	14,1	13 024	1329	2185
Geishausen	728,0	59,1	39,6	—	1,3	671	92	153
Goldbach	602,4	64,7	33,4	—	1,9	477	79	111
Griesbach	465,6	42,6	53,4	1,4	2,6	560	120	262
Günsbach	615,6	30,0	67,1	0,7	2,2	784	127	388
Hohrod	545,2	42,2	42,6	11,3	3,9	395	72	180
Hüssern-Wesserling	511,1	52,0	41,4	—	6,6	1 073	210	359

Gemeinde	Fläche ha	Davon entfallen in % auf landw. genutztes Areal	Forsten	Ödland	Wege und Gewässer	Einwohner am 1. Dez. 1910	Dichte unter Zugrundelegung des Gesamtareals	landw. gen. Areals
Jungholz	380,0	45,2	52,6	1,4	1,8	989	260	551
Kirchberg	674,2	54,7	42,1	—	3,2	777	115	199
Krüt	2197,9	37,2	60,6	0,8	1,4	1 475	67	171
Lautenbach . . .	1301,8	26,7	70,0	—	3,3	2 049	159	525
Lautenbach-Zell .	2307,9	36,5	61,3	—	2,3	1 453	63	167
Leberau	1247,9	54,0	40,2	—	5,8	2 061	165	276
Linthal	2094,7	46,6	52,3	—	1,1	1 003	48	100
Lutterbach	856,3	55,0	38,9	0,6	5,5	3 053	357	590
Malmersbach . . .	261,4	45,9	48,6	1,1	4,4	787	301	587
Markirch	4520,1	31,9	63,3	1,9	3,9	11 778	260	749
Maßmünster . . .	2309,5	26,0	66,9	0,4	6,7	3 657	158	486
Metzeral	4105,9	37,9	52,6	—	9,5	1 326	32	68
Mitzach	631,0	47,6	49,0	2,3	1,1	485	77	156
Mollau	876,8	37,4	61,1	—	1,5	677	77	199
Moosch	1488,4	47,9	50,3	0,1	1,7	2 284	153	310
Mühlbach	768,9	77,2	18,9	—	3,9	1 140	148	183
Münster	864,0	54,9	35,0	5,3	4,8	5 974	691	1160
Murbach	664,0	26,7	71,9	—	1,4	271	41	145
Niederbruck . . .	373,5	43,7	47,3	—	9,0	335	82	170
Niederburbach . .	604,3	58,6	35,0	2,1	4,3	657	109	172
Oberbruck	429,5	49,7	40,6	3,5	6,2	509	119	202
Obersulzbach . . .	736,6	58,0	39,6	—	2,4	436	59	98
Odern	1901,4	46,6	50,7	0,1	2,6	1 448	76	156
Rammersmatt . .	546,6	24,3	70,7	2,3	2,7	283	52	208
Ranspach	1149,8	32,1	61,6	1,6	4,7	1 195	104	284
Rimbach (Thann) .	1666,3	49,6	45,7	3,4	1,3	645	39	76
Rimbach (Gebweiler)	390,7	40,7	57,7	—	1,6	267	68	162
Rimbach-Zell . . .	188,9	36,8	60,0	—	3,2	417	220	549
St. Amarin	1145,2	42,1	53,5	2,3	2,1	2 203	192	436
St. Kreuz	2783,9	51,4	46,2	—	2,4	3 602	129	240
Schnierlach . . .	2111,5	43,5	31,8	22,3	2,7	2 095	99	176
Sewen	2150,6	54,4	43,0	1,0	1,6	761	35	63
Sickert	509,7	34,5	60,1	—	5,4	299	59	147
Sondernach . . .	2447,5	49,4	48,6	0,1	1,9	1 144	47	91
Storkensauen . . .	510,9	42,8	54,0	1,9	2,3	353	69	156
Stoßweier	2596,0	21,1	70,5	6,9	1,5	1 786	65	317
Sulzbach	705,7	24,2	66,1	0,3	9,4	646	92	270
Sulzern	1672,4	59,1	17,9	20,3	2,7	1 380	83	133
Sulzmatt	1957,2	50,7	44,2	2,9	2,2	2 533	129	244
Thann	1251,0	23,9	64,0	—	11,2	7 413	593	1684

Gemeinde	Fläche ha	Davon entfallen in % auf landw. genutztes Areal	Forsten	Ödland	Wege und Gewässer	Einwohner am 1. Dez. 1910	Dichte unter Zugrundelegung des Gesamtareals	landw. gen. Areals
Thannenkirch . . .	461,1	46,7	47,7	1,6	4,0	732	159	307
Urbach	1964,9	49,3	48,3	0,5	1,9	1 444	73	143
Urbeis	4470,2	66,8	29,0	—	4,2	4 485	100	142
Urbis	1247,8	37,9	46,3	—	15,8	800	64	119
Walbach	527,4	34,5	62,8	0,6	2,1	491	93	248
Wasserburg . . .	946,5	51,2	47,7	0,4	0,7	482	51	97
Wegscheid	1005,8	28,2	63,5	6,6	1,7	404	40	168
Weier im Thal . .	1256,4	38,2	51,0	5,1	5,7	897	71	163
Weiler (Thann) . .	1799,8	36,7	60,2	0,1	3,0	2031	113	284
Wildenstein . . .	986,4	24,5	73,7	0,3	1,5	443	45	175
Zell	1327,2	67,8	30,6	—	1,6	1 495	113	162
Zimmerbach . . .	224,4	58,0	37,2	1,3	3,5	398	178	285

II.

Was leistete die Deutsche Kolonialgesellschaft 1912?

von Oberstleutnant B. Herold.

Über die Ende 1911 gemeinsam mit dem Reichskolonialamt unternommene „Forschungsreise der Kolonialgesellschaft nach Kamerun“ berichtete Prof. Dr. Thorbecke fortlaufend in der Deutschen Kolonialzeitung, die auch Mitteilungen über die nach dem Kaiserin-Augusta-Flusse in Neu-Guinea Ende 1911 entsandte Expedition der Deutschen Kolonialgesellschaft brachte.

In Ausführung des vorjährigen deutsch-französischen Kamerun-, bzw. Kongo-Abkommens, ist am 1. Oktober 1912 das von Frankreich durch den Vertrag vom 4. November vorigen Jahres abgetretene Gebiet seiner Kolonie Aequatorial-Afrika in deutsche Verwaltung übergegangen.

Der Vorgang der Übergabe vollzog sich ohne irgendwelche besondere Veranstaltungen und in allergrößter Einfachheit. So weht denn zurzeit am Sanga, am Ubangi, an der Mondabai die schwarzweißrote Flagge an Stelle der blauweißroten, und das Land ist deutsch geworden, um es hoffentlich für alle Zeiten zu bleiben, wie wir auch keinen Zweifel hegen, daß seine Entwicklung nicht minder günstig verlaufen werde, als bisher unter französischer Herrschaft. Inzwischen sind die Abteilungen der Grenzberichtigung schon an Ort und Stelle angelangt. Der französische Leiter dieser Expedition, Hauptmann Periquet, hat in Paris einem Berichterstatter mitgeteilt, die Abteilungen Deutschlands und Frankreichs hätten volle Freiheit, zur Erzielung einer genauen vereinfachten Abgrenzung an jedem beliebigen Punkte der ungeheuren Grenzlinie erforderlichenfalls gegenseitige Zugeständnisse zu machen. Man werde die in Französisch-Aequatorial-Afrika, Kamerun und Belgisch-Kongo bestehenden Stationen benutzen und auch mittels Flugdrachens funkentelegraphische Verbindungen herzustellen trachten.

Bezüglich der Abgrenzung im Osten muß erwartet werden, daß der „Talweg“ der Flüsse die Grenze bilde, im besonderen der 6—12 km langen Kongostrecke, die uns zugesprochen ist.

Bei früheren internationalen Übereinkünften der französischen mit der deutschen Regierung wurde bei Grenzabmachungen stets der Talweg eines Flusses als Grenze gewählt. So im deutsch-französischen Abkommen 1894, durch welches die Sangainseln deutsch wurden. Ist doch das Wort „le talweg" im deutschen Sinne ganz in den französischen Sprachsatz übernommen worden!

Der Voranschlag für das Jahr 1912 wurde in der Vorstandssitzung vom 8. Juni 1911 wie folgt festgesetzt:

Einnahmen.

1. Jahresbeiträge:		
Ordentliche Mitglieder (38 300)	221 600,—	
Außerordentl. Gesellschaftsmitgl.	300,—	
		221 900,— M.
2. Abonnements (Post- u. Buchhandl. Abonnenten)		2 400,— „
3. Zinsen aus verfügbaren Mitteln		12 000,— „
4. Zinsen aus festgelegten Kapitalien		52 500,— „
5. Zentral-Auskunftsstelle für Auswanderer . .		45 000,— „
6. Sonstige Einnahmen		1 200,— „
		335 000,— M.

Ausgaben.

1. Hauptversammlung, Vorstands- und Ausschußsitzungen	19 100,— M.
2. Verwaltung	34 860,— „
3. Veröffentlichungen der Gesellschaft:	
I. Deutsche Kolonialzeitung	101 220,— „
II. Mitteilungen der Deutschen Kolonialgesellschaft (Zeitungskorrespondenz) . .	1 000,— „
III. Zeitschrift für Kolonialpolitik, Kolonialrecht und Kolonialwirtschaft . . .	3 000,— „
4. Werbung	39 000,— „
5. Bücherei	3 500,— „
6. Geschäftsräume	18 600,— „
7. Verschiedenes (Schreibbedarf, Drucksachen, Porto usw.)	11 970,— „
8. Dispositionsfonds des Herrn Präsidenten . .	3 000,— „
9. Zentral-Auskunftsstelle für Auswanderer . .	45 000,— „
Zu übertragen . . .	280 250,— M.

	Übertrag . . .	280 250,— M.
10. Für sonstige koloniale Zwecke:		
a) In d. Schutzgebieten erscheinende Zeitungen		400,— „
b) Verfügbar im allgemeinen		1 850,— „
c) Verfügbar zur Förderung der Wohlfahrt der Schutzgebiete		52 500,— „
		335 000,— M.

Über die Wirksamkeit der Zentralauskunftsstelle für Auswanderer herrscht durchweg noch eine falsche Vorstellung. Man begegnet fast überall der Meinung, die Zentralauskunftsstelle für Auswanderer sei eine Einrichtung zur Beförderung der Besiedlung der Reichskolonien und befasse sich nur so nebenbei auch mit anderen Auswanderungsgebieten. Diese Meinung ist grundfalsch; die Zentralauskunftsstelle für Auswanderer gibt nicht nur Auskunft über die Ansiedlungsmöglichkeit in sämtlichen Ländern und Staaten außerhalb der deutschen Reichsgrenzen, sondern sie ist auch in der Lage, genauen Aufschluß über die Aussichten der einzelnen Berufe wie Kaufleute, Handwerker, Landwirte usw., im überseeischen Auslande zu erteilen. Wer also irgendeine Beschäftigung im Auslande annehmen will, wer sich draußen niederzulassen wünscht, wem irgendwo durch Agenten ein Geschäft, eine Stelle, Land usw. angeboten ist, der wende sich unbedingt vor Abschluß oder Antritt der Reise unter Mitteilung der Wünsche an die Zentral-Auskunftsstelle für Auswanderer, deren Rat kostenlos ist.

Die Zentralauskunftsstelle für Auswanderer in Berlin W 35, Am Karlsbad 10, hat im dritten Vierteljahr 1912 (1. Juli bis 30. September) in 5176 Fällen Auskunft an Auswanderungslustige erteilt, und zwar in 4300 Fällen schriftliche und in 876 Fällen mündliche.

Beantwortet wurden insgesamt 6679 Anfragen über die verschiedenen Auswanderungsgebiete. Davon bezogen sich 3007 auf die deutschen Kolonien, und zwar auf Deutsch-Südwestafrika 1010, Deutsch-Ostafrika 580, Kamerun 128, Togo 52, Samoa 70, Kiautschou 84, Deutsch-Neuguinea 42, die Karolinen, Palau und Marianen 14, auf die afrikanischen Kolonien im allgemeinen 193 usw.

Unter den fremden Auswanderungsgebieten steht Argentinien mit 719 Anfragen an der Spitze; dann folgen Kanada mit 414, die Vereinigten Staaten von Amerika mit 409, Süd-Brasilien mit 393, Mittel-Brasilien mit 171, Brasilien im allgemeinen mit 147 usw.

Im Laufe des Jahres 1912 wurde die Hauptversammlung am 5. und 6. Juni in Hamburg, eine Vorstandssitzung am 4. Juni in Hamburg, eine zweite am 6. Dezember in Berlin abgehalten.

Am 4. Juni wurde beschlossen:

„Die für die Wohlfahrt der Schutzgebiete verfügbaren Mittel der Deutschen Kolonialgesellschaft werden mehr als bisher für eigene großzügige Unternehmungen der Gesellschaft gemäß § 1 der Satzungen bereit gestellt. Bei Anträgen auf wirtschaftliche Maßnahmen in den Kolonien gilt wie bisher die mit dem wirtschaftlichen Ausschuß der Kolonialgesellschaft, dem kolonialwirtschaftlichen Komitee, geschlossene Vereinbarung."

Es wurden an Unterstützungen bewilligt:

1. 4000 M. für die Veranstaltung einer Kolonialausstellung gelegentlich der Wanderausstellung der Deutschen Landwirtschafts-Gesellschaft im Jahre 1913 in Straßburg i. E.
2. 500 M. als Beihilfe zum Bau eines Schulgebäudes für die Deutsche Schule in Tanger.
3. 3000 M. als Zuschuß an die Deutsche Kolonialschule in Witzenhausen.
4. 1000 M. für die Herausgabe des Archivs für Schiffs- und Tropenhygiene.
5. 3000 M. an das Deutsche Institut für ärztliche Mission in Tübingen und an den Berliner Verein für ärztliche Mission.
6. 1000 M. zur weiteren Ausgestaltung der Lehrfarm der Frau v. Falkenhausen in Brakwater.

Die Hauptversammlung in Hamburg am 5. und 6. Juni d. J. beschäftigte sich eingehend mit der Frage der Mischehen in den Kolonien und faßte den wichtigen Beschluß:

„Die Deutsche Kolonialgesellschaft hält in der Mischlingsfrage an ihrem Beschluß vom 4. Dezember 1908 fest. Sie erachtet es nach wie vor im nationalen Interesse für unerläßlich, der Vermehrung des Mischlingstums in den deutschen Kolonien mit allen zu Gebote stehenden Mitteln entgegenzutreten. Sie spricht sich infolgedessen im Gegensatz zu der am 8. Mai d. J. gefaßten Resolution des Reichstags dahin aus, daß die gegen die Ehen zwischen Weißen und Farbigen erlassenen Verordnungen aufrecht erhalten werden. Sie ist zugleich der Ansicht, daß auch dem außerehelichen Verkehr zwischen Weißen und Farbigen nach Möglichkeit entgegengetreten werde. Sie erneuert zu diesem Zweck die Aufforderung an die Deutschen in den Schutzgebieten, auch an ihrem Teil dazu beizutragen, das Aufkommen einer Mischlingsrasse zu verhindern und ihrer deutschen Stammesangehörigkeit bewußt, den Umgang mit eingeborenen Frauen zu meiden.

Sie ist zugleich einerseits der Ansicht, daß die Sicherstellung der Alimentation der außerehelichen Mischlinge ein Gebot der Menschlichkeit ist, andererseits, daß dem außerehelichen Verkehr zwischen Weißen und Farbigen nach Möglichkeit entgegengetreten werde".

Ferner wurde beschlossen, beim Reichskolonialamt durch den Ausschuß dahin zu wirken, die Mittel für die geologische Erforschung der Schutzgebiete, insbesondere auf Kohlen, zu erhöhen und Maßnahmen zu treffen zur Verbesserung der Gesundheitsverhältnisse in unseren Kolonien durch Beseitigung des Ärztemangels, Verbesserung der kommunalen Gesundheitspflege, Bekämpfung der großen Seuchen und durch tätige Mitwirkung der europäischen Bevölkerung.

Die Frage der ostafrikanischen und anderer Kolonialbahnen, wurde einer ständigen Eisenbahnbau-Kommission zur Bearbeitung überwiesen.

Die Hauptversammlung nahm mit dem lebhaftesten Interesse die Berichte der Strafrechtskommission, des deutsch-ostafrikanischen Siedlungskomitees, welches erfreuliche Fortschritte der Siedlungen am Meruberge meldete, und der Wildschutzkommission entgegen, welche Richtlinien für ihre Weiterarbeit festlegte.

Eine umfassende und nachdrückliche Werbetätigkeit unter der studierenden Jugend wurde dem Ausschuß seitens der Versammlung warm ans Herz gelegt unter Bewilligung der erforderlichen Mittel aus dem Werbefonds.

Wie im Vorjahre konnte der 1. Vorsitzende, Se. Hoheit der Herzogregent Johann Albrecht von Mecklenburg, der Versammlung von 2 hochherzigen Spenden des Herrn E. A. Oldemeyer, Bremen, Mitteilung machen, welcher einen Preis von 3000 M. demjenigen stiftete, der zum ersten Male 500 Ztr. Decktabak aus Kamerun auf den Hamburger Markt bringt und einen weitern Preis von 3000 M. zur Förderung der Eingeborenen-Kakaokultur in Togo und Kamerun.

Möchten derartige anspornende Spenden nicht auf den bekannten Bremer Großkaufmann beschränkt bleiben, sondern auch in Hamburg und sonst im Reiche Nachahmer finden!

Gelegentlich der Vorstandssitzung in Berlin am 6. Dezember 1912 erstattete nach Erledigung innerer Angelegenheiten Direktor v. Beck den Bericht der Eisenbahnkommission, die folgende drei koloniale Schienenwege für die dringlichsten hält:

1. Zweigbahn der ostafrikanischen Mittelbahn von Tabora nach Ruanda und Urundi.
2. Weiterführung der ostafrikanischen Nordbahn (Usambarabahn) bis zum Victoriasee.
3. Schaffung einer Eisenbahn in die Ölpalmenbezirke des Hinterlandes von Anecho in Togo.

Die Versammlung beschloß demgemäß.

Dem Reisenden Dr. Paul Rohrbach wurde für eine Studienreise nach Westafrika eine Beihilfe von 300 M. bewilligt.

Hierauf fand die folgende Entschließung zur Frage der südwestafrikanischen Schutztruppe einstimmig und ohne Debatte Annahme:

„Die Deutsche Kolonialgesellschaft hält eine weitere Verminderung der Schutztruppe in Südwestafrika nach Lage der politischen und wirtschaftlichen Verhältnisse für unverantwortlich und ersucht die Reichsregierung, zu prüfen, ob überhaupt die derzeitige Zahl hinreicht, um eine wirksame Erfüllung ihrer Aufgaben unter allen Umständen sicherzustellen".

Hoffen wir, daß die warnende Stimme der Deutschen Kolonialgesellschaft nicht ungehört verhalle, damit die Sicherheit der südwestafrikanischen Ansiedler auch dann gewährleistet wird, wenn das Mutterland, in einen europäischen Krieg verwickelt, außer stande ist, seinen Söhnen Unterstützung zu schicken, weil der Seeweg von einem die See beherrschenden Gegner verlegt ist.

Möge in diesem Falle das im Lande gerade vorhandene, auf sich selbst angewiesene Aufgebot deutscher Männer sich ausreichend erweisen, um sowohl dem Ansturm einheimischer farbiger als auch auswärtiger Feinde gewachsen zu sein.

Wir können in Südwest nicht stark genug sein!

Die von der Kolonialgesellschaft seit 15 Jahren herausgegebene Monatsschrift wird künftig unter dem Titel „Koloniale Monatsblätter" in eigenem Verlag erscheinen und besonders das Gebiet des Kolonialrechts pflegen.

Der Ausschuß der Gesellschaft beriet im Jahre 1912 in 18 Sitzungen Angelegenheiten der Gesellschaft, Anträge der Abteilungen beratend, für Sitzungen des Vorstandes und der Hauptversammlung vorbereitend bzw. deren Ausführung überwachend.

Der Präsident der Kolonialgesellschaft Se. Hoheit Herzogregent Johann Albrecht von Mecklenburg konnte bei Eröffnung der Vorstandssitzung am 6. Dezember 1912 daran erinnern, daß am 6. Dezember 3 Jahrzehnte verflossen sind seit der Begründung des Deutschen Kolonialvereins, des Vorläufers der Deutschen Kolonialgesellschaft.

Den Boden im Volke für den kolonialen Gedanken vorzubereiten, war das Programm des Deutschen Kolonialvereins, zu dessen Begründung Fürst Hermann zu Hohenlohe-Langenburg mit siebzig anderen vaterländischen Deutschen im Spätsommer 1882 einen Aufruf erließ. Am 6. Dezember 1882 vormittags 11 Uhr fand zu Frankfurt a. M. im Saale der Polytechnischen Gesellschaft, Neue Mainzerstraße 35, die konstituierende Generalversammlung statt, nachdem tags zuvor eine letzte Sitzung des provisorischen Komitees beraten hatte.

Aus den 200 Männern, die an der begründenden Sitzung teilnahmen, wurde binnen Jahresfrist eine Mitgliederzahl von 3000, nach einem Jahrzehnt 18 000, heute nach dreißig Jahren über 43 000, der höchste bisher erreichte Mitgliederbestand.

An der Spitze der Deutschen Kolonialgesellschaft steht seit dem 15. Januar 1895, also seit nahezu achtzehn Jahren, Herzog Johann Albrecht zu Mecklenburg. 16 000 Mitglieder zählte das koloniale Gefolge des erlauchten Führers, als er an die Stelle des Fürsten Hohenlohe trat. Heute blicken mehr als 43 000 nationalgesinnte deutsche Männer zu ihm auf in der getreuen Zuversicht, daß er das Schiff der Deutschen Kolonialgesellschaft glückhaft und in sicherer Fahrt noch recht lange steuern wird. Denn die deutsche Kolonialpolitik steht noch vor einer Reihe von Aufgaben und Problemen. Unsere Gesellschaft hat bei deren Lösungen und Entscheidungen zwar keine beschließende Stimme, aber ihr Rat und ihr warnender oder anfeuernder Ruf hat seither schon manchesmal entscheidend eingegriffen. Unsere Stimme wird um so wirkungsvoller ins Gewicht fallen, jemehr Mitstreiter wir in unseren Reihen zählen.

III.

Bericht über die Fortschritte der Landeskunde von Elsaß-Lothringen 1900—1910,

redigiert von Professor Dr. R. Langenbeck.

II. Teil.

Zu dem vorjährigen Bericht ist folgendes nachzutragen. Die dort unter 6 (Hydrographie) besprochene Arbeit von G. Eisenmenger „Études sur l'évolution du Rhin et du système hydrographique Rhénan", hat sich, wenigstens soweit unser Gebiet in Betracht kommt, als ein grobes Plagiat herausgestellt. Eisenmenger hat einer im Jahre 1893 zuerst veröffentlichten Arbeit von Professor Dr. G. Klähn „Hydrographische Studien im Sundgauer Hügellande" fast den gesamten Inhalt der Seiten 128—139 seiner Arbeit ohne Quellenangabe und ohne Anwendung von Anführungszeichen z. T. in wörtlicher Übersetzung entnommen und hat die Ergebnisse der Klähnschen Untersuchungen als seine eigenen ausgegeben. Den genauen Nachweis hierfür hat Herr Professor Klähn in den Beiträgen zur Geophysik Bd. XII. 1912, S. 46—51 erbracht, wobei auch über die Schritte, welche die Faculté des sciences der Sorbonne gegen Herrn Eisenmenger ergriffen hat, berichtet ist.

8. Pflanzengeographie

von Privatdozent Dr. Ernst H. L. Krause.

Abgekürzte Zitate: **BSM.** Bulletin de la Société d'histoire naturelle de Metz. 2. Série. — **JVC.** Jahrbuch für Geschichte, Sprache und Literatur Elsaß-Lothringens, herausg. v. d. historisch-literarischen Zweigverein des Vogesen-Clubs. — **LwZ.** Landwirtschaftliche Zeitschrift für Elsaß-Lothringen. — **MNGC.** Mitteilungen der naturhistorischen Gesellschaft in Colmar. Neue Folge. — **MPhG.** Mitteilungen der Philomathischen Gesellschaft in Elsaß-Lothringen. — **StJ.** Statistisches Jahrbuch für Elsaß-Lothringen.

Ein Bericht über die Fortschritte der Pflanzengeographie in Elsaß-Lothringen seit 1900 ist schwer aufzusetzen, weil es an einem brauchbaren Ausgangspunkte fehlt, von welchem aus dieser Fortschritt gemessen werden könnte. Eine umfassende und zusammenhängende Darstellung der Vegetationsverhältnisse dieses Landes gibt es überhaupt nicht. Für das Elsaß allein hat sie Kirschleger in seiner 1862[1]) vollendeten Flore d'Alsace gegeben. Für Lothringen haben wir eine zuverlässige Pflanzenliste in der 1857 erschienenen zweiten Auflage der Flore de Lorraine von A. Godron, welche durch Nachträge des Verfassers bis 1875[2]) und durch solche von anderer Hand auch bis in unseren Berichtszeitraum ergänzt wurde. Aber eine[3]) dieser Ergänzungen ist als Opus posthumum ohne die letzte kritische Feile ihres Verfassers herausgekommen, die andere[4]) umfaßt ganz Lothringen und ist in ihren Einzelheiten für den deutschen Landesteil nicht zuverlässig. Des Grafen zu Solms Flora von Elsaß-Lothringen im „Reichsland" (vgl. Heft 2 S. 44 dieser Mitteilungen) ist eine zehn Quartseiten umfassende Schilderung, welche dem geschulten Pflanzengeographen, aber nur diesem, einen vorzüglichen Überblick geben kann. Die namhaft gemachten Pflanzen sind zum großen Teil floristisch interessante Funde, deren neuerliche Bestätigung erwünscht schien, überhaupt legt Solms den größten Nachdruck auf die Feststellung, daß die Forschung seit Jahrzehnten der Kontinuität entbehrt, und eine Neuaufstellung des Tatsachenmaterials das nächste Erfordernis sei. Daß diese auch von anderen Botanikern vermißte Neubearbeitung einer wissenschaftlichen Landesflora ausbleibt, liegt allein an finanziellen Schwierigkeiten.[5]) Allerdings ist 1902 Himpels[6]) Flora von Elsaß-Lothringen in zweiter Auf-

[1]) Die 1870 vollendete Flore vogéso-rhénane steht nicht auf gleicher Höhe.

[2]) Mémoires de l'Académie de Stanislas de 1874 (Nancy 1875).

[3]) R.-Th. Barbiche (Notice posthume): Contribution à la Révision de la Flore de la Lorraine allemande. BSM. XI (23), S. 81—104.

[4]) Petitmengin: Mise au point sur la flore lorraine. Association française pour l'avancement des sciences. 36e session à Reims 1907. (Paris 1908.)

[5]) Ernst H. L. Krause: Plan einer neuen Flora von Elsaß-Lothringen. MPhG. II, S. 77f. Dazu MPhG. III, S. 391.

[6]) J. St. Himpel: Flora von Elsaß-Lothringen. 2. Aufl. (1902). 8°. 327 S.

lage erschienen, aber das ist nur eine Bestimmungstabelle für Schüler. Von umfassenderen Floren nimmt die sogenannte Sturmsche,[7]) deren Text meist von mir stammt, auf die geographische Verbreitung der Arten im Reiche und besonders auch im Reichslande mehr Rücksicht als die meisten übrigen. Dem Geographen, der die einzelnen Arten leicht unterscheiden lernen und sich einen Überblick über ihre Gesamtverbreitung verschaffen will, kann in erster Linie Coste[8]) empfohlen werden. Von den beiden großen unser Gebiet umfassenden Florenwerken, die gegenwärtig am meisten besprochen werden, ist die Flore de France von Rouy[9]) ihrer Vollendung nahe, aber ihrer ganzen Anlage nach nur für Herbariumsbotaniker bestimmt, während Aschersons[10]) Synopsis, die viel langsamer vorwärts kommt, in erster Linie auf Nomenklaturfragen eingeht. Unser Land liegt den Verfassern beider Werke gleichmäßig fern und ist entsprechend stiefmütterlich behandelt.[11])

Die Vegetation im engeren Sinne, d. h. die Verbreitung der bestandbildenden und im Landschaftsbilde tonangebenden Typen und Sippen, erkennt man aus Karten und statistischen Tabellen besser als aus botanischen Arbeiten.

Die Karten[12]) 1 : 25 000 unterscheiden Gärten, Äcker mit und ohne Bäume, Weinberge, Hopfengärten, trockene und nasse Wiesen und Triften mit und ohne Gestrüppe, Sümpfe, Torfstiche, Laub- und Nadelwälder mit oder ohne Unterholz, mit trockenem oder sumpfigem Grunde, Sandflächen und kahlen Fels. Dagegen sind Salzformationen und Dorngesträuche, für welche Rußland besondere Signaturen hat, bei uns nicht mar-

[7]) K. G. Lutz, J. Sturms Flora von Deutschland. 2. umgearb. Aufl. 1. Abt. Phanerogamen. 15 Bde. Stuttgart 1900—1907. (Schriften d. D. Lehrer-Vereins f. Naturk., Bd. 6—21.)

[8]) H. Coste: Flore descriptive et illustrée de la France, de la Corse et des contrées limitrophes. Avec une introduction sur la flore et la végétation de la France par Ch. Flahault. 3 Bde. (1901—1906.)

[9]) G. Rouy (Foucaud et Camus): Flore de France. Vol. 1—13. (1893—1912.) Dazu MPhG. III, S. 397.

[10]) P. Ascherson und P. Graebner: Synopsis d. mitteleurop. Flora. 1896 u. f. Dazu MPhG. III, S. 392f. und 478, sowie Gartenflora. 56. Jahrg., S. 331f.

[11]) Nach meinen Notizen sind bis Ende 1910 zuverlässig in Els.-Lothr. beobachtet: 2058 gute Arten und mindestens 417 meist als Arten anerkannte Sippen der Gefäßpflanzen, 596 Arten Moose.

[12]) Siehe Heft 2 dieser Mitteilungen, S. 55—63.

kiert. Die Karten 1 : 100 000 geben noch ziemlich dasselbe. Dagegen haben die Karten des Vogesenklubs 1 : 50 000 nur Wald und Feld durch Flächenkolorit geschieden, bieten also in dieser Hinsicht nicht mehr als die Ausgabe B der Vogelschen Karte des Deutschen Reichs bei ihrem 10 mal kleineren Maßstabe. Ein Vergleich der in verschiedenen Jahren ausgegebenen gleichnamigen Kartenblätter 1 : 25 000 und 1 : 100 000 ergibt deutlich die Veränderungen der Vegetation an den einzelnen Örtlichkeiten. Eine Aufzählung solcher Einzelheiten würde aber aus dem Rahmen meiner Arbeit herausfallen.

Übersichtlich zusammengefaßt finden wir die vielen kleinen Änderungen des Vegetationsbildes in den **Statistiken** der Forst- und Landwirtschaft, welche seit 1907 in den Statistischen Jahrbüchern[13]) abgedruckt werden. Die Beiträge zur Forststatistik von Elsaß-Lothringen standen im Jahre 1900 schon in ihrem 17. Jahrgange und erschienen regelmäßig weiter. Sie bieten aber dem Pflanzengeographen sehr wenig Material, weil eine Aufnahme der Bestände nach den einzelnen Baumarten nur in längeren Zwischenräumen erfolgt. Dagegen sind für die viel öfter und stärker wechselnden landwirtschaftlichen Betriebsarten und Nutzpflanzen viele Einzelmitteilungen in der Landwirtschaftlichen Zeitschrift (LwZ.) zu finden, die hier unmöglich alle berücksichtigt werden können. Der Spezialforscher muß die jedem Jahrgange beigegebenen Sachregister durchsehen.

Von den Statistischen Mitteilungen bietet ein Heft[14]) eine Nachweisung der im Lande vorhandenen **Obstbäume.** Mehr

[13]) Statistisches Jahrbuch für Elsaß-Lothringen (StJ.). 1. bis 4. Jahrgang 1907—1910.

[14]) Die Ergebnisse der Viehzählung und der Zählung der Obstbäume vom 1. Dezember 1900. Statistische Mitteilungen über Elsaß-Lothringen, 29. Heft (1903). In anderer Form auch in den Vierteljahrsheften z. Statist. d. D. Reichs 11, 2 (1902).

Es entfallen in Elsaß-Lothringen auf einen Quadratkilometer 802 Obstbäume, gegen 979 in Baden, 480 im Reich. Die Obstbaumpflanzung längs der Straßen stieß unter französischer Herrschaft auf Schwierigkeit wegen mangelnden Polizeischutzes gegen rohe Baumfrevler. Vgl. Kirschleger, Flore d'Alsace III, S. 171. Erst seit 1871 sind diese Pflanzungen, die schon im 16. Jahrhundert allgemein gewesen waren, wieder aufgenommen. Von den statistisch gezählten Obstbäumen sind die Standorte nicht mitgeteilt, sehr viele stehen augenscheinlich in Weinbergen und Gärten, doch auch schon viele an Straßen und manche auf Äckern.

als vier Zehntel von diesen sind Zwetschen und Pflaumen, mehr als zwei Zehntel Äpfel. Das Oberelsaß fällt durch verhältnismäßig viele Kirschen, Pfirsiche und Aprikosen auf, Lothringen, namentlich das Metzer Land, durch seine Mirabellen.[15]) An Nußbäumen (Juglans regia), die meist zerstreut auf den Äckern stehen, und deshalb nicht ohne Bedeutung für das Landschaftsbild sind, wurden im Jahre 1900 über 327 000 Stück gezählt.[16]) Alljährlich wiederholen sich in der Presse die Klagen über Abnahme dieser Baumart und die Mahnungen zur Neupflanzung; statistische Nachweise über die Ab- oder Zunahme habe ich nicht gefunden. Eine allgemeine Übersicht der Geschichte des Obstbaues im Elsaß hat Hertzog[18]) veröffentlicht. Ich habe die Obstbaustatistik vorweg genommen, weil sie sich anderweit schlecht eingliedern ließ.

Die allgemeine Statistik läßt die Verteilung der **Vegetationsformationen**[19]) erkennen. Aus den Feststellungen über die Hauptarten der Bodennutzung[20]) ergibt sich, daß während des Berichtszeitraumes drei Zehntel des Landes bewaldet waren, fast die Hälfte war urbar, der Rest meist Wiese und Weide, ein kleiner Teil, nicht ganz 6%, entfiel auf Gebäude, Höfe, Straßen, Gewässer u. dgl. Die Verschiebungen im Laufe von 10 Jahren sind nicht so unerheblich, wie die Tabelle sie er-

Im Jahre	entfielen Hundertteile der Landesfläche auf					
	Kulturformationen:		Halbkulturformationen			Sonstiges
			feldartige:		Wald	
	Äcker u. Gärten	Weinberge	Wiesen	Weiden u. Hutungen		
1900	46,8	2,3	12,9	2,3	30,3	5,4
1910	46,4	2,2	13,0	2,3	30,3	5,8

[15]) Von 379418 Mirabellenbäumen des Landes fallen 166079 auf den Stadtkreis Metz. Dazu Fed: Die Rentabilität des Mirabellenbaumes. LwZ. 1907, S. 378.

[16]) Im Ober-Elsaß 116304 (davon 42640 im Kreis Mülhausen), im Unter-Elsaß 153094, in Lothringen 58055; Summe 327453.

[17]) Frucht-, Holz- und Geldertrag des Nußbaumes. LwZ. 1908, S. 853.

[18]) Aug. Hertzog: Geschichte des Elsässischen Garten- und Obstbaues. MNGC. IX, S. 1—46.

[19]) Eine möglichst detaillierte Übersicht bietet die Anbau-, Forst- und Erntestatistik in den Vierteljahrsheften z. Statist. d. D. Reichs. 1894, 4.

[20]) StJ. 1, S. 53; 4, S. 66.

scheinen läßt, in der manche lokale Änderungen durch die Gesamtsumme ausgeglichen werden: So sind z. B. in der Zeit von 1871 bis 1909[21]) 7019 ha Wald zu Feld gerodet, und 5243 ha Feld aufgeforstet.

Das Aussehen des **Ackerfeldes** ist in hohem Grade abhängig von der Wirtschaftsweise der Bevölkerung. Ohne deren Verständnis steht der Pflanzengeograph oft vor Rätseln. Über die Wirtschaftssysteme und Fruchtfolgen[22]) unterrichtet uns in vorzüglicher Weise Richard Krzymowski, sowohl durch Aufsätze allgemeinerer Art,[23]) als auch durch die genaue Darstellung der Verhältnisse im Kreise Altkirch.[24]) Zur Geschichte der Ackerwirtschaft liefert Hertzog[25]) einen Beitrag. Über die Wirtschaftsänderung im Berichtszeitraume sagt uns die Statistik,[26]) daß die Futterpflanzen[27]) stark zunehmen, namentlich Klee und Luzerne, aber auch Hafer. Ferner nehmen die Anbauflächen des Roggens und der Kartoffeln zu, was unfraglich mit der Einwanderung aus Norddeutschland und der Anpassung der Bauern an die Bedürfnisse der preußischen Truppen zusammen-

Im Jahre	Anbauflächen in Hektar von							
	Weizen		Roggen		Sommer-gerste	Hafer	Kartoffeln	Klee u. Luzerne
	Winter-	Sommer-	Winter-	Sommer-				
1900	153 245	2785	46 855	289	53 482	111 212	90 816	56 192
1910	138 867	481	54 567	210	48 747	114 251	92 597	78 494

---

[21]) StJ. 4, S. 94.

[22]) Die Fruchtfolgen in Elsaß-Lothringen. LwZ. 1902, Nr. 33.

[23]) Rich. Krzymowski: Die Wirtschaftssysteme und Fruchtfolgen Elsaß-Lothringens. Fühling's landwirtsch. Zeitschr. 1906. Heft 15. Derselbe, Die Vorfrüchte des Weizens. LwZ. 1907, S. 33—36.

[24]) R. Krzymowski: Die Landwirtschaft im ober-elsässischen Kreise Altkirch (1908). Dazu J. Weber in LwZ. 1905, S. 720 und Krzymowski ebenda, S. 973—976.

[25]) Aug. Hertzog: Zur Geschichte der Kartoffel in Elsaß und Lothringen. MNGC. VIII, S. 97—101.

[26]) StJ. 4, S. 69.

[27]) Vgl. auch Hans Hertzog: Sommer- und Herbstfutter. LwZ. 1909, S. 582. — P. Fillinger: Die Erzielung höherer Reingewinne im landw. Betrieb durch vermehrten Futteranbau. LwZ. 1909, S. 888. — Fr. v. Oppenau: Der pannonische Klee (Trifolium pannonicum.) LwZ. 1905, S. 111—112.

hängt. Dementsprechend nimmt der Weizen, das eigentliche hiesige Brotkorn, ab.

Die Ungleichheit der drei Bezirke mag aus folgender Übersicht[28]) vom Jahre 1907 ersehen werden, welche die Hauptfeldfrüchte, die Reben und die Wiesen nach ihrem Flächenverhältnisse ordnet:

Elsaß-Lothringen: 1. Wiesen. 2. Weizen. 3. Hafer. 4. Kartoffeln. 5. Roggen. 6. Gerste. 7. Klee. 8. Reben. 9. Luzerne. 10. Hopfen. 11. Raps. 12. Spelz.

Ober-Elsaß: 1. Wiesen. 2. Weizen. 3. Kartoffeln. 4. Gerste. 5. Roggen. 6. Hafer. 7. Reben. 8. Klee. 9. Luzerne. 10. Raps. 11. Spelz. 12. Hopfen.

Unter-Elsaß: 1. Wiesen. 2. Weizen. 3. Kartoffeln. 4. Gerste. 5. Roggen. 6. Hafer. 7. Reben. 8. Klee. 9. Luzerne. 10. Hopfen. 11. Raps. 12. Spelz.

Lothringen: 1. Hafer. 2. Weizen. 3. Wiesen. 4. Kartoffeln. 5. Roggen. 6. Klee. 7. Luzerne. 8. Reben. 9. Gerste. 10. Hopfen. 11. Einkorn. 12. Raps.

Sehr auffallend ist der starke Anbau von Hafer, Klee und Luzerne in Lothringen gegenüber einem Mangel an Wiesen und bei starkem Zurücktreten der Gerste.

Die Anbauflächen des Tabaks[29]) und selbst die des ausdauernden und für das sommerliche Landschaftsbild mehr ins Gewicht fallenden Hopfens[30]) wechseln alljährlich nach der Handelskonjunktur. Wenn der Hopfen hoch im Preise steht,

[28]) Anbauflächen der hauptsächlichsten Fruchtarten im Juni 1907. Vierteljahrshefte z. Statist. d. D. Reichs 16, 4 (1907), S. 40 ff. — Auch im StJ. — StJ. 4, S. 68 weist die Anbauflächen des Jahres 1910 für folgende Arten bzw. Gruppen nach (ungerechnet die Mischsaaten u. dgl.): Weizen, Spelz, Einkorn, Roggen, Gerste, Hafer, Buchweizen, Hirse, Mais, Erbsen, Linsen, Speisebohnen, Saubohnen, Wicken, Lupinen, Kartoffeln, Topinambur, Zuckerrüben, Runkelrüben, Möhren, weiße Rüben, Kohlrüben, Kraut und Feldkohl, Raps und Rübsaat, Leindotter, Mohn, Senf, Flachs (nur 50 ha), Hanf, Tabak, Hopfen, Zichorien, Klee, Luzerne, Esparsette, Serradella, Spörgel, Grassaat, Haus- und Obstgärten, Bewässerungswiesen, andre Wiesen, Weide und Hutungen, Weißweinberge, Rotweinberge. — Erschöpfend ist die Übersicht trotz dieser Vielseitigkeit noch nicht, z. B. gibt es bei Metz nicht wenige Erdbeeräcker, bei Hördt ausgedehnte Spargelfelder usw.

[29]) Vierteljahrshefte zur Statistik des Deutschen Reichs 16, 3 (1907). Auch alljährlich in der LwZ. Im Jahre 1900 waren 1158,38 ha damit bestellt (LwZ 1900, S. 643), im Jahre 1910: 1555,5 (StJ. 4, S. 68).

[30]) StJ. 4, S. 69. 1900: 3966 ha — 1910: 3989 ha.

wird in manchen Gegenden auch der wildwachsende eingeheimst.[31])

Stark und dauernd abgenommen hat der Hanfbau.[32]) Von den Getreidearten weicht der Spelz[33]) immer mehr dem Weizen. Dieses alte Getreide war von Gradmann[34]) für alemannisches Eigengut gehalten. Das Volk sollte in der Vorzeit auf einer hypothetischen norddeutschen Steppenlandschaft das Gras gefunden, in Kultur genommen und in der Völkerwanderungszeit verbreitet haben. Indessen machte der Nachweis des Spelz in der Bronzezeit der Schweiz und sein alter Anbau in Belgien diese Geschichte schon bedenklich. Ich habe darauf hingewiesen, daß die Spelzgrenze, wo sie mit der Alemannengrenze zusammenfällt und auch da, wo sie von ihr abweicht, sich oft mit Sprengelgrenzen deckt, daß namentlich die für Gradmann auffälligste Exklave im Elsaß und Baden das alte Bistum Straßburg ist. In diesem hat nur der durch den Hagenauer Wald vom übrigen Kulturlande geschiedene Hattengau zwischen Sauer- und Selzbach Spelz.

Zugenommen hat der Anbau der Spargel[35]) und der Erbsen.[36]) Letztere werden als Saatgut immer wieder von auswärts bezogen, um den Konservenfabriken die gewünschte

[31]) Straßburger Zeitung vom 5. November 1904, Nr. 259.

[32]) Krz(ymowski): Rückgang des Hanfbaues in Elsaß-Lothringen. LwZ. 1908, S. 1184. — Vgl. auch Straßburger Zeitung vom 22. Dezember 1908, Nr. 300.

	1878	1908
Ober-Elsaß	552	18
Unter-Elsaß	2622	67
Lothringen	907	13
Sa. . . .	4081	98 ha

Nach StJ. 4, S. 68 war die Fläche 1910 auf 77 ha gesunken.

[33]) In der Statistik ist er vom Einkorn nicht immer klar geschieden, da beide Arten in einigen Gegenden denselben Namen (Dinkel) führen.

[34]) Rob. Gradmann: Der Dinkel und die Alamannen. Württemb. Jahrbücher f. Statistik und Landeskunde. Jahrg. 1901, S. 103—158 (1902). — Derselbe: Der Getreidebau im deutschen und römischen Altertum. Jena 1909. — Dazu meine Rezension im Mannus II, S. 254—255, ferner: Die Heimat des Spelzes in Nat. Wochenschr. IX, S. 412—414. — Spelz und Alemannengrenze. Mannus II, und zum Streite über Spelz und Emer. Korrespondenzblatt d. Deutschen Gesellschaft f. Anthropologie usw. 1910.

[35]) Straßburger Neueste Nachrichten vom 19. Juni 1909. 6. Blatt. Nr. 141.

[36]) LwZ. 1903, S. 600.

Qualität zu garantieren. Bei Metz hat ihr Anbau „eine wahre Umwälzung der da üblichen Kultursysteme herbeigeführt", namentlich den Raps ganz verdrängt.

Bei manchen Feldfrüchten haben in letzter Zeit die Sorten gewechselt oder sind im Wechsel begriffen. Über Kartoffeln, Hafer und Gerste finden sich zerstreute Angaben in der LwZ. Von erheblicher Wichtigkeit ist die Sortenfrage beim Weizen.[37]) Der alte lockerährige, kleinkörnige, grannenlose Landweizen gibt zwar gutes Mehl, aber verhältnismäßig kleine Erträge, die sich durch Intensivierung der Kultur nicht viel steigern lassen. Die großkörnigen englischen Sorten geben viel größere Ernten, aber nur, wo die Mittel zu intensiver Bodenbearbeitung gegeben sind. Außerdem sind die neuen schweren Sorten, wenigstens teilweise, gegen die Schäden des Winterwetters empfindlicher als die alte Landrasse.

Über den Wechsel der Klee- und Grasarten[38]) geben die Quellen keine rechte Auskunft, der von Oppenau empfohlene pannonische Klee[39]) scheint nicht aufgenommen zu sein. Die Einfuhr neuen Saatgutes verrät sich dem wandernden Beobachter ebenso wie dem Leser der landwirtschaftlichen Blätter zumeist, oft allein, durch das Auftreten charakteristischer Unkräuter. Neben der „Seide",[40]) im Lande „Grind" genannt, die schon früher bekannt war, aber in letzter Zeit öfter schädlich empfunden wurde, hat sich auf den Kleefeldern der Kleeteufel (Orobanche minor)[41]) eingenistet, der früher nur selten und einzeln sich

---

[37]) Vgl. die unter [24] genannten Schriften. Ferner R. Krzymovski: Zur Weizensortenfrage. LwZ. 1900, S. 9—10. — Versammlung der Saatgutzüchter. LwZ. 1910, S. 585—587. — Wagner: Über den Stand der Wintergetreide in Elsaß-Lothringen. LwZ. 1900, S. 226. — Und zahlreiche kurze Notizen durch die Jahrgänge der LwZ.

[38]) Mayer. Der Anbau von Kleegrasgemenge im Fruchtwechsel. LwZ. 1902, S. 83.

[39]) S. Anm. 27.

[40]) Vorsicht beim Einkauf von Kleesamen! LwZ. 1900, S. 160. — Const. Ley: Warnung vor dem Ankauf von Kleegras-Mischungen. LwZ. 1904, S. 99. — Kulisch: Vorsicht beim Ankauf von Kleesamen. LwZ. 1905, S. 151.

[41]) Kleeteufel aus dem Kreise Hagenau. LwZ. 1908, S. 965. — (Ernst H. L. Krause). Der Kleeteufel. Straßburger Neueste Nachrichten vom 23. Juni 1910. 3. Blatt. — Mehrere Sprechsaalanfragen über Kleeteufel in der LwZ. 1910.

gezeigt hatte. Besonders schlimm ist die Luzerne von teilweise neu eingeschleppten Unkräutern heimgesucht.[42])

Der **Weinbau** liegt in einer Krisis. Die Art der Pflanzung[43]) entspricht nicht mehr der heutigen Wirtschaftsweise, namentlich stehen die Stöcke vielfach zu dicht, um eine ordentliche Reinhaltung des Bodens zu ermöglichen, so daß Unkräuter hierzulande während eines großen Teiles des Jahres den Boden der Weinberge überziehen, selbst wenn es an Arbeitskräften zu deren Beseitigung nicht mangeln würde. Die meisten Weinberge bestehen noch aus Gemengen vieler Rebsorten. Dazu kommt die allgemeine Gefährdung des Weinstocks durch die Reblaus, und die Frage,[44]) ob man die alte Vitis vinifera auf Amerikaner propfen oder durch Amerikanerhybride ersetzen soll. Schließlich ist auch das Behandeln der Stöcke mit allerlei pilztötenden Brühen nicht gleichgültig für die begleitende Flora und Fauna unseres Reblandes. Über die Geschichte[45]) unseres Weinbaues und seiner Erträge sind mehrere bemerkenswerte Aufsätze zu verzeichnen, die zum Teil auch für die klimatische Pflanzengeographie wichtig sind.

Im Gegensatze zu dem urbaren Lande, welches nur Kulturpflanzen und Unkraut trägt, pflegen die Botaniker die Pflanzen der Wälder, Wiesen und Weiden als wilde Flora zu bezeichnen;

---

[42]) Fr. v. Oppenau: Über die Ursachen der Abnahme der Lebensdauer der Luzerne. LwZ. 1906, S. 217—220. — Derselbe. Die Verunkrautung der Luzerne. Ebenda S. 957.

[43]) Lothringische Weinbergsünden. LwZ. 1903, S. 953. — Aug. Hertzog: Das Herbstgeschäft von 1904 im Metzer Weinlande. LwZ. 1905, S. 9. — Vgl. auch Roth in Anm. 45, der die starke Parzellierung der guten Lagen durch die Revolution mit ihren heutigen Nachwirkungen hervorhebt.

[44]) Besprechung über die Verwendung von Amerikanerreben im Elsaß. LwZ. 1900, S. 81—88. — Paul Kulisch. Erfahrungen betreffend den Anbau direkttragender Amerikaner-Hybriden. LwZ. 1910, S. 169—171. — Außerdem viele kleine Notizen in der LwZ.

[45]) Aug. Hertzog: Die elsässischen Weinernten in den verflossenen Jahrhunderten. JVC. XIX, S. 111—151. — Aug. Hertzog: Die Weinjahre von Elsaß-Lothringen in der Vergangenheit. MNGC. VIII, S. 1—86. — A. Benoit: Le vin d'Alsace dans le duché de Lorraine. MNGC. VIII, S. 87—95. — Aug. Hertzog: Maladies et accidents de la vigne à travers les âges en Alsace et en Lorraine. MNGC. X, S. 281—312. — J. Roth: Der elsässische Weinbau vor 120 Jahren. LwZ. 1910, S. 145—146. — Nur nationalökonomisch ist Wilhelm Beemelmans: Ein Beitrag zur Geschichte des ober-elsässischen Weinbaues. JVC. XXVI, S. 200—216.

die herrschende Schule in der Pflanzengeographie befaßt sich nur mit dieser und sieht in ihrer Fiktion das urbare Land entweder gar nicht oder rechnet es derjenigen Formation zu, die mutmaßlich vor der Urbarmachung dort den Boden überzogen hat. In alten und dicht bewohnten Kulturländern wie dem unsrigen ist indessen auch das scheinbar wüsteste Land von der menschlichen Wirtschaft irgendwie beeinflußt. Um dies zum Ausdrucke zu bringen, nenne ich die nicht urbaren, aber doch der Kultur unterliegenden Flächen, namentlich die Wälder, Wiesen und Weiden, Halbkulturformationen.[46]) Wenn man einmal auf die Abhängigkeit der sogenannten wilden Flora von der Land- und Forstwirtschaft aufmerksam geworden ist, findet man in der Literatur auch Nachweise genug, für **Wechselbeziehungen zwischen dem urbaren Lande und den Halbkulturformationen.**

Auf Rodungen und Aufforstungen habe ich schon oben (21) hingewiesen. Die deutliche Zunahme der Wiesenfläche im Berichtszeitraume[47]) geht größtenteils auf Umwandlung urbaren Landes in dauernd bestocktes zurück,[48]) und die Anbaustatistik[49]) unterscheidet in den letzten Jahren Bewässerungswiesen als künstliche Neuanlagen von den älteren Wiesen, die in Zeiten extensiverer Wirtschaft ausschließlich auf einem von der Natur ausreichend bewässerten Boden angelegt sind. In größerem Umfange sind Rieselwiesen im oberelsässer Hardtgebiet[50]) bei Homburg, Ottmarsheim, Banzenheim angelegt. Dagegen sind an anderen Stellen durch Wasserentnahme größerer Orte und industrieller Werke angeblich Senkungen des Grundwasserstandes verursacht,[51]) die dann natürlich nicht ohne Einfluß auf die Vegetation bleiben. Die großen flachen lothringischen Weiher[52]) sind künstliche Anlagen; sie werden zeitweise abgelassen und landwirtschaftlich genutzt. An dieser Stelle mag auch hinge-

[46]) Vgl. Globus Bd. 61 (1892), S. 81/82.

[47]) StJ. 4, S. 69, von 186623 (1900) auf 189361 (1910). In Prozenten nach StJ. 1, S. 53 seit 1878 beinahe 1 % der Landesfläche (12,14 : 13,0).

[48]) E. Metz. Neuanlage von Wiesen. LwZ. 1908, S. 271—273.

[49]) StJ. 4, S. 68.

[50]) LwZ. 1907, S. 1037.

[51]) Vgl. z. B. Landesausschußverhandlung vom 17. März 1909, Straßburger Neueste Nachrichten vom 18. März 1909, Nr. 68, 2. Blatt.

[52]) Doell: Die lothringischen Weiher. Straßburger Post vom 3. und 4. August 1901, Nr. 692 und 695.

wiesen werden auf die Vernichtung urbaren Landes durch Oberflächenwasser. Kommer[53]) berichtet über die Wirkung des regenreichen Winters 1899/1900. „Alle nicht bewurzelten Böden des Metzer Landes sind in unglaublicher Weise abgewaschen und abgeschwemmt worden. Der Verlust an Mutterboden und Dung muß ein ganz enormer sein.“ Die heutige Landwirtschaft geht durch Drainieren gegen dieses Übel vor. Andernfalls würde das urbare Land nach Abspülung der Erdkrume zum steinigen Ödland werden. Und wenn wir in alten elsässischen Chroniken von katastrophalen Abschwemmungen der Rebhügel lesen, können wir uns vorstellen, wie manche jetzige steinige Schaftrift vormals urbar und noch früher bewaldet gewesen sei.

Mittelbildungen zwischen urbarem Lande und Forst sind die Parks, die ich mit den Wäldern besprechen will, die Obstgärten, die ich vorhin besprochen habe, und endlich die Feldhecken,[54]) welche besonders auf der Strecke von Pfalzburg westwärts bis über das Saartal bisher häufig waren, jetzt aber allmählich durch Drahtzäune ersetzt werden.

Mit dem Hanfbau und dem schon vor unserem Berichtszeitsraum nahezu erloschenen Flachsbau schwanden die Gruben, in welchen diese Faserpflanzen gerottet wurden, und mit ihnen ihre merkwürdige Uferflora.[55])

Auf ehemaligen Hof- und Gartenstätten, wüst gewordenen Burgen und in den Gebäuden selbst haben sich zum Teil alte Kulturpflanzen gehalten, zum Teil Wald- und Felspflanzen angesiedelt;[56]) der Wiederaufbau der Hohkönigsburg hat die letzten Gartenpflanzen vernichtet, welche aus der früheren Periode in und an der Ruine übrig geblieben waren.[57])

Wie ganze Ortschaften noch seit dem Mittelalter spurlos untergehen konnten, dafür weist Walter[58]) ein Beispiel nach.

[53]) Kommer: Die Bodenentwässerung in Lothringen. LwZ. 1900, S. 421.

[54]) W. Graff: Unsere Hecken. LwZ. 1905, S. 717—720. — Rebmann: Lebende Schutzhecken und deren Anlage. LwZ. 1909, S. 1085.

[55]) Ernst H. L. Krause in Botan. Zeitung 1909, S. 172. Vgl. unten Anm. 68.

[56]) Ernst H. L. Krause: Die Eiben der Nideck. Naturwissensch. Wochenschrift 1910, S. 266—267.

[57]) (Ernst H. L. Krause): Der Garten der Hohkönigsburg. Straßburger Zeitung vom 4. Juni 1901.

[58]) Theobald Walter: Wibelsbach, Ein Beitrag zur Geschichte der elsässischen Ödungen. JVC. XIX, S. 111—151.

Der Pflanzengeograph muß solche Tatsachen im Auge behalten, sie erklären merkwürdige Vorkommnisse seltener Arten oft sicherer als die ferne Eiszeit oder eine hypothetische Steppenzeit.

Die **Halbkulturformationen** selbst treten uns in manchen Schilderungen von Feld und Wald gegenüber. Die allermeisten Landschaftsbeschreibungen[59]) sind ohne jede Beziehung zur geographischen und botanischen Forschung entworfen. Wenn es sich um unerforschte Länder handelt, können solche Aufsätze aus Laienfedern zunächst recht wertvoll werden, in unsrem Gebiete kann der wissenschaftliche Berichterstatter nicht erwarten, daß eine Durcharbeitung des überreichlichen Materials eine die Mühe lohnende Ausbeute gebe. Nur Bilder[60]) sind in den wissenschaftlichen Arbeiten noch so selten, daß man sich die Anschauung der Landschaft aus der Touristenliteratur beschaffen muß.

Von den Schilderungen der Landschaft sind zuweilen gerade solche, die sich einen botanischen Anstrich geben, in Einzelheiten unzuverlässig[61]) oder falsch oder verraten schier unmögliche geographische Vorstellungen.[62])

---

[59]) Vgl. Heft II dieser Mitteilungen S. 44—54. — Recht brauchbar ist B. W. Eine Fahrt ins Ginsterland (Schirmeck). Die Vogesen IV, S. 217—218.

[60]) Natürlich sind zahllose Ansichtspostkarten im Handel. Eine Anzahl brauchbarer Ansichten finde ich in der Zeitschrift Die Vogesen, I. Jahrg.: F. Luib: Vereiste Bäume auf dem Trehkopf S. 14, Storkenkopf S. 26, Heidenmauer (Odilien) S. 176—178, Weißer See S. 197, Lieschbacher Weiher S. 287; Bethe: Waldbild beim Pionierweg S. 39; Ph. Born: Die Neuweiher gegen das Dollertal S. 137; Valentin: Bierau's Lärchen S. 220. — II. Jahrg.: F. Luib: Münstertal gegen den Hoheneck S. 1, Sternsee mit Seehorn S. 303; Cam. Weiß: Im Buchenwald am Roßberg S. 157; A. Braun u. Cie: Der Hohneck von Melkerei Schießroth S. 188; J. Manias & Co: Rheinlandschaft bei Straßburg S. 252. — III. Jahrg.: F. Luib: Melkerei Rothbrunnen am Kahlen Wasen S. 405. — IV. Jahrg.: F. Luib: Dreisteine am Odilienberg S. 399; Adr. Mayer: Kelchfelsen bei Alberschweiler S. 129, St. Arbogast-Eiche im Hagenauer Forst S. 149, Frankental und Felsen beim Grenzkamm S. 223, Der Sternsee S. 343, Gipfel des Ballon d'Alsace S. 401. —

Felix Luib: Die Vogesen (1907) bringt 35 Naturaufnahmen mit Erläuterungen. Bildgröße 23×17 cm. Darunter sind nur wenige, welche als Vegetationsbilder brauchbar wären (z. T. dieselben wie oben aufgezählt).

[61]) J. Dennler: Die Form des Dreispitz bei Mutzig. Die Vogesen I, S. 75—76.

[62]) Bretzl: Die Flora des Belchens. Belchenlieder S. 27—33 (Gebweiler 1910).

Im Winter 1907/8 beschäftigte sich die Straßburger Post[63]) durch eine Reihe von Nummern mit dem Problem, daß Erckmann-Chatrian bei der Schilderung eines Vogesentales den dort wachsenden Arbousier hervorgehoben hatte. Derartige Erwähnungen von Pflanzen in der Schönen Literatur sind allermeist wertlos. Denn selbst geschulten Botanikern widerfährt es erfahrungsmäßig, wenn sie Vegetation und Flora aus der Erinnerung schildern, daß ihnen vollständig falsche Angaben unterlaufen.[64]) In diesem Falle kommt hinzu, daß Erckmann schlecht Französisch konnte und seine Arbeiten durch Chatrian sprachlich feilen ließ. Wer weiß, was für ein Dialektausdruck möglicherweise in Erckmanns Entwurf gestanden hat, wofür Chatrian dann nach Gutdünken arbousier einsetzen mochte? Immerhin hatte diese Erörterung in der Presse den Erfolg, daß Tiedemann sich veranlaßt sah, eine Beobachtung über die Bärentraube (Arctostaphylos uva ursi) in den Vogesen bekannt zu geben, allerdings konnte der Standort nicht mehr gefunden werden.[65]) Von den Beschreibungen botanischer Exkursionen und sonstigen Vegetationsschilderungen aus sachverständiger Feder sind gar manche an sich gute nur für den Augenblick geschrieben und brauchen bei späteren Zusammenstellungen des pflanzengeographischen Materials nicht mehr herangezogen zu werden.[66])

---

[63]) E. J.: L'arbousier. Straßburger Post vom 26. Oktober 1907, Nr. 1171. — A. G.: L'arbousier. Ebenda 21. Dezember 1907, Nr. 1403. — St.H.: Arbousier. Ebenda 4. Januar 1908, Nr. 11. — Tdm. (Tiedemann-Alberschweiler): Arbousier. Ebenda 8. Februar 1908.

[64]) Vgl. MPhG. III, S. 471, IV, S. 172 und 343.

[65]) Briefliche Mitteilung.

[66]) Marzolf: Botanische Ergebnisse des Tages (Rufach-Sulzmatt). MPhG. II, S. 213—214. — I. E. Gerock: Ausflug nach Lembach-Wörth 12. Mai 1901. MPhG. II, S. 353—354. — Grober: Frühjahrsversammlung der Philomathischen Gesellschaft in Pfirt am 1. und 2. Juni 1901. MPhG. II, S. 355—360. — Graf zu Solms Laubach: Die Vegetation des Jura. MPhG. II, S. 361—366. — G. Frey: Ausflug nach Bitsch am 14. Juli 1901. MPhG. II, S. 367—369. — Jost u. A.: Frühjahrsversammlung der Philomathischen Gesellschaft in Wasselnheim am 14. und 15. Juni 1902. MPhG. II, S. 421—423. — L. van Werveke (mit Beiträgen von Issler): Zehnjähriges Stiftungsfest der Philomath. Gesellschaft am 6. und 7. Juni 1903 in Gebweiler. MPhG. III, S. 31—37. — L. van Werveke (mit Beiträgen von Wagner und Frey). 11. Hauptversammlung der Philomath. Gesellschaft in Zabern am 25. Oktober 1903. MPhG. III, S. 71—77. — E. Issler: Verzeichnis der bei Gelegenheit der Frühjahrsversammlung in

Hier mögen auch die Naturschutzbestrebungen Erwähnung finden, die hier zu Lande bisher bedeutungslos geblieben sind.[67])

Die **feldartigen Halbkulturformationen**[68]) der Rheinebene habe ich geschildert und ihre Entstehung zu erklären versucht. Ich meine, daß ihr jetziger Landschaftscharakter sowohl als auch ihr Artenbestand sehr erheblich von Menschen beeinflußt ist, daß dabei zwar immer noch die Verhältnisse, wie sie vor dem Eingriff der Kultur gewesen sein mögen, stark nachwirken, daß aber die durch die Kultur bedingten Veränderungen nun ihrerseits selbständige Einwanderungen neuer Arten zur Folge gehabt haben. Die in gut erforschten Landschaften neuerdings neu entdeckten Pflanzenarten bin ich geneigt, auch dann für Zuwanderer zu halten, wenn ein unmittelbarer Zusammenhang mit Kulturmaßnahmen nicht nachgewiesen werden kann.

Demgegenüber neigt Issler[69]) zu der Anschauung, daß

---

der Umgebung von Kaysersberg gesammelten Pflanzen. MPhG. III, S. 282—306. — Guinier et Maire: Session extraordinaire des Vosges. Juillet-Aout 1908. Bulletin de la Société botanique de France. Tome 55 (4e sér. T. 8) 1908. p. Csq. -- René Maire: La végétation de la Lorraine, Bulletin de la Société des Sciences de Nancy Sér. III Tome IX (1908). S. 568—586. — Eugen Werner: Streifzüge in der Elsässischen Rheinebene und auf den elsässischen Kalkhügeln. Mitt. Bad. Bot. Ver., Nr. 181—183. I. Der Hardtwald bei Heiteren. Nr. 181, S. 265—268. II. Der Florimont und die Hügel um Rufach und Westhalten. Nr. 182—183, S. 273—283. — Bardy: Une Promenade au Hohen Koenigsburg en 1869. Club Alpin Français Section de Belfort. Bulletin No. 17, S. 3 ff. — Camille Brunotte: La Flore des Hautes Vosges et ses plantes officinales. Extrait du Bulletin du CAF. Section Vosgienne. Nancy 1903. — Haberer: Im Illwald bei Schlettstadt. Die Vogesen IV, S. 202—203.

[67]) E. Schumacher: Bericht der Kommission des Ausschusses für die Erhaltung der Naturdenkmäler. MPhG. II, S. 401—404 und III, S. 107—111. — R. S.: Schutz der Stechpalme. Straßburger Post vom 25. Januar 1907, Nr. 93. — Schutz der Stechpalme in den Vogesen. Die Vogesen IV, S. 409.

[68]) Ernst H. L. Krause: Die feldartigen Halbkulturformationen im Elsaß. Botanische Zeitung 1909, S. 141—173. — Dazu Brockmann-Jerosch in Bericht der Schweiz. Botan. Gesellschaft Heft XIX (1910), S. 42—44.

[69]) E. Issler: Glazialrelikte in der Vogesenflora. MPhG. III, S. 151—159. — Ders. Die Pflanzengenossenschaften der ober-elsässischen Kalkvorhügel. Allgemeine botanische Zeitschrift (Kneucker) 1908. — Ders. Die Vegetationsverhältnisse der Zentralvogesen. Beiblatt zu den Botanischen Jahrbüchern (Engler 43, III) Nr. 99, S. 6 ff., 1909. — auch Separat unter dem Titel: Führer durch die Flora der Zentralvogesen. 1909. Anzeigen davon in MPhG. IV, S. 137—138 und A. Schlatterer in Mitt. Bad.

solche Neufunde Entdeckungen bisher übersehener alter Bürger unsrer Flora, und daß manche gegenwärtig im Lande lebende Arten Relikte aus Perioden vom jetzigen erheblich verschiedener Klimate seien, die unter den zurzeit herrschenden Verhältnissen gar nicht würden zu uns gelangen können. Issler legt seinen Arbeiten vorwiegend die Flora der Kalkhügel am Fuße der Südvogesen zugrunde, deren jetzige steinige Weideflächen nach seiner Meinung vor der Besiedelung des Landes lichte Eichenbestände (Quercus pubescens) getragen hätten.

Die Funde, um welche es sich in diesem Gebiete nebst den anschließenden Waldungen und zum Teil noch in höheren und hohen Lagen der Südvogesen handelt, sind Arten, die man aus dem Jura oder dem ihm vorliegenden südostfranzösischen Hügellande längst kennt, die aber im Vogesengebiet erst seit dem 18. Jahrhundert, zum Teil erst in den letzten Jahren bekannt wurden.

Schlumberger[70]) zeigt durch einen Vortrag, daß auch die strenggläubig Lutherische Auffassung der Schöpfung noch mit unserem heutigen pflanzengeographischen Wissen vereinbar erscheint.

Beiträge zum Verständnisse des Einflusses der Kultur auf die Halbkulturfelder[71]) liefern eine Anzahl Mitteilungen aus landwirtschaftlichen Kreisen,[72]) namentlich Oppenaus[73]) Vorschläge zur Verbesserung der Wiesen und Triften der Hochvogesen. In Metzeral ist ein Versuchsgarten geschaffen, von welchem die Einbürgerung neuer Futterpflanzen im Gebirge ausgehen soll und tatsächlich ausgeht; die Feststellung dieses

---

Botan. Vereins Nr. 245, S. 347. — E. Issler: Die trocknen Hügelformationen im Elsaß. Festschrift der Deutschen Lehrer-Versammlung zu Straßburg. Pfingsten 1910. S. 88—124.

[70]) J. von Schlumberger. Über Verschiebungen innerhalb der Pflanzenwelt und über die Flora der Hochvogesen und ihre Eigentümlichkeiten. MPhG. III, S. 38—44. Der ursprüngliche 1903 ausgegebene Text ist 1904 durch einen veränderten Neudruck mit gleicher Paginierung ersetzt.

[71]) Vgl. auch oben unter 48) bis 55).

[72]) LwZ. 1903, S. 559—560 (Überhandnehmen von Ampfer, Bärenklau, Kälberkropf, Hahnenfuß und grobstengeligen Gräsern auf lediglich mit Harn gedüngten Wiesen). — W. W.: Die Herbstzeitlose. LwZ. 1900, S. 604. — Litschgy: Über den Weidgang und seine rechtliche Stellung in Elsaß-Lothringen. LwZ. 1908, S. 1190.

[73]) Fr. v. Oppenau: Die Hochweiden und Bergwiesen der Vogesen, ihr Zustand sowie Vorschläge zur Verbesserung des Pflanzenbestandes auf denselben. MPhG. II, S. 144—154. Vgl. auch oben Anm. 38).

Erfolges fällt aber erst in die Jahre nach 1910. Nicht unbeachtet dürfen auch die nahe an unserer Grenze angelegten französischen Alpengärten bleiben,[74]) welche zu Ausgangspunkten von freiwilliger Ansiedelung neuer Florenbürger werden können.

Die **Wälder** sind vom forstwirtschaftlichen Standpunkte im Beginne des Berichtszeitraumes durch Ney[75]) kurz geschildert. Im Jahre 1900 ist auch eine allgemeine Forststatistik[76]) in Deutschland aufgenommen. Im Elsaß ist ein reichliches Drittel der Fläche bewaldet, in Lothringen weniger, aber immer noch mehr als der Reichsdurchschnitt. Zwei Drittel des Waldes ist Laubwald, ein Drittel Nadelwald, genau das umgekehrte Verhältnis wie im Reichsdurchschnitt. Von den Bäumen sind Edeltanne und Eiche verhältnismäßig häufig, von den Betriebsformen der Mittelwald. Von 1901 bis 1910 hat die Waldfläche bei uns im Ganzen ein Geringes zugenommen.[77]) Auf schönen Eichenwald im Sundgau macht eine Notiz in den „Vogesen"[78])

---

[74]) D-R.: Le Jardin alpin du Ballon d'Alsace. Club Alpin Français Sect. des Hautes-Vosges. Bulletin No. 12, S. 53. — Louis Herbelin: Le Jardin Alpin du Ballon d'Alsace. Ebenda Sect. Belfort Bull. 16. 17, S. 36—46. — Daselbst ist zitiert (mir nicht zugänglich) eine Arbeit von Brunotte im Bulletin No. 1 (1908) de l'Association amicale des Anciens élèves de l'École supérieure de pharmacie de Nancy.

[75]) Im Reichsland S. 196—211. Vgl. Heft II, S. 44 dieser Mitteilungen.

[76]) Die Forsten und Holzungen im Deutschen Reich nach der Erhebung des Jahres 1900. Vierteljahrsschrift zur Statistik des Deutschen Reichs. Ergänzungsheft zu 1903 II: Forstfläche im Oberelsaß 118781 ha = 33,89 %, Unterelsaß 158664 ha = 33,16 %, Lothringen 162385 ha = 28,09 %. Summa 439831 ha = 30,31 %; Reichsdurchschnitt 25,89 %.

Holzart	ha	Betriebsform	Gesamt
Eichenschälwald	8049	27388 ha Niederwald . . = 6,2 %	294095 ha Laubwald = 66,9 % (im Reiche 32,5 %)
Weidenheger . .	2995		
Anderer Stockausschlag . .	16344		
		100408 ha Mittelwald . . = 22,9 %	
		2100 ha Plänterlaubwald . . . = 0,5 %	
Eichenhochwald	49396	164201 ha Laubhochwald = 37,4 %	
Birken, Erlen, Espen	6561		
Buchen u. anderes Laubholz	108244		
		2294 ha Tannenplänterwald . . . = 0,5 %	145737 ha Nadelwald = 33,1 % (im Reiche 67,5 %).
Kiefern	48685	143443 ha Nadelhochwald = 32,6 %	
Lärchen	228		
Fichten	12352		
Tannen	82178		

[77]) StJ. 4, S. 90, 1901: 443250 ha; 1910: 443952. Vgl. auch oben 21.

[78]) M. Leimen im Sundgau. Die Vogesen III, S. 44.

aufmerksam. Ney[79]) hebt die Unterschiede der Eichenarten hervor. Ein Forstmann macht auf die Vorzüge der Akazienpflanzung[80]) aufmerksam. „Aller übrige Pflanzenwuchs wird erstickt, sodaß der junge Akazienbestand ganz allein herrscht, unter sich nichts duldet und aufkommen läßt. Aller Gras- und Unkrautwuchs hört hier auf, und bald lagert hier eine Laubschicht". Zum Glück wird auch in diesem Falle nicht so heiß gegessen wie gekocht, denn zum „Unkrautwuchs" gehören auf den vorzugsweise mit Akazien besetzten Plätzen unsre schönsten Orchideen.

Von den Einwirkungen des Klimas auf den Wald sind statistische Nachweise über Sturmschäden[81]) und gelegentliche Bemerkungen über Eisbruch[82]) interessant. Frost sind die heimischen und lange eingebürgerten Bäume natürlich gewohnt, aber bei Neueinführungen empfindlicherer Gehölze[83]) wirkt er theoretisch lehrreich, praktisch schädlich. Das Gleiche gilt vom Grundwasser.[84])

Bedeutungsvoll für den Wald, besonders auch für seine Bodenflora, sind die Nebennutzungen an Streu[85]) und See-

[79]) Ney: Traubeneiche oder Stieleiche. Mitt. D. Dendrolog. Gesellsch. 1910, S. 24—32.

[80]) Ein Forstmann: Die Akazie. LwZ. 1906, S. 957.

[81]) Die Windfälle in den unter Staatsforstverwaltung stehenden Waldungen betrafen von 1870 bis 1910 6320 ha mit 3160158 Festmetern. St.J. 4, S. 94.

[82]) Eisbruch im Walde (bei Zabern). Straßburger Neueste Nachrichten vom 22. November 1905, Nr. 273, 2. Blatt. Vgl. auch das Bild vereiste Bäume auf dem Trehkopf von F. Luib: Vogesen I, S. 14.

[83]) E. Jouin: Die in Lothringen winterharten Mahonien. Mitt. D. Dendrolog. Gesellsch. 1910, S. 86—91. — Vgl. auch 92.

[84]) Rebmann: Eingehen von Iuglandeen bei stark erhöhtem Grundwasserstande. Mitt. D. Dendrolog. Gesellsch. 1910, S. 271.

[85]) An Waldstreu wurden im Jahre 1899 22297 Raummeter abgegeben. Beiträge zur Forststatistik von Elsaß-Lothringen XVIII, 1901. — Desgl. im Jahre 1900 33457 (ebenda XIX, 1902) und im Jahre 1908 (ebenda XXVIII, 1910) 19588, nemlich:

	an Laub, Nadeln und Moos	sonstige Streu
Oberelsaß	1088	150
Unterelsaß	9992	3827
Lothringen	4424	107
	15504	4084

Aus der Tagespresse ist zu ersehen, daß die politische Stimmung der Bevölkerung stark davon abhängt, wie freigebig die Verwaltung mit der Waldstreu ist, daher nimmt der Verbrauch in Wahljahren oftmals zu.

— Seybold. Etwas vom elsässischen Wald. Die Vogesen 1, S. 219—221.

Vgl. hierzu als historische Ergänzung: J. Roth: Die zwölf Artikel der Bauerschaft. Die Vogesen III, S. 330—331.

gras,[86]) Beeren[87]) u. dgl. Auch Festbräuche mit ihrem Bedarf an jungen Tannen,[88]) Hülsen (Ilex)[89]) usw. sind anzumerken. Stärker greifen oftmals noch veraltete Weide- und Holzberechtigungen[90]) in den neuen Betrieb ein.

Den einheimischen und rezipierten Baumarten unserer Wälder sind in letzter Zeit einige **Neuheiten** hinzugefügt,[91]) insbesondere hat sich Rebmann[92]) um die Einführung der amerikanischen Schwarznuß bemüht. Manche neu eingeführte Arten sind noch auf Parks und Baumschulen beschränkt.[93]) Bemerkenswerte einzelne **Bäume** hat Bechstein[94]) zusammengestellt. Manche Exemplare sind in den Karten des Vogesenklubs eingetragen, einzelne sogar auf den Meßtischblättern. Eine

---

86) Seegrasernte (Wittelsheim, Kr. Thann). Straßburger Neueste Nachrichten vom 21. August 1909, Nr. 195, 2. Blatt.

87) Straßburger Zeitung vom 3. Juli 1905, Nr. 153. — Straßburger Neueste Nachrichten vom 30. Juni 1905, Nr. 151, 2. Blatt.

88) Aus der Geschichte des Christbaums. Straßburger Zeitung vom 17. Dezember 1901, Nr. 294. Z. T. unrichtige Angaben. — Ernst H. L. Krause: Neue Beiträge zur Geschichte des Cristbaumes (!) im Elsaß. Straßburger Zeitung vom 21. Dezember 1901. Die Überschrift hat der Redakteur gemacht, die Notiz wiederholt nur schon früher von mir Publiziertes. — Maibäume (Landser, Kr. Mülhausen). Straßburger Neueste Nachrichten vom 2. Januar 1908, Nr. 1, 2. Blatt.

89) Straßburger Neueste Nachrichten vom 13. April 1905, Nr. 88, 2. Blatt. Regulieruug des Ilexhandels für Palmsonntag in Gebweiler. — (Vgl. auch 67).

90) Seybold (vgl. oben 85). — Kahl: Der Wald in den Hochvogesen. Die Vogesen I, S. 221—223. — (Kah)l: Der Wald der Stadt Schlettstadt um die Hohkönigsburg. Ebenda, S. 224. — Hierher gehört auch der Dagsburger Prozeß. (Vgl. z. B. Straßburger Neueste Nachrichten vom 8. Februar 1905, Nr. 33, 3. Bl. — Vgl. auch Ney 75)).

91) Rebmann: Ausflüge der Deutschen Dendrologischen Gesellschaft im Unterelsaß. Mitt. D. Dendr. Gesellsch. 1908, S. 8—15. — L. Beißner. Jahresversammlung in Colmar 1908. Ebenda, S. 15—42.

92) K. Rebmann: Über Einführung fremder Holzarten, insbesondere über den Anbau der Juglans nigra. Gesellsch. zur Förderung der Wissensch. etc. im Unter-Elsaß. Monatsberichte 42. Bd. (26 d. n. A.), S. 94 ff. — Rheinwald bei Straßburg. Die Vogesen II, S. 251. — (Vgl. auch 84).

93) E. Jouin: Die Baumschule von Plantières bei Metz. Mitt. D. Dendrol. Gesellsch. 1910, S. 142—149. — L. Beißner: Jahresversammlung in Colmar. (Vgl. 91.) — Ders.: Jahresversammlung in Metz. Ebenda 1910. S. 159. — (Vgl. auch 83).

94) Bechstein: Merkwürdige Bäume in Elsaß-Lothringen. (Das Reichsland S. 211—212.)

starke Silberweide bei Straßburg hat Leo Anderlind[95]) abgebildet.

Die weder forst- noch landwirtschaftlich benutzten Flächen gehören, soweit sie nicht Gewässer sind, zumeist der **Ruderalflora,** welche gerade in unserem Berichtszeitraume infolge des Aufschwunges von Handel und Industrie reichen Zuwachs an Standorten auf städtischem Baugelände, Bahnhöfen, Hafenanlagen usw. gefunden hat. Arten aus dieser Flora sind in vielen Pflanzenverzeichnissen zwischen anderen enthalten. Ludwig[96]) hat interessante Spezialarbeiten darüber drucken lassen, aus denen man einen Eindruck davon bekommt, wie mancherlei Zuwanderer aus dem In- und Auslande sich an geeigneten Orten zusammenfinden, und wie schnell gar manche wieder verschwinden.

Die elementare Pflanzengeographie, die **Floristik,** hat eine ganze Anzahl brauchbarer Beiträge[97]) verschiedensten Umfanges zu verzeichnen. Für die Umgebung von Basel, welche nach uns zu bis zum Hohneck gerechnet wird, ist auch ein

---

[95]) O. V. Leo Anderlind: Beschreibung einer starken Silberweide (S. alba L.). Tharander forstl. Jahrbuch. Bd. 51 (1901), S. 147 f. (Der Baum, die „Euting-Weide" stand bei Straßburg, er ist vor einigen Jahren eingegangen).

[96]) A. Ludwig: Beiträge zur Adventivflora von Straßburg i. Els. MPhG. II, S. 508—533. — Ders.: Neue Beiträge zur Adventivflora von Straßburg i. Els. MPhG. III, S. 113—125. — Ein Einzelfall steht bei Frey: Vorkommen von Pteris cretica in der Nähe des Forsthauses Schleif bei Klimbach. MPhG. II, S. 399.

[97]) E. Issler: Die Gefäßpflanzen der Umgebung Colmars. MPhG. II, S. 263 - 290, 371—395, 479—507; III, S. 8—30. Nachtrag und Berichtigungen. Ebenda III, S. 282—306. — Ders.: Über zwei für das Elsaß neue Blütenpflanzen. MPhG. S. 441—443. — Ders.: Sorbus chamaemespilus und seine Bastarde mit Sorbus aria. MPhG. III, S. 515—517. — Ders.: Bericht über den am Samstag Nachmittag, den 22. Mai 1909, stattgefundenen botanischen Ausflug nach der Ruine Strauburg bei Wasserburg. MPhG. IV, S. 103—110. — G. Marzolf jun.: Versuch zu einem Pflanzen-Verzeichnisse von Gebweiler und Umgebung. MPhG. II, S. 39—73. Nachtrag. MPhG. II, S. 261—262. — Ernst H. L. Krause: Anmerkungen zum elsaß-lothringischen Kräuterbuche (Florenklein). MPhG. III, S. 391—409, 467—489; IV, S. 63—69, 139—174. — E. Walter. Aspidium aculeatum, ein neuer Farn in den Vogesen. MPhG. III, S. 455—459. — Ders.: Die Farnpflanzen der Umgebung von Zabern. MPhG. III, S. 547 - 581. — Keller: Carlina acaulis und ihre Verbreitung in den Vogesen. MPhG. IV, S. 11—15. — E. Jung: Über verschiedene Pflanzen- und Insektenvorkommen des Ober-Elsaß. MPhG. IV, S. 217—218. — Vgl. auch oben 3), 4), 56), 65), 66), 67), 68), 69), 94), 95), 96). — L. Jost: Kommt

Abschluß gemacht[98]). Während diese Arbeiten in der Regel nur die Gefäßpflanzen berücksichtigen, haben wir in Frirens[99]) Arbeiten gute Listen und Schilderungen der lothringischen **Moosflora.** Dazu kommt ein Beitrag von Coppey[100]) über die Moose der Salzwiesen an der Seille.

Über **Pilze** ist ganz wenig geschrieben.[101])

Die Rolle, welche gewisse Pflanzen im Glauben und Aberglauben, in Sitten und Gebräuchen spielen, ist natürlich von Einfluß auf die Verbreitung der entsprechenden Arten, die entweder geschont oder angebaut oder andrerseits ausgerottet werden. Schüle[102]) empfiehlt, Juniperus sabina im Palmsonntags-

---

Utricularia ochroleuca im Reichsland vor? MPhG. II, S. 450—452, ist nur ein Aufruf ohne tatsächliche Mitteilung.

[98]) Aug. Binz: Flora von Basel und Umgebung. Basel 1901. — Dasselbe. 2. verb. Aufl. 1905. — Eine Vorarbeit desselben Verfassers ist: Die Erforschung unserer Flora von Bauhin's Zeiten bis zur Gegenwart. Verhandl. naturforsch. Gesellsch. z. Basel. 13. Bd., S. 361—390 (1902.) — Ergänzungen bilden desselben Verf.: Die Herbarien der botanischen Anstalt Basel. Ebenda 19. Bd., S. 137—155 (1908) und Neuere Ergebnisse der floristischen Erforschung der Umgebung von Basel. Ebenda 21. Bd., S. 126—144, abgeschlossen Dezember 1909 (1910). — Die 1911 erschienene 3. Auflage der Flora von Basel ist minderwertig, da sie zuverlässige und unzuverlässige Nachrichten ohne Angabe der Quelle durcheinander bringt.

[99]) A. Friren: Catalogue des hépatiques de la Lorraine et plus spécialement des environs de Metz, de Homburg-l'Evêque et de Bitche. BSM. IX (21), S. 45—68. — (Ein Catalogue des Mousses de la Lorraine desselben Verfassers ist 1898 in BSM. VIII (20) erschienen). — Supplément au catalogue des mousses de la Lorraine. BSM. X (22), S. 99—112. — Nouveau supplément au Catalogue des Mousses et des Hépatiques de la Lorraine. BSM. XI (23), S. 135—146. — Troisième supplément au Catalogue des Muscinées de la Lorraine. BSM. XII (24), S. 49—54. — Ders. Promenades biologiques en Lorraine. BSM. IX (21), S. 85—142, X (22), S. 41—78, XI (23), S. 105—130, XII (29), S. 27—48.

[100]) A. Coppey: Muscinées etc. Bulletin de la Société botanique de France. Tome 55 (4e série, t. 8) (1908), p. CLXXVII.

[101]) René Maire: Contribution à l'étude de la Flore mycologique de la Lorraine. BSM. X (22), S. 19—40, XII (24), S. 1—14. — J. J. Kieffer: Ergebnisse eines Ausfluges in die höheren Vogesen. MPhG. III, S. 411—417. — W. Schüle: Zwei gefährliche Obstbaumschmarotzer. Der Birnen-Gitterrost, Röstelia cancellata und der Kirschen-Hexenbesen, erzeugt durch den Pilz Exoascus Cerasi. LwZ. 1900, S. 382. — Außerdem zerstreut durch die LwZ. Notizen über Pilzkrankheiten des Weinstocks, der Kartoffel usw.

[102]) Vgl. 101. — Im übrigen vgl. zu diesem Absatze oben 88) u. 89). — Ferner J. Dennler: Die Wegwarte und die Gundelrebe im Abglauben der Vogesenbewohner. Die Vogesen II, S. 49. — (Nach J. Bresch: Vogesenklänge.) Die weiße Firstblume (Anemone alpina). Die Vogesen III, S. 360.

brauche durch anderes Grün zu ersetzen, da dieser Strauch als Zwischenwirt des Birnengitterrostes vernichtet werden müßte.

Unsere ältere Literatur bietet immer noch Gelegenheit zu Forschungen, die neben rein biographischen und bibliographischen Dingen[103]) gelegentlich auch noch botanische und pflanzengeographische Einzelheiten ans Licht ziehen[104]) oder den Erscheinungen der Gegenwart einen erklärenden historischen Untergrund geben.[105])

Selbstverständlich finden sich einzelne und zerstreute Bemerkungen über elsaß-lothringische Pflanzen in vielen Schriften allgemeinen, nicht lokalisierten Inhalts. Eine ziemlich umfangreiche Literatur[106]) wurde durch zwei Zweige hervorgerufen, welche zu Bronvaux bei Metz aus einer auf Weißdorn gepfropften Mispel an der Propfstelle entsprangen und zwei bisher nie gesehene Holzgewächse vorstellten, die dann unter dem Namen Crataegomespilus in alle Welt verbreitet wurden. Es sind mit einer Mispelhaut überzogene Weißdornpflanzen, bei der einen ist der Überzug eine einfache Zellenlage, bei der anderen eine doppelte.

Eine Bemerkung von Christ,[107]) daß ein seltenes und

---

[103]) F. W. E. Roth: Die Schriften des Otto Brunfels 1519—1536. JVC. XVI, S. 257—288. — J. E. Gerock: Kirschleger und die älteren Botaniker des Elsasses. MPhG. III, S. 320—332. — Ders.: Gedächtnisrede auf Kirschleger. MPhG. IV, S. 103—110. — Charles König: Un cinquantenaire. La Société d'histoire naturelle de Colmar du 22 mai 1859 au 22 mai 1909. MNGC X, S. 313—480. — Vogesenreisen in alter Zeit. Mitteilungen aus dem Vogesenclub Nr. 37—39.

[104]) A. Thumann: Nachruf für J. von Schlumberger. MPhG. IV, S. 29—33. Darin eine Bemerkung über die Trauertanne bei Gebweiler.

[105]) M. Mücke: Über den Bau und die Entwiklung der Früchte und über die Herkunft von Acorus calamus L. Botanische Zeitung 1908, S. 1—23. Auch Separat als Straßburger Inaugural-Dissertation. — Ernst H. L. Krause: Lapathon und Patience. Beihefte zum Botanischen Centralalatt Bd. 24 (1908), Abt. II, S. 6—52. — Ders.: Das Rotbirle der Herren von Pollwiller. Gartenflora 56. Jahrg., S. 331—332 (1907). — Vgl. auch Binz unter 98).

[106]) Daraus seien angemerkt: E. Koehne: Zwei Pfropfbastarde von Crataegus monogyna und Mespilus germanica. Gartenflora 1901, und Erwin Baur: Pfropfbastarde. Biologisches Centralblatt Bd. 30, Nr. 15, S. 497—514. — Eine erst 1911 erschienene Arbeit, die eine gute abschließende Übersicht über das ganze Problem gibt, ist Hugo Fischer: Das entdeckte Geheimnis der Pfropfbastarde. Naturwiss. Wochenschr. N. F. X, Nr. 39, S. 609—622.

[107]) H. Christ: Die Geographie der Farne. 1910 (S. 67).

eigentümliches Farnkraut, das Hymenophyllum tunbridgense, im Unter-Elsaß vorkomme, beruht laut brieflicher Mitteilung des Verfassers auf einem Lapsus, es ist Luxemburg gemeint. Ein im Straßburger botanischen Garten eingebürgertes Unkraut, welches H. Petry früher falsch bestimmt hatte, lief durch mehrere Zeitschriften.[108]) Eine vollständige Liste aller zerstreuten Beiträge kann ich unmöglich zusammenbringen.[109])

9. Tiergeographie

von Professor Dr. Döderlein.

An wissenschaftlichen Arbeiten, die die Tierwelt des Elsaß behandeln, ist in den Jahren 1900—1910 nicht allzuviel erschienen.

Über einige uralte einheimische Elsässer Haussäugetiere liegt ein bemerkenswerter Aufsatz von M. Hilzheimer[110]) vor, der zunächst das Vogesenrind beschreibt und feststellt, daß, seitdem sich der Staat seiner angenommen hat, es schon bedeutend besser geworden ist, so daß man heute schon im Weilertal wie im Breuschtal ganz vorzügliche Tiere zu sehen bekommt. Besonders wird darauf hingewiesen, daß es heute nicht mehr so auffallend klein ist, wie es noch 1876 erscheint; und was das Interessanteste ist, diese Verbesserung ist nicht etwa durch Kreuzung, sondern nur aus sich selbst heraus, durch verbesserte Haltung und vernünftige Zuchtwahl erreicht. Verfasser faßt das Vogesenrind als Relikt einer früher weit verbreiteten Rasse auf, die von den Vogesen bis nach Mähren wohnte, umsomehr als sich noch in Schlesien und im Pustertal ähnliche Formen finden.

---

[108]) A. Thellung: Die in Europa bis jetzt beobachteten Euphobia-Arten der Sektion Anisophyllum. Bulletin de l'Herbier Boissier, 2e série, Tome VIII (1907), S. 741 sq. — H. Petry in der Allgem. Botan. Zeitschrift (Kneucker), November 1907 und A. Thellung, ebenda, Februar 1909.

[109]) Ernst H. L. Krause: Floristische Notizen X—XII. Botanisches Centralblatt Bd. 81, Bd. 82 und Beihefte Bd. 9, Heft 7 (1900). — H. Graf zu Solms-Laubach: Über unsere Erdbeeren und ihre Geschichte. Botanische Zeitung 1907, S. 45—76. — Rouy: Flore de France. Vgl. 9). — Aschersons Synopsis. Vgl. 10).

[110]) M. Hilzheimer: Das Vogesenrind und das Schlettstadter Pferd. Mitteil. der Philomath. Gesellschaft in Elsaß-Lothr. 1906, Bd. 3, 14. Jahrg., Taf. 9 und 10.

Im Gegensatz dazu erfreut sich die Zucht des trefflichen Schlettstädter Pferdes leider keinerlei Aufmunterung von Staatswegen. Von diesem kleinen sogenannten Riedpferde oder Schlettstadter Pickerle, das Verfasser beschreibt, berichtet er, daß, obwohl auf die Zucht keinerlei Sorgfalt verwendet wird, es sehr hart ist und bei geringer Pflege 30—40 Jahre aushält; Huf- und Beinkrankheiten kommen selten vor. Schon 1790 berichtet Dominik Roos über sie: „Sie sind zwar klein, aber doch laufen sie gut und sind in der Arbeit unermüdet; man hat angemerkt, daß in den letzten Kriegen die Schlettstadter Fuhren die besten Dienste geleistet haben, weil unsere Pferde am besten anhalten und lange Reisen fortdauern, da andere unterliegen". Verfasser hält es für wahrscheinlich, daß dies Pferd auf Wildpferde zurückzuführen ist, die in früheren Jahrhunderten im Elsaß gelebt haben, und spricht schließlich die Vermutung aus, daß das Schlettstadter Pferd dem alten Pfahlbaupferd nahesteht, und daß dieses nicht aus dem Orient kommt, sondern von diluvialen, europäischen Wildpferden abstammt.

Unter den Vögeln wird von verschiedenen Seiten [111]) über den Triel (Oedicnemus crepitans) berichtet, der unzweifelhaft ein Brutvogel in unserem Lande ist, da bei verschiedenen Gelegenheiten junge Exemplare beobachtet wurden; er dürfte auf den Rheininseln, sowie auf den dürren sandigen Riedflächen, die von der Ill durchflossen werden, dem Brutgeschäfte obliegen.

Ein Bericht von Escherich [112]) über einheimische Reptilien bringt nichts neues.

Von Mollusken gibt J. Fettig [113]) eine Ergänzung zu dem 1872 erschienenen Katalog von Hagenmüller. Es sind Angaben über Fundorte im Elsaß; unter den aufgeführten Arten waren 3 (Patula solaria, Limnaea ampla und Unio crassus) bisher im Elsaß noch nicht beobachtet worden.

---

[111]) W. Hess: Der Triel (Oedicnemus crepitans) als Brutvogel im Elsaß. Mitteil. der Philomath. Gesellschaft in Elsaß-Lothr., 11. Jahrg. 1903, S. 6, und 13. Jahrg. 1905, S. 177, Taf. 5. — A. Speyer: Der Triel, ein Brutvogel im Elsaß. Zwinger u. Feld, 18. Jahrg. 1909, S. 309, mit Abbildung.

[112]) K. Escherich: Die Reptilien von Elsaß-Lothringen. Mitteil. der Philomath. Gesellschaft in Elsaß-Lothr., 13. Jahrg. 1905, S. 126.

[113]) J. Fettig: Addenda au Catalogue des Mollusques d'Alsace par P. Hagenmüller. Mitteil. der Naturhist. Gesellschaft in Colmar, Neue Folge, Bd. 7, 1904, S. 95.

Ferner berichtet Gysser[114]) über das Vorkommen der Clausilien; von den 14 Arten, die er bespricht, finden sich 8 im Elsaß.

Weitaus das wichtigste und umfangreichste Werk, das seit Beginn dieses Jahrhunderts (genauer seit 1898) über die Fauna von Elsaß-Lothringen erschienen ist, ist der Katalog der Käfer des Vogesengebiets von J. Bourgeois.[115]) Er stellt die neue Auflage des bekannten Catalogue des Coléoptères de l'Alsace et des Vosges von Wencker und Silbermann vor, der 1866 erschienen ist. Der neue, äußerst sorgfältig ausgearbeitete Katalog ist gegenüber dem alten ganz beträchtlich vermehrt und ist modernen Anforderungen entsprechend vollkommen umgearbeitet. Er umfaßt das ganze Gebiet des Reichslands Elsaß-Lothringen, außerdem aber auch noch die westlichen Abhänge der Vogesen, die politisch zu Frankreich gehören. Leider ist es dem Verfasser nicht vergönnt gewesen, den Abschluß dieses Werkes zu erleben. Er starb nach Fertigstellung der 7. Lieferung, die mit dem Anfang der Cerambycidae abschließt. Die Beendigung des Werkes, die Bearbeitung der Cerambycidae, Chrysomelidae und Coccinellidae, hat in dankenswerter Weise Herr Paul Scherdlin in Straßburg übernommen.

P. Scherdlin[116]) selbst ist Verfasser mehrerer interessanter Abhandlungen über Coleopteren aus der Umgebung von Straßburg; er gab eine Zusammenstellung der hier vorkommenden Staphylinidae und eine ebensolche, mit genaueren Fundorten versehene von Carabidae, ferner eine Liste der Coleopteren der Straßburger Stadtumwallung.

---

[114]) A. Gysser: Die Clausilien von Elsaß-Lothringen und der angrenzenden Gebiete des oberen Mittelrheins sowie der mittleren Mosel. Mitteil. der Philomath. Gesellschaft in Elsaß-Lothr. 1907, Bd. 3, 14. Jahrg., S. 421.

[115]) J. Bourgeois: Catalogue des Coléoptères de la chaîne des Vosges et des régions limitrophes. Colmar. 8°. Fascicule 1, 1898; Fasc. 2, 1899; Fasc. 3, 1902; Fasc. 4, 1904; Fasc. 5, 1906; Fasc. 6, 1908; Fasc. 7, 1910; auch erschienen in: Mitteil. der Naturforsch. Gesellsch. in Colmar, Neue Folge, Bd. 4—10.

[116]) P. Scherdlin: Liste des Staphylinides de la rive gauche du Rhin, aux environs de Strasbourg. Annal. Société entomolog. de Belgique, Bd. 51, 1907. — Ders.: Die in der Umgebung Straßburgs beobachteten Carabidae, ibidem, Bd. 52, 1908. — Ders.: Die Coleopteren der Straßburger Stadtumwallung. Mitteil. der Philomath. Gesellschaft in Elsaß-Lothr., Bd. 4, 17. Jahrg., 1910.

Ferner berichtet P. Scherdlin[117]) über einige ausländische Käfer (Leptidea brevipennis aus Südeuropa, Carpophilus decipiens von Amerika, Laemophlous truncatus, Tenebroides mauritanicus, Carpophilus hemipterus und Carpophilus mutilatus), die mit Waren, vor allem mit Früchten in mehr oder weniger großer Menge in Straßburg eingeschleppt wurden und sich zum Teil hier vermehrt hatten.

Einen Bericht über die von ihnen im Elsaß beobachteten Ameisen geben Escherich und Ludwig.[118]) Über diese Insektengruppe lagen bisher überhaupt noch kaum Beobachtungen aus dem Elsaß vor. Auch bei dieser Tiergruppe erwiesen sich die Kalkhügel bei Rufach als besonders interessant wegen des Vorkommens von mehreren ausgesprochen südlichen Formen (Camponotus lateralis, C. sylvaticus var. aethiops und Plagiolepis pygmaea), die bis jetzt aus Deutschland noch gar nicht bekannt waren. Auch Camponotus pubescens, der sich bei Hagenau fand, war bisher in Deutschland nur aus der Pfalz gemeldet worden. Im ganzen wiesen die Verfasser 33 Arten aus dem Elsaß nach, eine Zahl, die jedenfalls bei weiteren Forschungen nicht unbeträchtlich vergrößert werden kann. Im Anschluß an diese Publikation berichtet auch P. Scherdlin[119]) über die Ameisen des Elsaß.

J. J. Kieffer[120]) entdeckte zwei neue Arten von Belytidae, einer eigentümlichen Gruppe kleiner parasitisch lebender Hymenopteren (Xenotoma goettei vom Großen Belchen und Diphora monticola vom Weißen See). Er berichtet auch über eine Sammlung von Pflanzengallen aus den Vogesen, hauptsächlich von Cecidomyiden hervorgerufen.

---

[117]) P. Scherdlin: Un Longicorne nouveau pour la faune d'Alsace (Leptidea brevipennis). Annal. Soc. entom. de Belgique, Bd. 51, 1907. — Ders.: Sur la présence du Carpophilus decipiens Horn en Alsace. Bulletin Soc. entomol. de France, Année 1907, No. 5. — Ders.: Un second Carpophilus nouveau pour la faune d'Alsace, Carpophilus mutilatus Er. Annal. Soc. entomol. de Belgique, Bd. 51, 1907.

[118]) K. Escherich und A. Ludwig: Beiträge zur Kenntnis der elsässischen Ameisenfauna. Mitteil. der Philomath. Gesellschaft in Elsaß-Lothr., Bd. 3, 14. Jahrg. 1906.

[119]) P. Scherdlin: Les fourmis d'Alsace. Annal. Soc. entomol. Belgique, Bd. 53, 1909.

[120]) J. J. Kieffer: Ergebnisse eines Ausfluges in die höheren Vogesen. Mitteil. der Philomath. Gesellschaft in Elsaß-Lothr. Bd. 3, 14. Jahrg., 1906.

Neue Beobachtungen über das Vorkommen von Schmetterlingen im Elsaß bringen Macker und Fettig.[121])

E. Jung[122]) teilt einige Beobachtungen mit über das Vorkommen von Ascalaphus coccajus, Mantis religiosa, Oecanthus pellucens, sowie von der prächtigen Spinne Eresus quadriguttatus.

Von Würmern beschreibt E. Bresslau[123]) eine neue Art von Rhabdocoelen, Polycystis goettei, die in Straßburg nicht allzuselten vorkommt; ihre nächsten Verwandten sind Meeresbewohner.

Ebenso gehört Microhydra ryderi, über die A. Goette[124]) berichtet, zu einer Tiergruppe, den Coelenterata, die mit ganz wenigen Ausnahmen das Meer bewohnen. Die betreffende Form, über deren Bau, Lebensweise und Fortpflanzung der Verfasser sehr interessante Beobachtungen machen konnte, ist von winziger Größe und war bisher nur in London und bei Philadelphia nachgewiesen worden.

Während die bisher besprochenen Arbeiten von einzelnen Arten oder bestimmten Tiergruppen handeln, geben die Schriften Lauterborns Bericht über die Zusammensetzung der Fauna in bestimmten Gegenden unseres Landes.

Seine Berichte[125]) über die biologischen Untersuchungen des Oberrheins bringen eine Fülle von Tatsachen über die Tierwelt an zahlreichen von ihm untersuchten Stellen des Rheins und der Ill. Es finden hier hauptsächlich die kleineren Formen von Wirbellosen Berücksichtigung. Besonderer Wert wird bei

---

[121]) Dr. Macker et M. l'abbé Fettig: 4. Supplément au Catalogue des Lépidoptères d'Alsace. Mitteil. der Naturhist. Gesellschaft in Colmar. Neue Folge. Bd. 6, 1902.

[122]) E. Jung: Über verschiedene Pflanzen- und Insektenvorkommen des Ober-Elsaß. Mitteil. der Philomath. Gesellschaft in Elsaß-Lothr., Bd. 4, 17. Jahrg. 1909.

[123]) E. Bresslau: Eine neue Art der marinen Turbellariengattung Polycystis (Macrorhynchus) aus dem Süßwasser. Zoologischer Anzeiger, Bd. 30, 1906.

[124]) A. Goette: Microhydra ryderi, ein seltener Hydropolyp in Straßburg. Mitteil. der Philomath. Gesellschaft in Elsaß-Lothr., Bd. 4, 16. Jahrg. 1908.

[125]) R. Lauterborn, Berichte über die Ergebnisse der biologischen Untersuchung des Oberrheins auf der Strecke Basel—Mainz. Arbeiten aus dem kaiserlichen Gesundheitsamte. Bd. 25, 1907; Bd. 28, 1908; Bd. 30, 1909; Bd. 32, 1909.

diesen Untersuchungen darauf gelegt, den Einfluß der Abwässer aus Fabriken und Städten auf die Zusammensetzung der Fauna dieser Flüsse festszutellen.

Ein außerordentliches Verdienst hat sich Lauterborn[126]) ferner erworben durch die Herausgabe von Baldners Vogel-, Fisch- und Tierbuch. Dies köstliche Buch, von dem nur wenige handschriftliche Exemplare in Straßburg, Kassel und London vorhanden sind, stellt sich den besten Naturbeschreibungen aus jener Zeit ebenbürtig zur Seite. Sein Titel lautet: „Recht natürliche Beschreibung und Abmahlung der Wasservögel, Fischen, Vierfuesigen Thieren, Insekten und Gewürmb, so bey Strassburg in den Wassern gefunden werden, die Ich selber geschossen und die Fisch gefangen auch alles in meiner Hand gehabt. Leonhardt Baldner, Fischer undt Haagmeister inn Strassburg. Gefertigt worden im Jahr Christi 1666".

Lauterborn hat nach einer interessanten Einleitung den Text wortgetreu wiedergegeben, in dem eine große Zahl von Wassertieren beschrieben und vielfach mit herzerfrischender Naturtreue eine Schilderung ihres Lebens gebracht wird. Eine Ausgabe des Buches mit den Abbildungen bleibt immer noch ein Desiderat.

10. Anthropologie und Ethnographie

von Prof. Dr. Langenbeck.

Unser landeskundlicher Bericht soll nur den Abschnitt von 1900—1910 umfassen. Für den Bericht über die Fortschritte in der Anthropologie und Ethnographie halte ich es aber für notwendig, um einige Jahre hinter das Jahr 1900 zurückzugehen. Denn gerade in den letzten Jahren des verflossenen Jahrhunderts hat die anthropologische Wissenschaft in Elsaß-Lothringen einen neuen Aufschwung genommen, teils infolge neuer wichtiger Funde, vor allem aber durch die von Herrn Geheimrat Professor Dr. Schwalbe ins Leben gerufenen „Beiträge zur Anthropologie Elsaß-Lothringens". Es erschien nicht gut möglich, einen wirklich verständlichen und

[126]) R. Lauterborn, Das Vogel-, Fisch- und Thierbuch des Strassburger Fischer's Leonhard Baldner aus dem Jahre 1666. Ludwigshafen 1903.

wertvollen Bericht zu liefern, ohne einige noch kurz vor 1900 erschienene Arbeiten darin mit zu berücksichtigen.

Den ältesten bisher bekannten menschlichen Überrest aus dem Elsaß, die berühmten Schädelfragmente von Egisheim hat G. Schwalbe zum Gegenstand einer eingehenden Untersuchung gemacht.[127]) Sie wurden 1865 in einem „Bühl" genannten Hügel bei Egisheim in lehmigem Löß zusammen mit einem Backenzahn vom Mammuth und Knochen von Hirsch und Rind gefunden. Nach den geologischen Untersuchungen Schumachers gehört die Fundstätte der Grenzschicht zwischen älterem und jüngerem Löß an, die an verschiedenen Stellen des Elsaß als älteste Kulturschicht bekannt ist. Sie entspricht dem Mousterien oder Solutréen de Mortillets. Danach gehört der Egisheimer Schädel jedenfalls der paläolithischen Zeit an. Die französischen Anthropologen Quatrefages und Henry rechneten ihn der Neandertal-Cannstadt-Rasse zu. Daß hier Irrtümer leicht möglich sind, ist sehr begreiflich, da nur das Stirnbein und rechte Scheitelbein erhalten sind. Schwalbe zeigte nun durch eine außerordentlich sorgfältige und scharfsinnige Untersuchung, auf die im einzelnen einzugehen hier zu weit gehen würde, daß alle die Eigentümlichkeiten, in denen die Schädelfragmente an die Schädelform des Neandertalers anschließen sollten, die fliehende Stirn, die stark vorspringenden Augenbrauenbogen, die Abplattung der Scheitelgegend dem Egisheimer Schädel tatsächlich nicht zukommen. Schwalbe stellt ihn auf Grund des Längen-Breiten-Index (er steht an der unteren Grenze der Mesokephalie, also nahe der Dolichokephalie) und des geologischen Alters der Fundstätte zu der Cro-Magnon- oder Laugerie-Rasse, die in Süd-Frankreich in dem jüngeren Paläolithikum, bzw. ältesten Neolithikum weit verbreitet war.

G. Schwalbe gab ferner eine zusammenfassende Darstellung der Bevölkerungsverhältnisse Elsaß-Lothringens.[128]) Wir geben die wesentlichsten Punkte des Inhaltes dieser Arbeit kurz wieder. Elsaß-Lothringen war schon zur Diluvialzeit von Menschen bewohnt, die nach den zahlreich gefundenen roh bearbeiteten Steinwerkzeugen der paläolithischen Kulturstufe

---

[127]) Der Schädel von Egisheim. Beitr. zur Anthrop. Elsaß-Lothr. III, 1. Straßburg 1902.

[128]) In: „Das Reichsland Elsaß-Lothringen" Bd. I, S. 82—90, 1898.

angehörten. Die meisten Skelettreste dieser Periode gehören der Cro-Magnon-Rasse an, die durch Dolichokephalie, kurzes, breites Gesicht und eigentümlich säbelförmig gekrümmte Schienbeine charakterisiert ist. Doch sind einzelne auch der mesokephalen Furfooz-Rasse zuzuzählen. Daß der Mensch auch in der jüngeren Steinzeit, dem Neolithikum, im Elsaß zahlreich vertreten war, beweisen die außerordentlich reichlichen Funde geschliffener Steinwerkzeuge aus den verschiedensten über das Land verstreuten Fundstätten. Die verhältnismäßig geringe Zahl von Schädeln, welche aus dieser Epoche gefunden sind, zeigen ebenfalls ausgesprochen Dolichokephalie. Über die Bewohner Elsaß-Lothringens zur Bronzezeit läßt sich nichts sagen, da der herrschende Leichenbrand die Untersuchung körperlicher Reste nicht gestattete. Der Hallstatt- und La Tène-Periode entstammen die zahlreich im Lande verbreiteten Tumuli, die uns einen vortrefflichen Einblick in die Kultur dieser Epoche gewähren, aber keinen sicheren Schluß auf die körperliche Beschaffenheit der damaligen Bevölkerung Elsaß-Lothringens gestatten, da die Skelette meist schlecht erhalten und sehr bröckelig sind. Doch scheint die Bevölkerung vorwiegend brachykephal gewesen zu sein, wenn sich daneben auch sicher einzelne Dolichokephalen und Mesokephalen befanden. Da wir mit der La Tène-Periode bereits am Beginn der historischen Zeit angelangt sind, so ist mit Sicherheit anzunehmen, daß die Erbauer der Tumuli identisch sind mit den Kelten, die in der ältesten geschichtlichen Zeit das Land bewohnten. Die Eroberung durch die Römer hat auf die körperliche Beschaffenheit der Bevölkerung nur örtlich in der nächsten Umgebung der römischen Militär- und Handelsniederlassungen Einfluß ausgeübt. Dagegen kam ein wesentlich neues Element in die Bevölkerung durch den Einbruch der germanischen Stämme der Alemannen und Franken. Die seit 1871 im Gange befindliche Verschiebung der Bevölkerungsverhältnisse dürfte ebenfalls wohl imstande sein, die durchschnittliche Körperbeschaffenheit wesentlich zu beeinflussen.

Die gegenwärtige Bevölkerung Elsaß-Lothringens ist im wesentlichen entstanden durch die Mischung zweier Rassen, der großen, langköpfigen, blonden germanischen und der kleineren, kurzköpfigen, brünetten keltischen. Diese Mischung hat aber in den einzelnen Bezirken in ungleichem Grade stattgefunden und ist innerhalb dieser wieder in den einzelnen Kreisen, ja Gemeinden eine verschiedene gewesen. Ebenso kommen die einzelnen Rassenmerkmale in sehr verschiedenem Grade zum Ausdruck. Was die Schädelbildung betrifft, so überwiegt entschieden die Brachykephalie. Reine dolichokephale Schädel sind selten, während Brachykephalie etwa ³/₄ aller Individuen charakterisiert; darunter befinden sich sogar über 20 % Hyperbrachykephale. Die Brachykephalie scheint danach in auffallender Weise sogar gegen die galloromanische Zeit zugenommen zu haben. Über die Körpergröße der Elsaß-Lothringer wird weiter unten noch die Rede sein. In bezug auf Augen- und Haarfarbe tritt das germanische Element stärker hervor, als in der Schädelform. Es finden sich in Elsaß-Lothringen:

Blaue Augen 28,27 %, graue Augen 32,90 %, braune Augen 37,85 %.

	Unter-Elsaß	Ober-Elsaß	Lothringen
Blonde Haare	49,62 %	45,26 %	48,69 %
Braune u. schwarze Haare	49,71 %	54,02 %	50,63 %
Rote Haare	0,12 %	0,12 %	0,10 %
Andere Kombinationen .	0,55 %	0,60 %	0,58 %

Der rein blonde Typus (blaue Augen und blonde Haare) ist in Elsaß-Lothringen mit 18,44 %, der rein brünette (braune Augen und dunkle Haare) mit 25,21 % vertreten. Alle diese Ergebnisse sind, wie Schwalbe hervorhebt, nur als vorläufige und annähernd richtige anzusehen, da für endgültige Feststellungen das Beobachtungsmaterial noch nicht ausreicht.

Einen kurzen Überblick über die anthropologische Entwickelungsgeschichte des Elsaß gab ferner Edm. Blind.[129]) Er berücksichtigt dabei etwas zu einseitig nur die Schädelformen. Seine lediglich aus den Schädelformen gezogene Folgerung, daß die elsässische Landbevölkerung noch gegenwärtig einen fast rein keltischen Typus repräsentiere, muß daher als nicht ganz zutreffend bezeichnet werden. In den gleichen Fehler verfällt F. Dollinger.[130]) Im übrigen stehen die Ausführungen beider durchaus in Einklang mit denen Schwalbes. An dieser Stelle

---

[129]) Histoire anthropologique de l'Alsace. Ill. Els. Rundschau V, 1908, S. 89—96.

[130]) A quelle race appartiennent les Alsaciens? Ebenda, S. 1—9.

wäre dann auch eine Arbeit von Liétard[131]) zu erwähnen. Er behandelt allerdings vorzugsweise die Bevölkerungsverhältnisse des französischen Département des Vosges, zieht aber zum Vergleich auch die Verhältnisse der benachbarten Gebiete Elsaß-Lothringens heran, doch bietet er für diese nichts wesentlich neues.

Sehr eingehend behandelt die Bevölkerungsverhältnisse des Elsaß von den ältesten Zeiten bis zum Abschlusse der Völkerwanderungsepoche Osk. Schönemann.[132]) Hier kommt mehr der Historiker als der Anthropologe zum Wort, woraus sich manche etwas abweichende Auffassungen erklären. Als ältestes sicher nachweisbares Bevölkerungselement des Elsaß betrachtet Schönemann die Iberer. Auf sie führt er den Namen „Vogesen", den er mit der Volksbezeichnung Vascones (Basken) in Zusammenhang bringt, auf sie die zwar im Elsaß nicht häufigen, aber doch hier und da auftretenden Reste megalithischer Denkmäler zurück. Diese iberische Bevölkerung im Elsaß scheint mir noch keineswegs sichergestellt. Hier spielen meines Erachtens die noch wenig geklärten Fragen nach dem Zusammenhang der steinzeitlichen Rassen Europas mit den gegenwärtigen hinein. Näher auf die Frage einzugehen, würde hier zu weit führen. Ich möchte nur daran erinnern, daß von einzelnen Anthropologen Beziehungen zwischen der Cro-Magnon-Rasse und den berberischen Guanchen der Canarischen Inseln wahrscheinlich gemacht sind, und daß andererseits Berbern und Iberer in einem gewissen Zusammenhang zu stehen scheinen. Darin könnte man immerhin eine gewisse Stütze für die Ansicht Schönemanns sehen.

Nach den Iberern und z. T. wahrscheinlich schon gleichzeitig mit ihnen sollen dann nach Schönemann die Ligurer das Elsaß bevölkert haben. Unter ihnen versteht er Stämme mit dunklen Augen und Haaren, ausgesprochen dolichokephal oder höchstens mesokephal, nicht groß, aber zumeist mit stämmigen Figuren, Verwandte der Räter, Vindeliker, Taurisker, wahrscheinlich auch der Etrusker. Die angeführten Merkmale sind nun alles solche, wie wir sie gegenwärtig als der keltischen

---

[131]) La population des Vosges. Tome IV, 1 von L. Louis „Le Département des Vosges". Paris 1902.

[132]) Das Elsaß und die Elsässer von den ältesten Zeiten bis zum Jahre 610 n. Chr. Straßburg 1907, 204 S.

Rasse (nach der Bezeichnung Broca's) eigentümlich anzusehen pflegen, während Schönemann die nach ihm erst später eingewanderten Kelten entsprechend der Schilderung Cäsars gerade als groß und blond bezeichnet. Hier hat der verschiedene Sinn, in welchem das Wort „Keltisch" gebraucht wird, wie schon oft, Verwirrung angerichtet. Die Anthropologen gebrauchten das Wort „Keltisch" als Bezeichnung einer Rasse, für die neuerdings auch vielfach die Benennung „alpine Rasse" üblich geworden ist, einer Rasse, die von der arischen sehr wesentlich verschieden ist, mit den oben angeführten Rassenmerkmalen. Die Historiker und Linguisten dagegen bezeichnen mit „Keltisch" einen Sprachstamm, der der großen arischen oder indogermanischen Sprachfamilie angehört. Die Verschiedenheit dieser Bezeichnung erklärt sich durch Vorgänge, die sich in vorgeschichtlicher Zeit hier ebenso wie auf der Apenninen- und Balkanhalbinsel vollzogen haben. Auch die Italer, Griechen und Illyrer sind als Rasse nicht arisch, ihrer Sprache nach Arier. Arische Stämme sind offenbar erobernd in das Gebiet der mittelländischen und alpinen Rasse vorgedrungen und haben dank ihrer höheren Gesittung und Intelligenz diesen ihre Sprache und Kultur aufgedrungen. Sie bildeten aber stets nur eine dünne Oberschicht; die große Masse des Volkes bewahrte ziemlich unverändert die alten Rassenmerkmale. Schönemann ist sich übrigens über diese Vorgänge durchaus klar. Er spricht wiederholt aus, daß die Kelten (in seinem Sinne) im alten Gallien eigentlich nur die Stände der Ritter und Druiden gebildet hätten, während das eigentliche Volk einer älteren, von den Kelten unterworfenen Bevölkerung angehörte. Für das Elsaß nimmt er eine Besiedelung durch die alpine Rasse (bei ihm Ligurer) schon vor deren Vermischung mit den arischen Kelten an. Die ältesten Tumuli sind nach ihm lange vor der Keltenzeit aufgerichtet worden. Bestimmte Beweise dafür gibt er allerdings nicht. Er sagt selbst, daß die wenigen zum Vorschein gekommenen Waffen nicht genügende Zeichen ergaben, um ihre alten Herren sicher zu bestimmen. Er glaubt jedoch, daß die Tumuli der Bronzezeit sicher vorkeltisch, die der La Tènezeit sicher keltisch seien, für die der Hallstattzeit hält auch er die Erbauer für zweifelhaft.

Für die römische und germanische Zeit bietet das Buch von Schönemann vom anthropologischen Standpunkt nichts von Bedeutung. Die Darstellung ist hier rein historisch.

Mit den Bevölkerungsverhältnissen Elsaß-Lothringens in der älteren Zeit befassen sich ferner Arbeiten von R. Forrer,[133]) K. Gutmann[134]) und R. Henning.[135]) Alle drei behandeln die anthropologischen Befunde nur kurz, befassen sich vorzugsweise mit den archäologischen Befunden und den aus ihnen zu erschließenden Kulturzuständen der einzelnen Epochen. Gutmann geht namentlich auch auf die Ausdehnung der Besiedelung in den verschiedenen Zeiten ein. Er unterscheidet fünf Besiedelungszonen:

1. Zone: Hügelland. Kontinuierliche Besiedelung von der paläolithischen bis zur Jetztzeit.

2. Zone: Vogesenmassiv. Beginn der Besiedelung zur neolithischen Zeit.

3. Zone: Ebene zwischen Gebirge und Ill, Beginn der Besiedelung zur Bronzezeit.

4. Zone: Ebene zwischen Ill und Hardtrain. Beginn der Besiedelung in der älteren Eisenzeit.

5. Zone: Altes Tiefbett des Rheins. Beginn der Besiedlung in der jüngeren Eisenzeit.

Diese Einteilung ist recht schematisch und entspricht keineswegs überall den Tatsachen.

Die Forrersche Arbeit verfolgt vor allem den Zweck, einen größeren Kreis von Gebildeten für die vor- und frühgeschichtliche Forschung zu interessieren und zur Mitarbeit anzuregen. Beigegeben ist ihr eine große farbige Tafel, auf der eine Anzahl der wichtigsten in Elsaß-Lothringen gemachten Funde von der ältesten Steinzeit bis ins frühe Mittelalter abgebildet sind. Auch ein neolithisches Hockergrab und ein Durchschnitt durch einen Grabhügel der Hallstatt-Zeit sind auf ihr dargestellt. Nach Henning umfaßt das Zeitalter der Tumuli drei größere archäologische Perioden, Bronze-, Hallstatt- und La Tène-Zeit. Die letztere betrachtet auch er als die Zeit der Kelten-Invasion (Kelten hier in historisch-sprachlichem, nicht anthropologischem Sinne genommen). Daß mit den keltischen Einflüssen im Elsaß auch eine alles frühere umstürzende Volksinvasion verbunden gewesen wäre, vermag er nicht zu erkennen. Die fortdauernden

---

[133]) Zur Ur- und Frühgeschichte Elsaß-Lothringens Straßburg 1901.

[134]) Zur Vorgeschichte des Elsaß. Straßburg 1903.

[135]) Aus der Vorgeschichte des Elsaß. Corresp.-Bl. des Gesamtvereins der deutschen Geschichts- und Altertumsvereine 1900.

Grabgebräuche deuteten eher auf einen ruhigen Übergang hin. In ähnlichem Sinne weist auch Forrer[136]) auf die Kontinuität vieler Siedlungen seit der neolithischen Zeit hin. In Achenheim fanden sich Wohngruben der jüngeren Steinzeit, der Bronzezeit, der Römerzeit und der Epoche der Völkerwanderung. „In seiner Eigenschaft als Bauernbesitz besteht der Ort seit undenklichen Zeiten, und die fruchtbaren Äcker seiner Umgebung sahen sein Weiterbestehen, unbekümmert um alle Zeit- und Welt-Ereignisse. Und wie mit diesen Orten, so ist es mit seinen Bewohnern. Sie sind gekommen, sie sind gegangen, der Besitz wechselte, der Herr des Landes und der Lehnsherr wechselten; bald war der Bauer frei, bald Diener oder Lehnsnehmer oder Leibeigener; eins scheint heute sicher: der Bauer blieb auf seiner Scholle, mochte die Kriegsgeschichte noch so schnell das Bild wechseln." Zwei weitere Arbeiten von Forrer[137]) seien hier nur kurz erwähnt, da sie wohl noch im nächsten Abschnitt werden besprochen werden.

Die elsässische Steinzeitbevölkerung behandelte Edm. Blind.[138]) Er gibt eine Übersicht über alle bisher im Elsaß gefundenen und genauer untersuchten menschlichen Überreste aus der Steinzeit. Ob die Skelette von Bollweiler paläolithisch oder neolithisch sind, erscheint ihm zweifelhaft. Alle sicher aus der jüngeren Steinzeit stammenden Reste gehören nach ihm der Cro-Magnon-Rasse an, sie zeigen vorwiegend Dolichokephalie, erreichen höchstens noch die Mesokephalie, während bisher kein einziger brachykephaler Neolithiker aus dem Elsaß bekannt geworden ist. Um so auffallender ist, daß bereits in der nächsten Epoche eine kurzköpfige Bevölkerung das Land vollständig einnimmt. „Mit seltener Schärfe läßt sich so für ein ununterbrochen bewohntes Land der unvermittelte Kontrast zwischen zwei aufeinander folgenden Rassen in eklatanter Weise darstellen und ausführen, wie eine plötzlich in Szene tretende fremde Bevölkerung von physisch differentem Charakter die ursprüngliche Autochthonengruppe derart überflutet, daß letztere als

---

[136]) Neue Funde zur Geschichte unserer ältesten Bauernbevölkerung. Straßburger Post vom 22. Juni 1902.

[137]) Eine Steinzeitniederlassung bei Stützheim. Trier 1900; Bauernfarmen der Steinzeit von Achenheim und Stützheim. Straßburg 1903.

[138]) Die elsässische Steinzeitbevölkerung. Correspondenz-Bl. der deutschen anthropol. Gesellsch. 1903, S. 190—192.

Komponente der späteren Bevölkerungszusammensetzung vollständig in den Hindergrund gedrängt wird.“ Damit scheinen mir die Auffassungen Forrers nicht ganz vereinbar zu sein. Ein im Jahre 1901 bei Erstein neu aufgefundenes neolithisches Gräberfeld beschreiben R. Welker[139]) und W. Scheuermann.[140]) Es bietet insofern besonderes Interesse dar, als es in der Wiesenniederung auf einer Insel zwischen Ill und Altwassern, der sogenannten „Krebsrot“ liegt, während fast alle bisherigen neolithischen Funde aus der Lößterrasse stammen. Die Knochen waren eingebettet in eine stets hochwasserfreie Kiesbank, die nur von einer 20—30 cm mächtigen Humusschicht überlagert ist. Es sind bis jetzt 57 Gräber festgestellt; 15 Skelette sind für das Straßburger Museum geborgen. Die Toten waren im Gegensatze zu anderen Orten, wo sie in halbsitzender Stellung beerdigt wurden, lang ausgestreckt und alle gegen O.S.O. orientiert. Nach den vorläufigen Untersuchungen von Blind scheinen sie auch der Cro-Magnon-Rasse anzugehören. Unter den zahlreichen Beigaben nehmen vor allem die Tongefäße das Interesse in Anspruch, die am meisten Ähnlichkeit mit den aus neolithischen Gräbern bei dem württembergischen Dorfe Großgartach stammenden zeigen. Die genaue systematische Verarbeitung dieser reichsten neolithischen Grabstätte des Elsaß wird jedenfalls noch sehr interessante Ergebnisse bringen.

Über einen Grabfund der Bronzezeit aus Pépinville in Lothringen, sowie über einen Friedhof der frühen Völkerwanderungszeit auf dem Banne von Mettrich bei Diedenhofen brachte J. B. Keune[141]) einige kurze Mitteilungen.

Eine genaue Untersuchung der Schädel aus einer galloromanischen Grabstätte, die am Ende der 70er Jahre des vorigen Jahrhunderts beim alten Weißturmtor in Straßburg aufgedeckt wurde, hat Bocheneck[142]) vorgenommen. Nach den archäologischen Untersuchungen des Kanonikus A. Straub stammte sie aus dem Ende des 3. und dem Anfang des 4. Jahrhunderts. Das ganze in das anatomische Institut der Straßburger Univer-

[139]) Straßburger Post vom 20. April 1902.

[140]) Der Elsässer vom 22. April 1902.

[141]) Jahrb. der Gesellsch. für lothringische Geschichte und Altertumskunde XV, 1903, S. 475—476, 480—481.

[142]) Beschreibung der Schädel aus einer spätrömischen Grabstätte nahe dem Weißturmtor in Straßburg. Colmar 1902.

sität aufgenommene Skelett-Material bestand aus Knochenteilen von 68 Individuen verschiedenen Alters und Geschlechts, die allerdings teilweise recht schlecht erhalten waren. Die Schädelbestände spiegeln die außerordentlich starke Rassenmischung der römischen Grenzgarnison wieder. Zwei Schädel waren künstlich deformiert, sogenannte Turmschädel; sie gehörten wohl römischen Legionssoldaten an, die aus einer fernen Gegend des Reiches an den Rhein verschlagen waren. Im übrigen gruppieren sich die Schädel nach dem Längen-Breiten-Index folgendermaßen:

Hyperdolichokephal	(65—69,9)	4	(6,66 %)
Dolichokephal	(70—74,9)	8	(13,32 %)
Mesokephal	(75—79,9)	24	(40 %)
Brachykephal	(80—84,9)	21	(35 %)
Hyperbrachykephal	(85—89,9)	2	(3,3 %)
Ultrabrachykephal	(über 90)	1	(1,66 %)

Der mittlere Index aller Schädel beträgt 77,3, ist also mesokephal und erheblich niedriger als der mittlere Index der gegenwärtigen elsaß-lothringischen Bevölkerung. Die brachykephalen Schädel sind durchaus ähnlich den runden Schädeln mit langem schmalem Gesicht, die für die keltische Bevölkerung charakteristisch sind. Zwei der dolichokephalen Schädel trugen ausgesprochen germanischen Typus, die übrigen Schädel lassen sich in keiner Weise genauer ihrer Herkunft nach bestimmen. Ein großer Teil der Mesokephalen dürfte wohl aus Mischung von Brachy- und Dolichokephalen (Kelten und Römer?) entstanden sein.

Ein großes Verdienst um die Anthropologie Elsaß-Lothringens hat sich Edm. Blind [143]) durch seine mühevollen und sorgfältigen Forschungen in elsässischen und lothringischen Beinhäusern (Ossuarien) erworben, da sie eine empfindliche Lücke zwischen der alten Zeit und der Gegenwart ausfüllen. Diese Beinhäuser wurden angelegt, um die bei der Aushebung neuer Gräber gefundenen Gebeine unter möglichster Raumersparnis an geweihter Stätte zu verwahren. Die 8 von Blind untersuchten elsässischen Beinhäuser stammen aus dem 14. bis 16. Jahrhundert, also aus dem Ende des Mittelalters oder dem Beginn der neueren Zeit. Die Lokalitäten Dambach, Scharrach-

[143]) Die Schädelformen der elsässischen Bevölkerung in alter und neuer Zeit. Beitr. zur Anthrop. Elsaß-Lothringens I. 1898; die Schädelformen im Schorbacher Beinhause. Ebenda III, 2. 1902.

bergheim, Kaysersberg, Ammerschweyer, Zabern, Lupstein, Epfig Horburg gehören sämtliche der Vorhügelzone der Vogesen oder Vogesentäler an. Der Eindruck des Gesamtmaterials wird durch die auffallend kubische oder kugelige Gestaltung der im allgemeinen recht großen Schädel bedingt, sowie die ausgeprägte Orthognatie in Verbindung mit der weitgehenden Abflachung des Hinterhauptes in erster Linie als typische Charaktere in die Augen fallen, daneben verrät die Kürze der Schädel im Verhältnis zur Höhe und Breite die hochgradige Brachy- und Hypsikephalie.

Nach dem Längen-Breiten-Index gruppieren sich die Schädel folgendermaßen:

Hyperdolichokephal (65—69,9)	2 =	0,28 %
Dolichokephal (70—74,9)	10 =	1,42 %
Mesokephal (75—79,9)	96 =	13,71 %
Brachykephal (80—84,9)	326 =	45,57 %
Hyperbrachykephal (85—89,9)	225 =	32,14 %
Ultrabrachykephal (über 90)	41 =	5,85 %

nach dem Längenhöhenindex, soweit dieser bestimmt werden konnte (Abgrenzung nach der Frankfurter Verständigung):

Chamäkephal (bis zu 70)	54 =	10,07 %
Orthokephal (70,1—75)	242 =	45,14 %
Hypsikephal (75,1 und mehr)	240 =	44,77 %

Die Gesichtsmessungen waren nur bei einem kleinen Teil der Schädel möglich. Es fanden sich:

niedrige Obergesichter	46 =	28,22 %
mittelhohe „	80 =	49,07 %
hohe „	37 =	22,69 %

Die Nasen waren im allgemeinen schmal, wenn sich auch daneben niedrige und platte Nasen fanden.

Das Hauptergebnis ist, daß sich durch das ganze Mittelalter in den Vogesen und ihren Vorbergen eine Bevölkerung von ausgesprochen keltischem Typus fast rein erhalten hat. „Auch in der Gegenwart nimmt die Brachykephalie nach dem Vogesenkamm hin fortwährend zu, um ihr Maximum mit dem von Collignon bestimmten Index 87,5 in den reinsten Resten einer uralten Bevölkerung zu erreichen, deren schwarzhaarige, dunkeläugige, kleingebaute Vertreter mit dem eigentümlich fremdartigen Patois eine dem Untergange geweihte, fremde Kolonie im eigenen Heimatlande bilden.“

Zur Ergänzung hat Blind später noch die Schädel eines lothringischen Beinhauses von Schorbach, nördlich von Bitsch, untersucht. Die Ergebnisse stimmen mit den vorigen im wesentlichen überein, was von vornherein zu erwarten war, da Schorbach unmittelbar an der elsässischen Grenze in einem Tal der Hardt liegt. Auch in Schorbach fanden sich nur sehr wenig dolichokephale Schädel, dagegen fanden sich häufiger Übergangsformen, die sich durch die eigentümliche uhrglasartige Wölbung des Hinterhauptbeins von der typisch keltisch-alpinen Schädelbildung unterschieden.

Die Hauptergebnisse seiner Untersuchungen hat Blind[144]) noch in ein paar kürzeren Aufsätzen zusammengefaßt und durch einige Einzelheiten ergänzt.

Von nicht geringerer Wichtigkeit ist eine Arbeit von G. Brandt[145]) über die Größe der Wehrpflichtigen in Elsaß-Lothringen. Durch die Bezirkskommandos erhielt er die Körpergröße von 105561 20jährigen Elsaß-Lothringern aus den Vorstellungslisten der Jahre 1872—1894. Die Gemessenen stammen zum allergrößten Teil von altelsässischen bzw. altlothringischen Eltern ab; erst die letzten vier Jahrgänge brachten auch junge Leute, die von eingewanderten Eltern abstammend in Elsaß-Lothringen geboren waren. Als mittlere Körpergröße ermittelte Brandt 166,6 cm, was als eine gute Mittelgröße zu bezeichnen ist, namentlich wenn man berücksichtigt, daß der Mensch den Höhepunkt seines Wachstums in Deutschland durchschnittlich erst mit 23 Jahren erreicht. In der Körpergröße macht sich also der germanische Einfluß schon in dem Mittelwerte sehr viel stärker bemerkbar, wie das nach den Schädelbefunden allein zu erwarten wäre.

Weit interessanter ist die Verteilung der Körpergrößen auf die einzelnen Teile des Landes. Sie ist auf drei Karten zur Anschauung gebracht. Die erste gibt für sämtliche Kantone des Landes die durchschnittliche Körpergröße an, die zweite die Verteilung der großen Wehrpflichtigen (170 cm und mehr),

[144]) Skizzen aus elsaß-Lothringischen Ossuarien. Globus LXXXIII, 1903; Les ossuaires d'Alsace. Strasbourg 1910.

[145]) Die Körpergröße der Wehrpflichtigen des Reichslandes Elsaß-Lothringen. Beitr. zur Anthrop. Elsaß-Lothringens II. 1898.

die dritte die der kleinen Wehrpflichtigen (159 cm und weniger) auf die einzelnen Kantone (in Prozenten). Die größte mittlere Körpergröße (169 cm) findet sich im Kanton Pfirt im Jura und in zwei Kantonen nahe der Nordgrenze von Lothringen, Rohrbach und Bolchen, die geringste (163 cm) im Kanton Thann. Bedeutende mittlere Körpergröße (168 cm) findet sich ferner in sämtlichen Kantonen des Jura und Sundgau, den meisten nahe der Nordgrenze des Reichslandes gelegenen Kantonen, einigen unterelsässischen wie Erstein, Geispolsheim, Zabern, Bischweiler, endlich in Saarburg, Finstingen und Metz-Land; einen erheblich unter dem Durchschnitt liegenden (164 und 165 cm) in den Thann nächst benachbarten, dem Gebirge oder den Vorhügeln angehörigen Kantonen Masmünster, St. Amarin, Gebweiler, Rufach, Sulz, Sennheim, ferner in den ebenfalls ganz im Gebirge liegenden Kantonen Schnierlach und Schirmeck. Den größten Prozentsatz großer Wehrpflichtiger (über 40 %) liefern ebenfalls vier Kantone des Sundgaus (Pfirt, Hirsingen, Dammerkirch, Landser), drei nahe der Nordgrenze (Wörth, Saar-Union, Bolchen), einer in der Rheinebene (Oberehnheim), den größten Prozentsatz kleiner Wehrpflichtiger (über 25 %) die Südvogesen-Kantone Thann, Masmünster, St. Amarin.

Brandt sucht nun weiter diese Unterschiede zu erklären. Da die Kantone mit dem kleinsten Mittelwert und mit der größten Prozentzahl kleiner Wehrpflichtiger sämtlich dem Gebirge oder der Vorhügelzone angehören, so könnte man zunächst annehmen, daß der Gegensatz zwischen Gebirge und Ebene die Körpergröße wesentlich beeinflusse. Brandt lehnt dies aber ab, da auch verschiedene Kantone in den Vogesen, wie Winzenheim, Münster, Rappoltsweiler, Weiler, eine den Mittelwert übersteigende Körpergröße zeigen, der im Jura gelegene Kanton Pfirt sogar den höchsten Mittelwert aufweise. Ebensowenig könnten Breitenlage und Klima einen wesentlichen Einfluß auf die Körpergröße ausüben, da die Unterschiede in den beiden für die einzelnen Landesteile zu gering seien. Auch die schlechtere Lebenshaltung habe offenbar die Körpergröße nicht ungünstig beeinflußt, denn das ärmere Lothringen weise im Durchschnitt eine bedeutendere Körpergröße auf, als das reiche Elsaß. Einen gewissen Einfluß scheint dagegen der Unterschied zwischen dem Leben in der Stadt und dem auf dem Lande auszuüben. Von den acht größten Städten des Landes weisen fünf eine geringere mittlere Körpergröße als ihre Umgebung auf, während bei den drei anderen gleiche Mittelwerte für Stadt und Land vorhanden sind. Den größten Einfluß weist Brandt aber den Rassenunterschieden zu. Das Vorwalten großer Leute an der Nordgrenze des Reichslandes und in der Rheinebene zeigen deutlich die Spuren der fränkischen und alemannischen Besiedlung, während das Vorwalten kleiner Leute in den Vogesen und ihren Vorhügeln beweise, daß hier die alte keltische Bevölkerung sich reiner erhalten habe. Im südlichen Lothringen habe wohl die stärkste Mischung beider Bevölkerungselemente stattgefunden. Bei der auffallenden Körpergröße im Sundgau und Jura denkt Brandt an burgundischen Einfluß. Es dürfte aber auch hier wohl mehr alemannischer sein, da aus andern Gründen eine etwas spätere (nach der eigentlichen Völkerwanderungszeit) starke Einwanderung von Alemannen aus der Schweiz wahrscheinlich gemacht ist. Auf einige interessante Einzelheiten kann hier nicht eingegangen werden. Jedenfalls scheint Brandt durchaus zu dem Schlußergebnis berechtigt: „Die Durchschnittsgröße der Kantone wird wesentlich bestimmt durch germanische Elemente und wird umso größer, je mehr diese vorwiegen".

Mit der Körpergröße der Elsässer hat sich auch G. Hervé[146]) beschäftigt. Er bespricht zunächst die älteren Arbeiten von Broca, Bondin, Ch. Grad, Bertillon. Daraus ist als besonders interessant hervorzuheben, daß schon die Bearbeitung älterer französischer Rekrutierungslisten zeigt, daß das Département Bas-Rhin zu den Départements mit größter mittlerer Körpergröße gehörte, das Département Haut-Rhin zwar geringere Körpergröße aufwies, aber doch noch nahe der oberen Grenze der Départements mit mittlerer Körpergröße stand. Eingehend beschäftigt sich dann Hervé mit der Arbeit von Brandt, der er volle Anerkennung zollt, wenn er auch den Schlußfolgerungen Brandts nicht vollständig beizupflichten vermag. Er ist zwar auch der Ansicht, daß die Körpergröße in erster Linie durch die Rassenzugehörigkeit bedingt sei, hält es aber für ausgeschlossen, daß die Rassenverteilung, wie sie am Ende der Völkerwanderungszeit bestanden, noch den gegenwärtigen physischen Charakter der Bevölkerung wesentlich beeinflussen könne. Denn es hätten noch nach jener Zeit bedeutende Verschiebungen der

[146]) La taille en Alsace. Revue de l'école anthropologique de Paris XI, 6, 1901, S. 161—177.

Bevölkerungen stattgefunden, vor allem sei das Elsaß im 17. Jahrhundert durch die zahlreichen Kriege stark entvölkert, was dann zahlreiche Einwanderungen von außen und zwar von verschiedenen Seiten her zur Folge gehabt habe. Die bedeutende Körpergröße in den Jura- und Sundgau-Kantonen führt er zwar auch auf burgundische Einflüsse, aber aus sehr später Zeit zurück. Er denkt an Einwanderungen aus den französischen Départements Doubs und Haute-Saône, die unter allen französischen Départements die bedeutendste Körpergröße aufweisen, im 17. und 18. Jahrhundert. Für die Kantone an der Nordgrenze nimmt er eine starke Einwanderung nach dem dreißigjährigen Kriege aus den Rheinlanden, der Pfalz und Hessen an. In der Kleinheit eines großen Teiles der Vogesenbewohner erkennt er allerdings den Einfluß der keltischen Urbevölkerung an, will daneben aber auch noch andere Einflüsse (vorwiegende Beschäftigung in Fabriken, Wirkung des Alkohols) wirksam sehen. Die Ausführungen Hervés sind gewiß aller Beachtung wert und ergänzen die Darstellung Brandts nicht unwesentlich, an dessen Hauptergebnis ändern sie aber kaum etwas.

G. Hervé[147]) hat die Bevölkerung des Elsaß' dann noch in mehreren Aufsätzen besprochen, und zwar behandelt er in ihnen nicht nur die anthropologischen Verhältnisse, sondern auch die sprachlichen, ferner den Volkscharakter und Intellekt der Elsässer, ihre Leistungen auf wissenschaftlichem, künstlerischem und technischem Gebiete. Trotz der vorwiegend deutschen Sprache haben nach seiner Ansicht die Elsässer vorwiegend die keltischen Rassenmerkmale bewahrt. Daß ihre wissenschaftlichen und künstlerischen Leistungen wesentlich in die deutsche Zeit fallen und das geistige Leben im Elsaß während der französischen Zeit etwas verkümmerte, gibt er zu, sträubt sich aber doch dagegen, den deutschen Charakter der Elsässer anzuerkennen. Es haben sich bei ihnen, meint er, im Laufe der Jahrhunderte Eigenarten herausgebildet, sodaß sie gegenwärtig nach Charakter und Denkweise weder als rechte Deutsche, noch als rechte Franzosen angesehen werden können.

---

[147]) Alsaciens contemporains et Alsaciens du moyen âge. Revue de l'école d'anthropologie de Paris XII, 11, 1902, S. 354—372. La question d'Alsace et l'argument éthnologique. Ebenda XIII, 9, 1903, S. 285—381; Les Alsaciens sous le rapport moral et intellectuel. Ebenda XIV, 10, 1904, S. 295—319; XV, 9, 1905, S. 287—336.

Die Sprachverhältnisse und Mundarten in Elsaß-Lothringen behandelten E. Martin und This[148]), ersterer für das deutsche, letzterer für das französische Sprachgebiet. Letzterer gibt zunächst einen Überblick über die Entwickelung der Sprachverhältnisse und der Sprachgrenze, bespricht sodann die einzelnen französischen Dialekte, deren sich sechs deutlich unterscheiden lassen: 1. das Metzische, le messin, erstreckt sich vom nordwestlichen Lothringen bis in den Kreis Château-Salins; 2. le saulnois zieht sich bis etwa Avricourt und Rixingen; 3. le vosgien umfaßt das südöstliche Lothringen und wird darüber hinaus noch auf elsässischem Gebiet, im Breuschtal bis Rothau, gesprochen; 4. umfaßt das obere Breuschtal, das Gießental und mittlere Lebertal, soweit hier französisch gesprochen wird; 5. wird durch die Gemeinden Diedolshausen, Altweier, Urbach, Schnierlach, Zell und Urbeis gebildet; 6. erstreckt sich vom Welschen Belchen bis in die nördliche Schweiz hinein. Die Grenze zwischen den beiden deutschen Hauptdialekten, dem Alemannischen und Fränkischen, verläuft nach Martin im wesentlichen auf der Wasserscheide zwischen Rhein und Mosel.

Mit der Entstehung der elsässischen Mundarten beschäftigen sich mehrere Aufsätze von Ed. Halter.[149]) Den Dialekt in Colmar will er auf die mit Ariovist über den Rhein gekommenen Haruder, den Kochersberger Dialekt auf die Tribokker zurückführen, was beides wohl recht gewagt erscheint. In einem weiteren Aufsatz bespricht Halter[150]) die Wallonen in den Hochvogesen.

11. Bevölkerungsstatistik

von Professor Dr. Langenbeck.

Die Volkszählungen vom 1. Dezember 1900 und 1. Dezember 1905 haben für Elsaß-Lothringen folgende Hauptergebnisse gehabt.[151])

[148]) In „Das Reichsland Elsaß-Lothringen“ Bd. I, 1898, S. 91—104.

[149]) Über den Ursprung der elsässischen Mundarten. Illustr. Verkehrszeitung Nr. 4, 1902; Die Haruder im Elsaß. Ebenda, Nr. 10, 1902; Auf den Spuren der Haruder im Elsaß. Münchner Allgemeine Zeitung Nr. 196. 1902.

[150]) Die Wallonen in den Hochvogesen. Ill. Verkehrsztg. Nr. 5. 1902.

[151]) Übersicht über das endgültige Ergebnis der Volkszählung vom 1. Dezember 1900 in Elsaß-Lothringen, Straßburg 1901. Desgleichen für 1. Dezember 1905, Straßburg 1906.

Ortsanwesende Bevölkerung am 1. Dezember 1900:

	Zivilbevölkerung männlich	Zivilbevölkerung weiblich	Zivilbevölkerung zusammen	Militärpersonen	Gesamt-Bevölkerung
Bezirk Unter-Elsaß. .	305 478	328 243	633 721	25 711	659 432
Bezirk Ober-Elsaß . .	235 047	251 506	486 553	8 656	495 209
Bezirk Lothringen . .	261 054	259 284	520 338	44 491	564 829
Elsaß-Lothringen . .	801 579	839 033	1 640 612	78 858	1 719 470

Ortsanwesende Bevölkerung am 1. Dezember 1905:

	männliche Militär	männliche Zivil	weibliche	zusammen	Katholiken	Evangelische	Israeliten	Außerdem
Bez. Unter-Elsaß	26 054	319 517	341 124	686 695	424 931	243 858	16 182	1724
Bez. Ober-Elsaß	9 261	244 167	258 651	512 079	429 142	73 033	8 361	1543
Bez. Lothringen	45 794	291 014	278 982	615 790	533 389	74 176	7 165	1060
Elsaß-Lothr.	81 109	854 698	878 757	1 814 564	1 387 462	391 067	31 708	4327

Die Einwohnerzahl der 20 größten Städte betrug:

	1900	1905		1900	1905
Straßburg	151 041	167 678	Diedenhofen	10 062	11 948
Mülhausen	89 118	94 498	Hayingen	8 510	10 068
Metz	58 462	60 419	Saarburg	9 178	9 809
Colmar	36 844	41 791	Schlettstadt	9 336	9 699
Hagenau	17 968	18 737	Groß-Moyeuvre	8 792	9 425
Saargemünd	14 685	14 919	Zabern	8 498	8 937
Schiltigheim	10 745	14 310	Forbach	8 208	8 628
Gebweiler	13 254	13 375	Thann	7 618	7 901
Markirch	12 372	12 362	Sablon	4 080	7 680
Montigny	8 533	12 079	Algringen	5 320	7 575

Um den Zug der Landbevölkerung nach der Stadt nachzuweisen, ist von einem Ungenannten[152]) die Bewegung der Bevölkerung sämtlicher Gemeinden in Elsaß-Lothringen von mehr als 2000 Einwohnern im Laufe der letzten 100 Jahren zusammengestellt. So interessant diese Zusammenstellung an sich ist, so tritt doch das, was erwiesen werden soll, daraus nicht recht klar hervor.

[152]) „Der Elsässer", Nr. 282, 1. Dezember 1900.

Im übrigen sei auf das jährlich erscheinende „Statistische Jahrbuch für Elsaß-Lothringen" hingewiesen.

12. Verkehrsgeographie

von Professor Dr. Langenbeck.

Zunächst mögen ein paar mehr historischer Aufsätze erwähnt werden. Luc. Pfleger[153]) behandelte die Teilnahme elsässischer Klöster an der Rheinschiffahrt im Mittelalter. Die Arbeit beschäftigt sich vorzugsweise mit den den Klöstern bewilligten Zollprivilegien und sonstigen Vergünstigungen. Eine Geschichte der Saarflößerei und Saarschiffahrt veröffentlichte Al. Tille.[154]) Die erstere verfolgt er bis ins 14. Jahrhundert zurück, doch gewann sie größere Bedeutung erst im Beginn des 17. Jahrhunderts. Ihr und dem mit ihr verknüpften Holzhandel nach Holland verdankt Saarbrücken seinen ersten Aufschwung. Von einer eigentlichen Saarschiffahrt kann erst seit Mitte des 16. Jahrhunderts die Rede sein. Schon Ende des Jahrhunderts tauchten Pläne einer Wasserverbindung Saarbrückens mit Straßburg und einer Schiffbarmachung der Saar bis fast in ihr Quellgebiet auf, wurden im Anfang des 17. Jahrhunderts ziemlich weit gefördert, kamen aber schließlich doch nicht zur Ausführung. Erst 1865 kam der Saarkanal zustande, der für den Massengüterverkehr des Saargebiets nach Elsaß-Lothringen, dem übrigen Frankreich und der Schweiz bald eine große Bedeutung erreichte. Gegenwärtig ist der Saarkanal und die kanalisierte Saar wesentlich Kohlenverschiffungsweg, doch nicht ausschließlich, da sich eine ganze Reihe Rückfrachten entwickelten.

Wesentlich auf das 19. Jahrhundert beschränkt sich eine Arbeit von H. Altmeyer[155]) über die Rheinschiffahrt Straßburgs. Doch enthält die Einleitung einen kurzen Überblick über die Handelsverhältnisse und Schifferprivilegien Straßburgs in der älteren Zeit. Die Arbeit selbst zerfällt in 3 Teile, 1. die Schiffahrt auf dem Oberrhein bis zu den Jahren 1870/71; 2. die Schiffahrt auf dem Oberrhein seit der Wiedervereinigung Elsaß-

[153]) Elsässische Klöster und die Rheinschiffahrt im Mittelalter. Studien und Mitteilungen, Jahrg. XXII. Brünn, 1901, S. 389—396.

[154]) Zur Geschichte der Saarflößerei und Saarschiffahrt. Südwestdeutsche Wirtschaftsfragen, Heft 7. Saarbrücken 1907.

[155]) Die Rheinschiffahrt Straßburgs im 19. Jahrhundert. Freiburger Dissert. 1902.

Lothringens mit dem Deutschen Reich; 3. volkswirtschaftliche Folgen einer verbesserten Wasserstraße. Der Verfasser bespricht zunächst die Erleichterungen, welche der Rheinschiffahrt gewährt wurden, durch die Oktroikonvention von 1804 und die Rheinschiffahrtsakte von 1831, sodann die Schädigungen, welche sie erlitt durch die Rheinkorrektion, welche die Strömung des Rheins verstärkte und große Kiesmassen in Bewegung setzte und durch die Konkurrenz der Eisenbahnen. Diese führten dazu, daß die Straßburger Rheinschiffahrt gegen Mitte des vorigen Jahrhunderts ganz einging. Im 2. Teil werden dann die Bemühungen um die Wiederbelebung der Straßburger Rheinschiffahrt seit 1871 und ihre bisherigen Erfolge geschildert; im 3. Teil die Vorteile besprochen, welche der elsässischen Industrie und Landwirtschaft durch eine Verbesserung der Rhein-Wasserstraße erwachsen müssen.

Die vortreffliche und sehr eingehende Geschichte der Rheinschiffahrt im 19. Jahrhundert von E. Gothein[156]) reicht leider nur bis zum Jahre 1866 und berührt die elsässischen Verhältnisse kaum.

Ein sehr umfassendes Werk über die Schiffahrt und den Güterverkehr auf dem Rheine hat E. Petersilie[157]) auf Veranlassung der Zentralkommission für die Rheinschiffahrt veröffentlicht. Ein außerordentlich reiches statistisches Material ist darin verarbeitet und in zahlreichen Tabellen übersichtlich zusammengestellt. Wir entnehmen dem Werke einige der wichtigsten Angaben über den Verkehr im Straßburger Hafen. Der gesamte Güterverkehr in ihm hat betragen:

im Jahre	1000 t	im Jahre	1000 t
1892	12	1900	317
1893	36	1901	570
1894	84	1902	496
1895	158	1903	574
1896	346	1904	415
1897	333	1905	807
1898	311	1906	635
1899	314		

[156]) Geschichtliche Entwicklung der Rheinschiffahrt im 19. Jahrhundert. Die Schiffahrt der deutschen Ströme II. Leipzig 1903.

[157]) Schiffahrt und Güterverkehr auf dem Rheine während der Jahre 1891—1906. Mannheim 1908.

Die wichtigsten der zugeführten Güter sind nach dem Durchschnitt der Jahre 1901/05 die folgenden: Steinkohlen (314 000 t), Weizen und Spelz (112 700 t), Hafer (18 400 t), Petroleum (16 500 t), Koks (10 900 t) anderes Getreide und Hülsenfrüchte (10 400 t), Mehl und Mühlenfabrikate (8800 t), weiche Schnittware (6700 t), Zucker, Melasse, Sirup (4200 t), Fette und Öle (3600 t), Teer, Pech, Asphalt (3100 t), Flachs, Hanf, Hede, Werg (2700 t), Roh- und Brucheisen (2100 t), verarbeitetes Eisen (2000 t), Roggen (2000 t), rohe Wolle (1400 t), Gerste (1400 t), Obst (1300 t), Zement, Kalk (1300 t), Kaffee und Kakao (1200 t), harte Schnittware (1200 t), Reis (1000 t).

Der Verkehr der Gütertransportschiffe im Straßburger Hafen hat sich außerordentlich schnell entwickelt. Er hat betragen:

Jahre	ein-, bzw. ausgegangene Schiffe					
	Güterdampfer		Segelschiffe		Zusammen	
	Anzahl	Tragfähigkeit 1000 t	Anzahl	Tragfähigkeit 1000 t	Anzahl	Tragfähigkeit 1000 t
1892	5	1,6	24	17,1	29	18,7
1893	1	0,4	83	62,4	84	62,8
1894	2	0,5	182	142,6	184	143,1
1895	1	0,2	302	262,3	303	262,5
1896	—	—	518	500,1	518	500,1
1897	43	24,5	527	525,0	570	549,5
1898	25	13,7	491	509,0	516	522,7
1899	17	9,4	541	580,4	558	589,9
1900	4	2,1	543	598,0	547	600,1
1901	5	1,9	889	1005,6	894	1007,5
1902	2	0,5	790	920,6	792	921,1
1903	—	—	935	1104,9	935	1109,9
1904	1	0,4	664	776,2	665	776,6
1905	—	—	1359	1570,4	1359	1570,4
1906	3	3,9	973	1154,0	976	1157,8

Der Dampferverkehr ist demnach außerordentlich unregelmäßig und im Vergleich zu dem Verkehr von Segelschiffen sehr gering. Die Nationalität der in Straßburg verkehrenden

Schiffe ist fast ausschließlich deutsch; darunter sind auffallenderweise außerordentlich wenig elsaß-lothringische Schiffe, preußische und badische wiegen durchaus vor.

Das schon im vorjährigen Bericht besprochene Werk von E. Beyerhaus[158]) muß auch an dieser Stelle noch einmal erwähnt werden, da es auch der Rheinflotte und dem Schiffsverkehr auf dem Rhein ein längeres Kapitel widmet. Den Rhein als Wasserstraße behandelt ferner sehr eingehend W. Nasse.[159]) Seine Arbeit ist wohl die umfassendste und vielseitigste, die wir zur Zeit über den Rhein in wirtschaftlicher Beziehung besitzen. Er behandelt in 5 Abschnitten: I. die Verwaltung des Rheinstroms, II. die technischen Verhältnisse der Rheinwasserstraße (1. der Flußlauf und die Flußbauten, 2. die Häfen, 3. die Brücken, 4. die schiffbaren Nebenflüsse des Rheins), III. die Kosten der Rheinwasserstraße; IV. den Betrieb der Rheinschiffahrt (1. Entwicklung der Rheinflotte, 2. der Schiffbau am Rhein, 3. die Großbetriebe in der Rheinschiffahrt, 4. die Kleinbetriebe und die sozialen Verhältnisse in der Rheinschiffahrt, 5. die Rentabilität der Rheinschiffahrt, 6. die Leistungen der Rheinschiffahrt); V. die Entwicklung des Rheinverkehrs. Auf einzelnes aus dem reichen Inhalt einzugehen, ist natürlich unmöglich und verbietet sich an dieser Stelle auch deshalb, weil naturgemäß nur kleine Abschnitte dem elsässischen Anteil an der Rheinschiffahrt gewidmet sind. Eine Arbeit von F. Schultze,[160]) die in mancher Beziehung eine Ergänzung der vorigen bildet, kann hier auch nur erwähnt werden, da sie wesentlich wirtschaftspolitisch und weniger wirtschaftsgeographisch ist, wenn auch einzelne Teile ihres Inhalts für den Geographen von Interesse sein dürften. Dagegen wäre hier noch eine kürzere Arbeit von J. Lill[161]) zu nennen, die über die gesamte Rheinschiffahrt in gedrängter Kürze orientieren will und über den Rheinlauf, die Rheinhäfen, die Schiffahrt, die Schiffe, die Flößerei und endlich über die Rhein-Seeschiffahrt die wichtigsten Angaben übersichtlich zusammenstellt. Einen

---

[158]) Der Rhein von Straßburg bis zur holländischen Grenze. Coblenz 1902.

[159]) Der Rhein als Wasserstraße. Die Schiffahrt der deutschen Ströme, Bd. III, S. 81—300. Leipzig 1905.

[160]) Die Rheinschiffahrt und die Eisenbahnen. Ebenda S. 301—526.

[161]) Rheintal, Rhein und Rheinschiffahrt. Frankfurt a. M. 1908.

kurzen Überblick über Schiffahrts- und Verkehrsverhältnisse auf dem Rhein gab auch K. Kollbach,[162]) jedoch ohne irgend welche zahlenmäßigen Angaben. Über den Verkehr im Straßburger Hafen machte F. Geigel[163]) einige Mitteilungen. Die bedeutenden Interessen des Elsaß an der oberrheinischen Schiffahrt legte ein Artikel der Straßburger „Neuen Zeitung" dar.[164])

Die oberrheinische Schiffahrt hat bisher mit einer Reihe von Schwierigkeiten zu kämpfen, die sich aus der Beschaffenheit des Stromes selbst ergeben. Vor allem ist der Wasserstand starken Schwankungen unterworfen und vielfach so niedrig, daß im Durchschnitt nur an 176 Tagen, die vorwiegend auf die Sommermonate fallen, im Jahre die Schiffahrt bis Straßburg aufwärts betrieben werden kann, und auch in dieser Zeit nicht immer mit voll befrachteten Schiffen. Zufolge des starken Gefälles und anderen Ursachen ändert sich auch der Wasserstand oft sehr plötzlich, was für die Schiffahrt besonders mißlich ist. Ferner sind stets bedeutende Kiesmassen im Rhein in Bewegung, und ändern die Kiesbänke und Schwellen ständig ihre Lage. Das Fahrwasser pendelt dabei stets von einem Ufer zum andern, häufig in sehr schroffen Übergängen und verlegt sich fort und fort. Seit Jahrzehnten ist man daher schon der Frage näher getreten, wie diese Mißstände zu beseitigen und eine ununterbrochene Schiffahrt bis Straßburg zu ermöglichen sei. Zwei Pläne wurden dabei ins Auge gefaßt: 1. Schaffung eines Rheinseitenkanals am linken Rheinufer von Straßburg bis Lauterburg oder Speyer; 2. die Verbesserung der Rheinwasserstraße selbst von Straßburg bis Sondernheim. Von diesen beiden Plänen, über die lange, teilweise recht erbitterte Kämpfe geführt wurden, hat man sich schließlich für den letzteren entschieden, und ist bereits seit mehreren Jahren mit seiner Ausführung begonnen. Die über Vor- und Nachteile beider Pläne erschienenen Schriften bieten aber auch gegenwärtig noch Interesse, umsomehr, als in manchen derselben auch noch weitere Fragen, die ihrer Lösung noch harren, wie die Weiterführung der Rheinschiffahrt von

---

[162]) Der Rhein als Handels- und Verkehrsstraße. Frankfurter zeitgemäße Broschüren, Bd. XXIV, Heft 11. Hamm i. W. 1905.

[163]) Oberrheinische Schiffahrt. Gesellschaft zur Förderung der Wissenschaft, des Ackerbaues und der Künste, Bd. XXXV, 10. Straßburg 1901.

[164]) „Straßburger Neue Zeitung" Nr. 69, 1909.

Straßburg bis Basel besprochen sind. Wir führen daher die wichtigsten dieser Schriften hier auf.

Sehr gut orientiert über die ganze Frage, sowohl nach der wirtschaftlichen, wie nach der finanziellen und technischen Seite eine Arbeit von F. Geigel.[165]) Sie ist auch, trotzdem sich der Verfasser als entschiedener Anhänger des Kanalprojektes zu erkennen gibt, im ganzen mit anerkennenswerter Objektivität geschrieben. Dagegen tragen einige schon früher erschienene kürzere Aufsätze von Geigel,[166]) in denen er für den Seiten-Kanal eintritt, sehr entschieden polemischen Charakter.

Die technischen Fragen, die bei einer Verbesserung des Rheinfahrwassers in Betracht kommen, sind am besten zu ersehen aus dem Gutachten, das die Kgl. Akademie des Bauwesens über den von Oberbaudirektor Honsell 1896/97 aufgestellten Entwurf für die Herstellung eines Niederwasserbettes zur Verbesserung des Fahrwassers in der Rheinstrecke Sondernheim—Straßburg und die hierzu von Ministerat Willgerodt gemachten Abänderungsvorschläge erstattet hat,[167]) sowie den dazu von Willgerodt[168]) gegebenen Erläuterungen. Den Kernpunkt der ganzen Frage, ob eine Verbesserung des Fahrwassers unter den bestehenden Verhältnissen möglich sei, sieht das Gutachten in der Erwägung, ob die Bewegung der Kiesbänke sich beschränken oder vielleicht ganz heben lassen wird. Der Entwurf und die Abänderungsvorschläge seien darin einig, daß es gelingen werde, den Talweg in bestimmten Haltungen festzulegen, den Schwellen und Kolken bestimmte Stellen anzuweisen, es fehlten jedoch genügende Erfahrungen auf diesem Gebiete. Wenn die früheren Versuche (1833—1838) auch wenig dazu ermutigten, der Wanderung der Kiesbänke entgegenzutreten, vielmehr befürchten ließen, daß den auf den Kiesbänken errichteten Grundschwellen ebenso der Boden entschwände, wie den Palisaden

---

[165]) Oberrhein-Regulierung oder Kanal? Zeitschrift für Binnen-Schiffahrt, XII. Jahrg., Heft 4, 1905.

[166]) Rhein-Seitenkanal, Elsässer Journal. Nr. 282, 1904; Rhein-Kanal oder Regulierung? Straßburger Bürger-Zeitg., 27. Aug. u. 23. Sept. 1904; Der Rhein-Seitenkanal. Straßburger Neueste Nachrichten, 7. April 1904.

[167]) Gutachten der Kgl. Akademie des Bauwesens über die Herstellung eines Niederwasserbettes zur Verbesserung des Fahrwassers in der Rheinstrecke von Sondernheim bis Straßburg. Berlin 1900.

[168]) Erläuterungen zu dem Gutachten der Kgl. Akademie des Bauwesens. Straßburg 1900.

und Faschinenwerken, mit denen man früher das Fortschreiten der Dünen zu hemmen versuchte, so sei doch hervorzuheben, daß die Technik heute über viele Erfahrungen und Hilfsmittel verfüge, die früher nicht bekannt waren. Bei Wahl genügender Mittel sei daher die Festlegung der Kiesbänke am Oberrhein in gewissem und nicht unbeträchtlichem Umfang als ausführbar zu erachten. Während also zu erwarten sei, daß zwischen Straßburg und Sondernheim das in Bewegung befindliche Geschiebe zum Teil durch die Regulierung festgelegt werden würde, so bliebe doch die Geschiebeführung von oberhalb Straßburgs her bestehen. Die Aufgabe würde daher wesentlich erleichtert werden, wenn die Regulierung des Oberrheins sich nicht auf die Strecke Sondernheim—Straßburg beschränkte, sondern auch weiter hinauf eine Verminderung der Geschiebe-Bewegung in Aussicht nähme.

Die Sicherung einer festen Fahrrinne soll nach dem Entwurfe durch Herstellung eines Niederwasserbettes erfolgen. Das Gutachten gibt zu, daß am Oberrhein durch die Abhängigkeit von den alpinen Zuflüssen ein derartiges Vorgehen gerechtfertigt ist. „Das Mittelwasser hat für den Oberrhein nicht die Bedeutung, wie für die Flüsse des Mittelgebirges, eine Beharrung tritt, wenn überhaupt, höchstens bei Sommerhochwasser und niedrigem Winterwasser ein. Diese Verhältnisse rechtfertigen die Absicht, in das für Sommerhochwasser bestimmte Bett unmittelbar das Niedrigwasserbett einbauen zu wollen“. Auch billigte das Gutachten, daß für die Herstellung des Niedrigwasserbettes Querbauten in Form von Buhnen und Grundschwellen in Aussicht genommen sind; ebenso ist es mit einer geschlängelten Talwegsrinne einverstanden. „Für den Oberrhein wäre in der geraden Stromstrecke nur labiles Gleichgewicht, bei geschlängelter Stromführung aber Stabilität der Sohle zu erwarten“.

Allen Anforderungen für die örtlichen Verkehrsverhältnisse gerecht zu werden, hält das Gutachten nicht für möglich, da die Fahrrinne nicht an beiden Ufern zugleich liegen kann. Die für Straßburg und Kehl in Erwägung gezogene Stromspaltung würde vielleicht dazu führen, daß bald das eine, bald das andere Ufer zugänglich sei und die Auflösung der Kiesbänke erschwert würde.

Zu großem Bedenken gaben der Akademie die eigentlichen Hochwasserverhältnisse des Oberrheins Veranlassung. „Da das Hochwasser unterhalb Straßburg die Uferdämme um rund 2 m überströmt und für absehbare Zeit der Versandung der Vorländer wegen sich die Herstellung regelmäßiger Hochwasserdeiche allgemein kaum empfehlen dürfte, so treten bei hohem Wasser noch die Altrheine in volle Wirksamkeit und geben im Hauptarm zu Querströmungen Anlaß, die an bestimmten Uferstrecken teils auf Vertiefungen, teils auf Versandungen hinwirken, je nachdem es sich um einen Abfluß oder Zufluß handelt. . . . . . Die Zustände, die bei Hochwasser noch am Oberrhein herrschen, würden der Herstellung eines regelmäßigen Niederwasserbettes in vielen Fällen so wesentliche Schwierigkeiten bereiten können, daß notwendigerweise mit ihnen gerechnet werden muß, wenn die im Notfalle notwendigen Baggerungen nicht gar zu große Ausdehnung annehmen sollen".

L. Ungemach[169]) glaubt aus diesem Gutachten den Schluß ziehen zu dürfen, daß der Erfolg der Rheinregulierung ein sehr unsicherer sei. Er hält es nicht für wahrscheinlich, daß durch sie für das ganze Jahr eine lohnende Schiffahrt bis Straßburg sicher gestellt werde und befürchtet von den Hochwässern große Gefahren für das Werk. Er weist dabei auch auf den geringen Erfolg der aus gleichen Gründen unternommenen Rhone-Regulierung hin und befürwortet deshalb den Bau eines Rhein-Seitenkanals. Ebenso entschieden trat schon früher A. Schleiffer[170]) für einen Kanalbau ein. Nach seiner Überzeugung garantiert nur dieser einen stabilen Wasserstand und eine genau zu berechnende Ankunftszeit der Schiffe. Auch würden die Frachtspesen auf dem Kanal geringer sein, als auf dem regulierten Rhein, wodurch eine Kanalgebühr reichlich ausgeglichen würde. „Die Rheinregulierung ist nur da, um einen Kanalbau zu hintertreiben, und um Mannheim seine Stellung als Endpunkt der Großschiffahrt für alle Zeiten zu sichern". Dagegen erklärt sich R. Gelpke[171]) sehr entschieden gegen den Kanalbau. Seine Gründe sind im wesentlichen folgende:

1. Ein Seitenkanal Straßburg—Lauterburg hat nur Be-

---

[169]) Beiträge zu der Frage: Kanal oder Rheinregulierung? Straßburg 1905.

[170]) Zur Kanal- und Rheinkorrektionsfrage. Straßburg 1900.

[171]) Zur Kritik der oberrheinischen Binnenschiffahrtsprojekte. Basel 1904.

deutung für ein lokal beschränktes Gebiet; seine Erstellung bedeutet keineswegs eine Lösung der Oberrhein-Schiffahrtsfrage. Ein konsequenter Ausbau linksufriger, wie rechtsufriger Seitenkanäle als logische Fortsetzung der Kanalstrecke Straßburg—Lauterburg, welcher erfolgen müßte, um den Interessen des gesamten Oberrheingebietes gleichmäßig dienen zu können, führte in finanzieller wie verkehrswirtschaftlicher Hinsicht ad absurdum.

2. Die Zeitverluste, welche sowohl durch das zahlreiche Durchschleusen der Schiffe bedingt werden, wie durch die in der offenen Haltung sehr beschränkten Fahrgeschwindigkeiten, ermöglichen höchstens eine mittlere Fahrgeschwindigkeit von 2,5—4 km in der Stunde. Von einem Eilgüterverkehr, wie er auf dem Mittelrhein üblich ist, mit Fortgangsgeschwindigkeiten von 7—10 km auf der Bergfahrt und 20—30 km auf der Talfahrt in der Stunde kann daher auf dem Kanal keine Rede sein. Der offene Strom wird deshalb bei fahrbarem Wasserstande diesen Verkehr vollständig absorbieren. Ebenso wird der gesamte Talverkehr bei offener Stromschiffahrt die Kanalstraße nicht benutzen.

3. Während die Verkehrsfreiheit auf den großen mitteleuropäischen Strömen durch internationale Verträge gesichert ist, lassen Kanäle als künstliche Objekte nie eine unbedingte Freigabe des Verkehrs zu.

4. Eine Verzinsung des Anlagekapitals durch Kanalgebühren ist unter keinen Umständen zu gewärtigen, um so weniger als die, durch die Herstellung von hydraulischen Kraftanlagen bei den Schleusen bedingte notwendige sekundliche Wasserentnahme von 50 cbm aus dem Strom den Bestimmungen der Rheinschiffahrtsakte zuwiderhandelt und deshalb nicht zugestanden werden kann. Die aus der Abgabe elektrischer Energie vorgesehenen Nebeneinnahmen kommen somit in Wegfall.

Diese Gründe erlangen erst rechtes Gewicht, wenn man eine Fortführung der Rheinschiffahrt oberhalb Straßburg ins Auge faßt. Für eine solche hat R. Gelpke sowohl in der eben angeführten Schrift, wie in einer Anzahl weiterer Aufsätze[172]) eine Reihe leitender Gesichtspunkte entwickelt.

---

[172]) Der Oberrhein als Großschiffahrtsweg von Straßburg nach Basel, Frankf. Zeitg., Nr. 75, 1904; Schiffahrtsentwickelung auf dem Oberrhein bis Basel. Baseler Nachr., 5. April 1902; Le développement de navigabilité sur le Haut-Rhin. Revue économique internationale I, 1905, S. 604 bis 613. Die Großschiffahrt auf dem Oberrhein. Frankf. Zeitg., 12. Aug. 1906.

Nach den Ergebnissen einiger Probefahrten hält Gelpke es als erwiesen, daß schon gegenwärtig, während eines Teiles des Jahres eine nutzbringende Schiffahrt zwischen Straßburg und Basel stattfinden kann. Es sind ferner die Stromverhältnisse zwischen Straßburg und Basel in vieler Beziehung günstiger, als wie zwischen Straßburg und Sondernheim. Die Strecke Basel—Istein (12 km) zeigt einen vollständig ausgebildeten Beharrungszustand, die Strecke Istein—Neuenburg (18 km) wird bei zum größten Teil festliegenden Bänken in wenigen Jahren ebenfalls einen schön ausgebildeten Talweg aufweisen. Auch im übrigen verläuft die Fahrwasserstraße zwischen Basel und Straßburg überall in regelmäßigerer und gestreckterer Form, als unterhalb Straßburg. Eine Anzahl hochgelegener Kiesbänke beschränken jedoch gegenwärtig die Schiffahrt auf einige Sommermonate. Sie durch Baggern zu beseitigen, hat sich als unmöglich erwiesen, dagegen erscheint es sehr wohl möglich, sie durch ein vom Stromaufseher Bender vorgeschlagenes Verfahren zur Auflösung zu bringen. Nach diesem soll vermittelst eines Rechens in der Form einer Egge, welcher, von einem Schiffe mit selbsttätigem Antriebe durch Wasserkraft geführt, die obersten Schwellenschichten derart aufgelockert werden, daß die Stromenergie die unteren unverkitteten Kiesschichten mit Leichtigkeit loszulösen und fortzuführen vermag.

Gelpke spricht weiterhin die Überzeugung aus, daß allein eine zeitweilige Vermehrung der Wassermassen, die für die Schiffahrt notwendigen Wassertiefen auf dem Oberrhein für alle Jahreszeiten garantieren könne. Eine solche ließe sich aber nach ihm herbeiführen, durch Stauwehranlagen an den Schweizer Seen, vor allem dem Bodensee. Vom eidgenössischen hydrotechnischen Bureau sind bereits eingehende Untersuchungen nach dieser Richtung hin angestellt worden. Durch Herstellung beweglicher Stauweiheranlagen in den Ausflüssen der größeren Seen würden danach folgende, die Wasserführung des Stromes günstig beeinflussende Erscheinungen zutage treten:

1. Möglichkeit einer Vergrößerung des Ablaufprofils ohne Gefahr einer Wasserspiegelsenkung des Seeniveaus unter eine als zulässig erkannte Minimalhöhe.

2. Anhaltende Vermehrung der Niederwassermengen.

3. Milderung von Hochwasserkatastrophen im Gebiet des Hauptstromes von Basel an abwärts bei plötzlicher Anschwel-

lung der Mittelgebirgsflüsse durch vorübergehende Zurückhaltung der Mehrabflußmengen aus den Staubecken.

4. Verbesserung der Frühjahrs- und Herbstwasserstände im Gebiet des Oberrheins durch künstlich vermehrte Abflußmengen aus den bis zum zulässigen Höchststand gestauten Seespiegeln; dadurch bedingte Möglichkeit einer Verlängerung der Großschiffahrtsperiode auf dem Oberrhein um 3—4 Monate.

5. Periodenweises Ablassen von Stauwellen während der eigentlichen Wintermonate, zur Aufrechterhaltung einer intermittierenden Schiffahrt auf dem Oberrhein.

6. Verbesserung der Gesamtwasserstände des Stromes von Basel abwärts bis in das Meer.

Die außerordentliche wirtschaftliche Bedeutung einer wirklichen dauernden Schiffbarmachung des Oberrheins erhellt erst, wenn man die in Italien in Angriff genommene Schaffung eines Großschiffahrtsweges Venedig-Lodi-Mailand ins Auge faßt. Es würde dann möglich sein, eine Verbindung von Venedig mit Rotterdam herzustellen, die nur für eine verhältnismäßig kurze Strecke auf die Eisenbahn angewiesen wäre. Diese Route würde sich folgendermaßen gestalten:

Venedig—Locarno	578	km	(Wasserweg),
Locarno—Basel	287	„	(Eisenbahn),
Basel—Rotterdam	828	„	(Wasserweg).

Durch die ebenfalls geplante Kanalisierung der Reuß unterhalb Luzern würde sich die zu benutzende Eisenbahnstrecke noch sehr erheblich verkürzen.

Mit der Schiffbarmachung des Oberrheins oberhalb Straßburgs und die an dieses Projekt sich anknüpfenden großen wirtschaftlichen Aussichten beschäftigen sich auch ein paar Aufsätze von F. Geigel[173]) und S. Rosenthaler.[174])

Mit den Wasserstraßen Elsaß-Lothringens im allgemeinen befaßt sich eine Arbeit von K. Eichelmann.[175]) Der Verfasser gibt zunächst eine Übersicht über die Entstehung des elsaßlothringischen Kanalnetzes als Glied des französischen, sodann eine kurze Beschreibung der einzelnen Kanäle. Es sind dies:

---

[173]) Rhein, Main, Bodensee. Landauer Anzeiger, 24. November 1905. Rheinregulierung bis zur Schweiz; ebenda, 16. Dezember 1905.

[174]) Oberrheinische Schiffahrtsstraße. Frankfurter Zeitung, 7. Mai 1904.

[175]) Die Wasserstraßen in der elsaß-lothringischen Volkswirtschaft. Straßburg 1905.

1. Der Breusch-Kanal, 1681/82 von Vauban erbaut, zum Zweck der leichteren Herbeischaffung von Baumaterial zum Bau der Festung von Straßburg aus den Vogesen.

2. Der Rhein-Rhone-Kanal, 1783 begonnen, dann nach längerer Unterbrechung 1805 wieder in Arbeit genommen, 1829 bis Mülhausen, 1834 bis Straßburg vollendet. Nebenkanäle: Hüninger, Breisacher, Colmarer Kanal, die beiden ersteren zur Speisung des Rhein-Rhone-Kanals, der letztere zum Anschluß von Colmar an diesen erbaut.

3. Der Rhein-Marne-Kanal, 1846—53 erbaut.

4. Der Saar-Kanal, von dem vorigen vom Weiher von Gondrexange abgezweigt, um ihn an das Saarkohlengebiet anzuschließen, erbaut 1862—66. Nebenkanal: Lauterfinger Kanal.

5. Kanalisierte Mosel, von der Grenze bis Metz, 1867 begonnen, 1876 vollendet.

Seit 1871 sind außer der Vollendung der Moselkanalisierung keine neuen Kanäle gebaut, aber durch die 1896 vollendete Vertiefung der Kanäle hat das elsaß-lothringische Kanalnetz sehr an Bedeutung gewonnen. Die Hauptgüter, welche auf den elsaß-lothringischen Kanälen transportiert werden, sind Kohlen und Baumaterialien, daneben kommen nur noch Erzeugnisse des Hüttengewerbes in Betracht. Der Verkehr mit sonstigen Erzeugnissen der Landwirtschaft und Industrie ist unbedeutend.

Verfasser entwickelt dann die großen Vorteile einer Erweiterung des Kanalnetzes für die elsaß-lothringische Volkswirtschaft, insbesondere die Industrie, aber auch die Forst- und Landwirtschaft. Es kommen nach ihm vor allem zwei Projekte in Betracht: 1. Schaffung einer Wasserstraße für das westlothringische Berg- und Hüttenrevier; 2. Die Verbesserung der Rheinschiffahrstraße. Für letztere erscheint auch ihm die Rheinregulierung das zweckmäßigste. Für erstere wäre nach seiner Ansicht eine Kanalisierung der Mosel bis zu ihrer Mündung das geeignetste, da aber eine solche wohl kaum zu erreichen wäre, weil der preußische Staat an ihr kein Interesse hat, so empfiehlt er eine Verlängerung des Lauterfinger Kanals bis zur Mosel.

Die elsaß-lothringischen Wasserstraßen und die Entwicklung des Verkehrs auf ihnen seit 1871 behandelt ferner ein

Bericht von H. Haug.[176]) Er geht dabei auch auf einzelne Kanalprojekte ein, namentlich auf die Verbesserung des Hüninger Kanals, die von besonderer Bedeutung für den Verkehr Straßburgs mit der Schweiz wäre.

Über die eben erwähnte Kanalisierung von Mosel und Saar ist in den beiden letzten Jahrzehnten ebenfalls sehr heftig gekämpft worden. Die lothringisch-luxemburgische und die Saar-Eisenindustrie fordern sie, um eine bessere und billigere Verbindung mit den Rheinhäfen und den norddeutschen Wasserstraßen zu erhalten, die rheinisch-westfälische Eisenindustrie bekämpft sie, weil sie eine zu starke Konkurrenz der ersteren befürchtet. A. Tille[177]) hat neuerdings alle bei dieser Frage in Betracht zu ziehenden Verhältnisse einer eingehenden Prüfung unterzogen und gelangte dabei zu folgenden Ergebnissen:

„1. Nach dem Heranrücken des Schwerpunktes der niederrheinisch-westfälischen Eisenindustrie an die natürlichen und künstlichen nordwestpreußischen Wasserstraßen und der Verschmelzung des bedeutendsten Teiles von ihr mit der dortigen Kohlen- und Koksindustrie sind die Roheisenselbstkosten Niederrheinland-Westfalens und Lothringen-Luxemburgs, welche in der Vergangenheit ziemlich verschieden waren, ziemlich ausgeglichen.

2. Erhält jetzt die niederrheinisch-westfälische Eisenindustrie und die mit ihr verbündete Kohlenindustrie ihres Gebietes noch den Rhein-Weser-Kanal, welcher ihre Selbstkosten noch mehr ermäßigt und ihre Fabrikatabfuhr nach dem Norden, dem Osten und dem Rheine wesentlich verbilligt, so muß eine völlige Verschiebung der bestehenden Wettbewerbsverhältnisse zugunsten der niederrheinisch-westfälischen Eisenindustrie eintreten.

3. Der Rhein-Weser-Kanal ohne die Mosel- und Saar-Kanalisierung verbilligt zwar die Fabrikatabfuhr des Ruhrgebietes nach Südwestdeutschland, dem heutigen deutschen Hauptabsatzgebiete der südwestlichen Eisenindustrie, kommt aber der südwestlichen Eisenindustrie in keiner Weise für ihren Fabrikatversand nach Norddeutschland zugute, da ihre Vorfracht nach

[176]) La navigation intérieure en Alsace-Lorraine. 2. Congrès national de navigation intérieure, Nancy 26—28 Juillet 1904. S. 1—10. Paris 1909.

[177]) Die Mosel- und Saar-Kanalisation. Südwestdeutsche Wirtschaftsfragen. Heft 113. Saarbrücken 1907.

Oberlahnstein, bzw. Ludwigshafen für Fertigerzeugnisse viel zu hoch und der Wettbewerb bereits loco Ruhrort hoffnungslos ist.

4. Aus diesen Gründen muß die südwestliche Eisenindustrie die Kanalisierung der Mosel und Saar und ihre gleichzeitige Vollendung mit dem Rhein-Weser-Kanal fordern."

Für die Notwendigkeit der Saar-Mosel-Kanalisierung treten auch P. Braun[178]) und F. Diepenhorst[179]) ein. Ersterer gibt zugleich einen Überblick über die Entwicklung der Fragen in den letzten Jahrzehnten. Diepenhorst weist vor allem auf die große nationale Bedeutung der Saar- und Mosel-Kanalisierung hin. Durch sie würde das größte deutsche Erzvorkommen mit dem größten deutschen Kohlenvorkommen verbunden. In dieser Hinsicht stelle sie also schon allein eine wirtschaftliche Tat ersten Ranges dar. Auch auf die technische Vorbereitung und die Kosten der Kanalisierung geht Diepenhorst ein.

Den Ausbau des elsaß-lothringischen Eisenbahnnetzes von 1895—1900 behandelte Kapitän Godar[180]). Er bespricht 1. die seit 1895 neu erbauten Vollbahnen, 2. die Umwandlung eingleisiger in zweigleisige Bahnen, 3. die neuen Kleinbahnen, 4. die neuen Bahnhofsbauten, 5. die Vermehrung des rollenden Materials, 6. die weiteren Eisenbahnprojekte. Nach seiner am Schluß gegebenen Zusammenstellung umfaßte das Eisenbahnnetz Elsaß-Lothringens am 31. März 1895: 1472 km Vollbahnen, von denen 693 km doppelgleisig, und 153 km Kleinbahnen; am Schluß des Jahres 1900: 1760 km Vollbahnen, davon 1000 km doppelgleisig, und 250 km Kleinbahnen.

Über die Verlängerung der Bahn Wingen—Münztal nach Zweibrücken ist von den Interessenten eine Denkschrift ausgearbeitet,[181]) in welcher die wirtschaftlichen und strategischen Vorzüge einer solcher Bahnverbindung entwickelt werden. Die Herstellung einer neuen Bahnverbindung zwischen dem Elsaß und Frankreich, mittels eines Durchstichs der Vogesen oder der Überschreitung eines Vogesenpasses, ist schon seit vielen

[178]) La canalisation de la Moselle, „Questions diplomatiques et coloniales". XIIe année, Paris 1908, S. 97—105.

[179]) Die wirtschaftliche Bedeutung der Mosel- und Saar-Kanalisierung. München 1907.

[180]) Le réseau ferré d'Alsace-Lorraine en 1900. „Revue militaire des Armées étrangères." Paris 1901.

[181]) Denkschrift zur Münztal-Eisenbahn. „Pfälzischer Merkur", 27. und 29. Oktober 1902.

Jahrzehnten (bereits vor 1870) ins Auge gefaßt, ohne daß der Plan jedoch zunächst bestimmte Gestalt angenommen hätte. In dem letzten Jahrzehnt scheint die Frage jedoch ernstlicher ins Auge gefaßt zu werden. Eine ganze Anzahl Projekte sind aufgetaucht und mehr oder weniger eingehend erörtert worden. Eine ausführliche Denkschrift über den Gegenstand ist 1911 erschienen. Über sie würde erst im nächsten Bericht zu sprechen sein. Hier sollen nur ein paar kürzere Aufsätze erwähnt werden, die sich mit der Frage beschäftigten.

Gegen eine Bahnverbindung des Breuschtals mit St. Dié über den Paß von Saales wendet sich G. Amulier.[182]) Er verkennt nicht die wirtschaftlichen Vorzüge einer solchen Bahn, ist aber überzeugt, daß aus militärischen Gründen die französische Regierung niemals in den Bau einwilligen würde. Denn im Fall, daß die deutsche Mobilmachung sich rascher vollzüge als die französische, würde eine derartige Bahnverbindung ein rasches Vordringen der deutschen Truppen nach St. Dié und bis unmittelbar vor die Befestigungen von Epinal sehr erleichtern. J. Vogt[183]) und C. Ringenbach[184]) treten für eine Verbindung des Dollertals mit St. Maurice mittels einer Durchstechung des Elsässer Belchens ein, während Walloth[185]) einen Tunnelbau zwischen Metzeral und Gérardmer empfiehlt. Erstere stützen ihr Projekt darauf, daß der Tunnel durch den Elsässer Belchen nur eine Länge von 2500 m, der Tunnel zwischen Metzeral und Gérardmer dagegen mindestens die doppelte Länge haben würde, daß ferner durch den von ihnen vorgeschlagenen Bahnbau eine sehr gute ostwestliche Verbindung Bodensee — Basel — Mülhausen — Remiremont hergestellt würde. Walloth führt für sein Projekt die besseren Neigungsverhältnisse, sowie größere wirtschaftliche Vorzüge ins Gefecht.

Der Bericht über Siedlungskunde und Wirtschaftsgeographie im engeren Sinne wird im nächsten Hefte der Mitteilungen erscheinen.

---

[182]) Un chemin de fer stratégique franco-allemand. La Vie illustrée, 20 Novembre 1903.

[183]) „Straßburger Post", Nr. 541. 1909.

[184]) Ebenda, Nr. 1052. 1909.

[185]) Ebenda, Nr. 1009. 1909.

Jahresbericht

erstattet vom 1. Schriftführer Prof. Dr. Gähtgens.

1. Vorgänge in der Gesellschaft.

Auf das Jahr 1912 kann die Gesellschaft für Erdkunde und Kolonialwesen mit großer Befriedigung zurückblicken; hat sich doch die Zahl ihrer Mitglieder, die im Vorjahre einen Rückgang von 15 aufwies, um 40 vergrößert und damit zum erstenmal seit dem Bestehen unseres Vereins die 500 überschritten. Neu hinzugetreten sind 124 (gegen 59 im Vorjahre), ausgeschieden 84 (gegen 74 im Vorjahre), so daß die Mitgliederzahl am 1. Januar 1913 512 betrug. Von diesen gehören 297 (gegen 284 im Vorjahre) der deutschen Kolonialgesellschaft an.

Die Generalversammlung fand am 23. Januar statt und wurde vom 2. Vorsitzenden, Herrn Prof. Dr. Sapper an Stelle des am Erscheinen verhinderten 1. Vorsitzenden, Herrn General Auler, mit einem Rückblick auf die Tätigkeit der Gesellschaft im verflossenen Jahre eröffnet. Nach Verlesung des von zwei Herren des Vorstandes geprüften und für richtig befundenen Kassenberichtes wurde dem Schatzmeister Entlastung erteilt und die satzungsgemäß ausscheidenden Vorstandsmitglieder durch Zuruf wiedergewählt.

Die 8 öffentlichen Vorträge, die sämtlich sehr gut besucht waren, verteilten sich, wie bisher, auf die Wintermonate, während im Sommer ein Herrenabend mit Vortrag abgehalten wurde. Ein geplanter Ausflug zur Besichtigung der lothringischen Bergwerke mußte leider aufgegeben oder doch auf das nächste Jahr verschoben werden.

Im Juni sah sich Herr General Auler durch seine mit einer Beförderung verbundene Versetzung nach Berlin gezwungen, den Vorsitz niederzulegen. Mit großem Bedauern sahen wir ihn aus unserer Mitte scheiden, und der Vorstand sprach ihm in einem besonderem Schreiben für sein lebhaftes Interesse an unsern Bestrebungen und für seine umsichtige Leitung den herzlichsten Dank der Gesellschaft aus. Eine große

Freude aber ist es uns, daß Exzellenz Auler trotz der räumlichen Trennung Mitglied unserer Gesellschaft bleibt. Auch den beiden andern Herren, Bezirkspräsidenten Freiherrn v. Gemmingen und Oberst v. Habermaas, die im Laufe des Jahres aus dem Vorstande ausgeschieden sind, sind wir für ihre rege Teilnahme und verdienstvolle Tätigkeit zu Dank verpflichtet. An Stelle der ausgeschiedenen Vorstandsmitglieder wurden die Herren Generalmajor v. Harbou zum 1. Vorsitzenden und Oberst Heye, Oberst v. Teichmann, Major v. Hoffmann Graf Hoffmansegg zu Beisitzern durch Zuwahl gewählt.

Am 22. Februar überbrachte eine Deputation Herrn Geheimrat Prof. Dr. Euting eine Adresse mit den Glückwünschen der Gesellschaft für Erdkunde und Kolonialwesen zu seinem 50jährigen Doktor-Jubiläum und gleichzeitig die Ernennung zu ihrem Ehrenmitglied. Über das Berichtsjahr hinausgreifend, müssen wir hier die schmerzliche Nachricht verzeichnen, daß der eben Genannte, der als Gelehrter und Mensch gleich hoch geachtet war, am 2. Januar 1913 nach längerem Leiden uns durch den Tod entrissen wurde. Sein Amtsnachfolger, Herr Geheimrat Dr. Wolfram, hat im Namen der Gesellschaft einen Kranz am Sarge unseres Ehrenmitgliedes niedergelegt.

In der Vorstandssitzung und Hauptversammlung der deutschen Kolonialgesellschaft, die vom 4.—7. Juni in Hamburg tagte, war unsere Abteilung durch zwei Mitglieder des Vorstandes vertreten.

Die Hoffnungen, die wir auf die Veröffentlichung unserer „Mitteilungen“ gesetzt hatten, haben sich durchaus erfüllt. Wir stehen bereits mit 104 geographischen und ähnlichen Gesellschaften in Schriftenaustauschverkehr. Die hierdurch orworbenen Zeitschriften sind nach dem im vorigen Jahresbericht erwähnten Abkommen in den Besitz der kaiserlichen Landes- und Universitätsbibliothek übergegangen, dort in einem Sonderkatalog verzeichnet und den Mitgliedern unserer Gesellschaft zugänglich.

Zum Schlusse sei an unsere Mitglieder die Bitte gerichtet, in Bekanntenkreisen nach Möglichkeit für unsere Sache zu wirken und uns neue Mitglieder zuzuführen, damit wir umso eher und vollständiger unserer doppelten Aufgabe gerecht werden können, die Verbreitung geographischen Wissens zu fördern und die Erkenntnis, daß die koloniale Betätigung unseres Volkes eine nationale Notwendigkeit ist, in die weitesten Kreise zu tragen.

2. Bericht über die Vorträge.

Am 13. Januar wußte Herr Professor Dr. G. Wegener in einem 2½ stündigen Vortrag, der inhaltlich und formell eine gleich hervorragende Leistung war, die zahlreiche Zuhörerschaft bis zur letzten Minute in der regsten Aufmerksamkeit zu erhalten. Das Thema lautete: „Das heutige Indien, nach Studien und Beobachtungen während der Reise Seiner Kaiserlichen Hoheit des deutschen Kronprinzen". *[1])

Der Vortragende faßte seinen Gegenstand in dem Sinne, daß er versuchte, die geographischen und ethnographischen Grundlagen der britischen Herrschaft in Indien zu entwickeln und einige der Hauptprobleme, die sich daraus ergeben, zu beleuchten. — Er betrachtete zunächst die Frage der Verteidigung Indiens gegen einen Angriff von außen und schilderte in dieser Hinsicht die Lage sehr günstig, insofern die Engländer die Seegrenze zur Zeit völlig beherrschten, die Landgrenze aber durch eine fast ununterbrochene natürliche Gebirgsumwallung gebildet werde, so daß auch hier die Verteidigung äußerst erleichtert werde. Er charakterisierte dabei besonders die schmalste Stelle jener Umwallung, die Gegend des Hindukuschs, als das große Völkertor Indiens gegen Innerasien und zeigte, durch welche Maßregeln sich auch hier die Engländer gegen einen feindlichen Angriff, insbesondere den russischen, zu sichern gesucht haben. Augenblicklich sei die Sorge vor einem solchen Angriff von Außen sehr gering, sodaß die Engländer ihre Kraft ungestört auf die Bezwingung der inneren Schwierigkeiten verwenden könnten.

Das Innere Indiens teilt der Redner in vier Landschaften, die uralte, erst später landfest gewordene Gesteinsplatte des Dekkan, die beiden Schwemmlandebenen des Ganges-Brahmaputra und endlich das eigentlich hinterindische aus Gebirgszügen und breiten Stromtälern gebildete Birma. Er charakterisierte jede einzelne dieser Landschaften in ihrer Bedeutung für die sittliche und wirtschaftliche Entwickelung der darauf wohnenden Völker. Einen besonderen Raum nahm hierauf die Betrachtung des Klimas ein, regiert von dem Wechsel der beiden

---

[1]) Die mit * versehenen Berichte sind Selbstreferate der Vortragenden.

Monsune und der dadurch hervorgerufenen Zweiteilung des Jahres in Regenzeit und Trockenzeit. Hierbei wurde besonders scharf die Abhängigkeit der Bewohner von diesen Naturmächten und die Wirkung dieser Abhängigkeit in verschiedenen kulturellen Erscheinungen hervorgehoben; insbesondere gewisse Züge der Religion wurden mit darauf zurückgeführt und die spätere Betrachtung der Frage der Hungersnöte vorbereitet.

Hieran schloß sich eine Darstellung der Bevölkerung Indiens in historischem Werdegang. Besonders behandelt wurden dabei die vor aller Geschichte eingewanderten Dravida und die Einflüsse, die sie in der Gesamtkultur Indiens gehabt haben. Sodann die bedeutendsten der Völkerwellen, die durch das alte Tor Indiens im Nordwesten hereingeflutet sind. Insbesondere die arische Einwanderung und ihre Bedeutung für die gegenwärtige hinduistische Gesittung Indiens; ihre Schöpfungen der brahmanischen Religion und des Kastenwesens und deren Wandlungen bis zur Gegenwart. In ähnlicher Weise wurden die Einflüsse der griechischen und skythischen und der verschiedenen muhammedanischen Einwanderungen erörtert. Von letztern wurde das Großmogulreich näher behandelt, das schon vor den Engländern nahezu ganz Indien unter einer politischen Herrschaft vereinigt hatte und das noch heute das 3000 jährige Delhi den Indern als eine Art nationaler Hauptstadt erscheinen läßt gegenüber dem erst von den Engländern geschaffenen Kalkutta. Endlich wurde die Rivalität der verschiedenen christlichen Völker in Indien erwähnt und der schließliche Sieg der Engländer.

Der Redner untersuchte sodann die Mittel, mit denen die Engländer es ermöglichen, dies Riesenreich mit einer relativ so unbedeutenden Machtentfaltung zu beherrschen, und sah, neben der in der Hindureligion begründeten politischen Indifferenz großer Volksteile Indiens die wichtigste Lösung dieses Rätsels in der äußerst geschickten Anwendung des divide et impera durch die Engländer.

In kurzen Schlagworten wurden sodann die Fragen beleuchtet: „Was bedeutet Indien für England?“ und „Was leistet England für Indien?“ Hierauf endlich ging der Vortragende über zu dem Ziel der ganzen Untersuchung: zu der Frage, weshalb trotz mancher unleugbarer Wohltaten doch eine wachsende Unzufriedenheit mit der englischen Herrschaft in Indien zu erkennen sei. Er sah die Hauptprobleme in folgenden Punkten: 1. in dem Grundverhältnis einer unfreiwilligen Unterwerfung eines Volks unter ein stammfremdes andere, das nun einmal stets Bitterkeit im Gefolge habe; 2. in der gerade durch die pax britannica hervorgerufene Übervölkerung großer Teile Indiens; 3. in der durch Englands Industriecharakter gebotene systematische Unterdrückung indischer Gewerbe und fortschreitende Agrarisierung der Bevölkerung; 4. in den bedenklichen Folgen der durch die Engländer vermittelten modernen Schulbildung, die ein gefährliches geistiges Proletariat in Indien erzeugt habe; endlich 5. in dem Vorgange der Herausbildung eines indischen Nationalgefühls, daß durch die Zusammenfassung Indiens unter einer einheitlichen Herrschaft entsteht und die große Bedenklichkeit mit sich bringt, daß die Massenkräfte Indiens sich gemeinsam gegen England organisieren. Redner behandelt ausführlich die Rolle der Bengalen, wo dieser Vorgang schon am weitesten fortgeschritten ist. Verstärkt werde die Bedeutung dieser Bewegung dadurch, daß sie ganz neuerdings einen eigentümlichen religiös-reaktionären, antieuropäischen Charakter erhalte, der sie ganz besonders gefährlich mache. Denn nach wie vor (1857) bestehe die Hauptgefahr für Englands Position in der Möglichkeit, die Eingeborenenarmee durch religiöse Beeinflussung zum Wanken zu bringen.

Hatte der Vortragende so die außerordentlichen Schwierigkeiten geprüft, denen England in Indien gegenübersteht, so schloß er doch mit dem aus dem Solidaritätsbedürfnis aller weißen Nationen im Zukunftsringen um die Weltherrschaft entspringenden Wunsche, daß es den Engländern noch recht lange gelingen möge, diese Schwierigkeiten zu überwinden.

Auf diesen außerordentlich gehaltvollen Vortrag folgte die Vorführung ausgezeichneter Lichtbilder, zu denen der Redner die nötigen Erläuterungen gab.

Am 23. März sprach Herr Geheimrat Prof. Dr. Hergesell über „Ozeanographische und aerologische Streifzüge in den tropischen und arktischen Gebieten“.*

Der Redner berichtete in seinem Vortrag über wissenschaftliche Untersuchungen, die er hauptsächlich an Bord der Yacht des Fürsten von Monaco im Atlantischen und Arktischen Ozean gemacht hatte. Zunächst wurden die wissenschaftlichen Einrichtungen des Schiffes geschildert und die Apparate, die vorhanden waren, um die geheimnisvollen Tiefen des Meeres zu untersuchen. An der Hand von Lichtbildern wurden die schwierigen Arbeiten einer wissenschaftlichen Lotung in großen Tiefen mit Hilfe des Vermessungsschiffes in anschaulicher Weise vorgeführt. Der Redner wies in diesem Teil ganz besonders auf die Verdienste des Fürsten von Monaco hin, die derselbe bei der ozeanographischen Erforschung der Weltmeere sich erworben hat. Es wurden dann die aerologischen Studien, die Prof. Hergesell selbst an Bord desselben Schiffes zur Erforschung der freien Atmosphäre über den Ozeanen angestellt hatte, ebenfalls an der Hand von Lichtbildern in ausführlicher Weise geschildert. Diese Versuche konnten erfreulicherweise auch mit anderen Schiffen fortgesetzt werden, da Seine Majestät der Kaiser mehrere Male ein deutsches Kriegsschiff dem Gelehrten zu diesem Zwecke zur Verfügung stellte. Die Resultate dieser aerologischen Studien in den Subtropen, den westindischen Gewässern und dem arktischen Meere wurden durch Lichtbilder in gemeinverständlicher Weise vorgeführt. Redner wies zum Schluß auf die allgemeine wissenschaftliche Bedeutung der Erforschung der Meere und der Atmosphäre über denselben hin und zeigte insbesondere, wie sehr die geophysikalische Forschung bei uns noch im Argen liegt. Allerdings wenden eine Anzahl von Universitäten diesen Studien, d. h. der Erforschung des Erdballs in physikalischer Beziehung, ein bedeutendes Interesse zu. Andererseits aber sind andere Universitäten, insbesondere die hiesige, durch ein vollständiges Außerachtlassen der sich immer mehr und mehr entwickelnden Wissenschaft der Geophysik in ganz besonderem Rückstande.

Am 11. Februar hatten wir die Ehre, Seine Hoheit den Herzog Adolf Friedrich zu Mecklenburg über seine „Innerafrikaexpedition 1910/11" sprechen zu hören. Der Herzog, der im Interesse der kolonialen Sache schon in mehreren Abteilungen der deutschen Kolonialgesellschaft Vorträge gehalten hatte, war der Bitte, auch unsere Abteilung mit seinem Besuche zu beehren, auf das bereitwilligste gefolgt. Bei seiner Ankunft in Straßburg wurde er von den beiden Vorsitzenden unserer Gesellschaft auf dem Bahnhof begrüßt und begab sich von dort ins Statthalterpalais. Um 1 Uhr gaben der kaiserliche Statthalter und die Frau Gräfin v. Wedel zu Ehren seiner Hoheit ein Frühstück, zu dem auch einige Herren des Vorstands unsrer

Gesellschaft Einladungen erhalten hatten. Der Vortrag fand abends in der eigens für diesen Zweck mit elektrischer Beleuchtung versehenen und festlich geschmückten großen Aula der Universität statt, deren Benutzung uns für diesen Abend freundlichst gestattet worden war. Der weite Raum und auch die in den Vorsaal strahlenförmig hinausgeschobenen Stuhlreihen waren bis auf den letzten Platz besetzt, als um 7 1/2 Uhr der Vortragende mit dem kaiserlichen Statthalter Grafen v. Wedel erschien. Nach herzlicher Begrüßung durch den 1. Vorsitzenden trat der Herzog an das Rednerpult und begann seinen 1 1/2 stündigen Vortrag, indem er in lebendiger und anschaulicher Weise seine Beobachtungen und Erfahrungen sowie die wissenschaftlichen und kulturellen Erfolge seiner Reise schilderte.[1]) Nach einer allgemeinen Orientierung über die Marschroute, die dem Sanga aufwärts folgend in das Gebiet des Schari und Logome, zum Tschadsee und über den Benue nach Kamerun zurückführte, also Gebiete durchschnitt, die durch den deutsch-französischen Marokko-Kongo-Vertrag für uns ein erhöhtes Interesse gewonnen haben, führte uns der hohe Redner an der Hand prächtiger Buntlichtbilder zunächst in das Gebiet des Tschadsees. Dieser schwillt zur Regenzeit gewaltig an, trocknet aber zur Zeit der Dürre zum großen Teile ein und zeigt dann zahlreiche Inseln, deren Vegetation natürlich nicht reich ist, da in der Regenzeit alles vom Wasser überflutet ist. Auf den größeren wird Viehzucht getrieben.

Im Osten liegen die seltsamen Inselberge, die der Forscher bestieg, im Westen die Tafelberge, auf denen noch echte Wilde mit vergifteten Lanzen hausen. Neben dem Tschadsee sahen wir im Bilde besonders die Gebiete am Schari und Logome, die teils deutsch waren und deutsch bleiben, teils jetzt aus deutschem in französischen Besitz übergehen und umgekehrt. Den ersteren Besitzwechsel bedauert der Herzog, denn er entführt uns ein reiches Jagdgebiet mit der Fauna des Ostens, den anderen kann man immerhin annehmen, wenn auch einzelne Striche von der Schlafkrankheit entvölkert sind, „denn es ist besser, große Landstriche mit etwas Schlafkrankheit zu besitzen, als gar keine“. In bunter Folge zogen da Landschaft und Bevölkerung an uns vorüber; die verschiedensten Formen des

[1]) Dem folgenden Referat ist der Bericht der „Straßburger Post“ vom 12. Februar zugrunde gelegt.

Hüttenbaus sahen wir: Einfache Grashütten, bienenkorbähnliche Lehmbauten mit kunstvollen Verzierungen bei den Musgu, selbst Häuser mit einem Stockwerk über dem Erdgeschoß, im Seegebiet stets auf Erhöhungen angelegt, damit sie bei Hochwasser nicht unter Wasser geraten. Meist liegen sie in Form von Gehöften und diese wieder in Dörfern zusammen, dazwischen Straßen, so eng, daß man sich kaum darin bewegen kann. Allerhand Sitten und Gebräuche lernten wir kennen: Jede der Frauen hat ein Haus, und abwechselnd ist der Mann bei ihnen zu Gast. In den mohammedanischen Gegenden halten die Sultane alle Freitage wie der Großsultan in Konstantinopel ihr Selamlik. Große Festlichkeiten werden bei passender Gelegenheit veranstaltet, so an Kaisersgeburtstag auf der großen Station Kusseri, wobei die Reiter — bei Anwesenheit des Herzogs 1911 waren es 6000 — in bunter Tracht auf buntgedeckten Pferden sitzen, deren Decken wie bei mittelalterlichen Turnieren bis zum Boden reichen. Wir sahen die Frauen in ihrer bunten Festtracht, andere mit Perlen geschmückt und unbekleidet, aber Lippen, Ohren und Nase durchbohrt und mit zinnernem Schmuck „verschönt"; ganz ansehnliche Gestalten neben grundhäßlichen, wie übrigens auch bei den Männern. Wir sahen endlich auch die Fauna: Bei der Tränke hat sie der Herzog belauscht und photographiert, manches Stück auch mit der Büchse erlegt und heimischen Museen, zum Teil als erste überhaupt, gesandt. Der Büffel ist vertreten, das Nashorn und die Antilope, aber auch die Heuschrecken fehlen nicht, die ganze Striche verheeren.

Aus den mannigfachen interessanten Mitteilungen des Redners seien hier nur noch einige kolonialpolitische Bemerkungen herausgegriffen. Der Handel im Seegebiet ist außerordentlich entwicklungsfähig, er leidet nur unter den schlechten Verkehrsverhältnissen. Der Bau einer Eisenbahn würde ihm sicher gewaltig aufhelfen, und bei intensiver Bewirtschaftung des Landes muß sie kommen. Für Verkehrszwecke zieht der Herzog auch Flugzeuge in Betracht, die nach dem Urteil der Fachleute brauchbar für den Zweck und verhältnismäßig billig sind — von dem moralischen Einfluß auf die Bevölkerung ganz abgesehen. Vier Flugzeuge, zwei in ständigem Verkehr, dürften sich bei einer Strecke von 800 Kilometer auf 260 000 Mk. stellen. Von der deutschen Verwaltung verspricht sich der

Redner nur Gutes. Unsere sanitären Maßnahmen in den Kolonien, die hier besonders nötig werden, sind unübertroffen und in der Behandlung der (hier noch teilweise widerspenstigen) Eingeborenen stehen wir keiner andern Kolonialmacht nach. Freilich, etwas Geduld wird noch nötig sein. Lebhafter Beifall lohnte den überaus interessanten Vortrag, dem der Vorsitzende noch besonders Worte verlieh: Der heutige Tag werde sicher zu den glänzendsten der Gesellschaft für Erdkunde zählen.

Nach Schluß des Vortrages fand im Hotel zur Stadt Paris zu Ehren unseres hohen Gastes ein Festessen statt, an dem außer dem kaiserlichen Statthalter Grafen v. Wedel noch eine Reihe anderer geladener Gäste teilnahmen. Während des Essens erhob sich der 1. Vorsitzende, Generalmajor Auler, um Seiner Hoheit nochmals im Namen der Gesellschaft zu danken und gleichzeitig als freudiges Ergebnis des Vortrages mitzuteilen, daß wir durch den heutigen Abend einen Zuwachs von 70 Mitgliedern gewonnen hätten. Seine Worte klangen in ein Hoch auf den Herzog aus, der sofort das Wort zur Gegenrede ergriff, in der er erklärte, er sei sehr gern unserer Einladung gefolgt und hoch erfreut über die durch seinen Vortrag bewirkte Vergrößerung unserer Gesellschaft. Er wünsche der Abteilung Straßburg ein weiteres Gedeihen und hoffe, daß sie, falls er hier wieder einmal einen Vortrag halten sollte, das erste Tausend erreicht haben würde. Nach aufgehobener Tafel blieben die Teilnehmer noch in angeregter Unterhaltung zusammen, bis sich gegen Mitternacht der Herzog und der kaiserliche Statthalter verabschiedeten. Alle, die an den Veranstaltungen dieses Tages teilgenommen haben, werden das Gefühl gehabt haben, daß es ein Ehrentag der Gesellschaft für Erdkunde und Kolonialwesen war, und deshalb sei auch an dieser Stelle dem jetzigen Gouverneur von Togo, Seiner Hoheit dem Herzog Adolf Friedrich zu Mecklenburg der herzlichste Dank ausgesprochen.

Am 27. Februar sprach Herr Privatdozent Dr. v. Seidlitz über „Bau und Bild des Hochgebirges in Schwedisch-Lappland.“*

Der Geologenkongreß in Stockholm 1910 führte den Vortragenden in das Gebiet des Polarkreises, wo am Lule älf eine kleine Renntierexpedition zusammen gestellt wurde. Durch dunkle Wälder und endlose Moor- und Tundrastrecken wanderte man den Gletschern des Hochgebirges entgegen, vorbei an den gewaltigsten Wasserfällen Lapplands. Zurück führte der Weg durch die weiten Seengebiete des Lule älf, wo Fischerlappen die Renntierlappen ablösten und die Expedition tagelang über die einsamen Seen ruderten, bis zu den Porjusfällen, deren Kraft man gerade der Industrie dienstbar zu machen begann und wo die ersten Vorarbeiten für eine neue große Eisenbahnlinie im Werk waren.

Die geologische Geschichte des Landes konnte dabei in ihren Hauptzügen studiert werden. Das Urgebirge Schwedens im Süden und Osten — einer der ältesten Teile des europäischen Kontinents, der sog. skandinavisch-baltische Schild — liegt frei und fast unbedeckt von jüngeren Schichten. So kann man aus den Falten und Brüchen und mannigfachen Gesteinsschichten den Werdegang seiner Entwicklung erkennen, wie man in den Runzeln eines Greisenantlitzes von den Schicksalen seines Lebens liest. Nur die ältesten Schichtgesteine der Erde kamen hier zur Ablagerung, als dieser alte Gebirgsklotz, im ewigen Wechselspiel der Kräfte, zurück ins Meer versank. Er ward dann gehoben und zerstückelt, alte Vulkaneruptionen lagerten gewaltige Diabasdecken auf ihm ab, aber von all den jüngeren Schichten, die den Süden Europas aufbauen, finden wir nur spärliche Reste im Süden des Landes (Schonen). Während der jüngeren geologischen Epochen blieb der baltische Schild vom Meere umspült, aber nur an seinen Rändern ward er überflutet.

Eine andere Geschichte erzählt das Gebirgsland. Am Ende der ersten Periode der Meeresbedeckung begann, nach der Silurzeit, ein mächtiges Falten und Schieben im Nordkontinent. Skandinaviens und Schottlands Gebirge zeigen uns das Ergebnis. Aber nicht im Kleinen begann das Land zu schrumpfen, sondern gewaltige Gesteinsschollen, bis zu 1000 m mächtig setzten sich in Bewegung, alles vor sich her schiebend und zermalmend. Auf eine Strecke von 1400 km ward so das schwedische Gebirge mehr als 100 km weit nach Süden vorgeschoben, wie dies in ähnlicher Weise uns die Alpen von Glarus und Graubünden zeigen.

Das heutige oberflächliche Landschaftsbild dieser Gebiete hängt untrennbar mit der Gestaltung des Untergrundes zusammen. Drei ganz verschiedene Charaktere der Landschaft treten uns im Gebirgsland entgegen. Das Gebiet der Amphibolit-Gruppe zeigt Hochgebirgscharakter, schroffe und zackige

Formen; Gletscher bedecken die Hänge, teils als Plateau, teils als Talgletscher, aber Vegetation ist fast keine vorhanden. Die nächst tiefere Überschiebungsscholle der Syenite hat sanft gewölbten, plateauartigen Mittelgebirgscharakter und ist bedeckt von Tundravegetation. In den sumpfigen Tälern, durch die sich die Gletscherabflüsse in mäandrischem Lauf winden, findet man schon Birken und Erlen in dichtverschlungenem Gestrüpp. Mit steilem, bastionsartigem Abbruch grenzt das Mittelgebirge an das Flachland. Diese scharfe Grenze, die Glintlinie, die sich vom Jämtland bis zum Torne älf verfolgen läßt, entstand durch rückschreitende Verwitterung. Das flache Land des Baltischen Schildes schließlich stellt eine alte Einebnungsfläche dar, die jetzt von dunklen Tannenwäldern bedeckt ist, zwischen denen schäumende Wasserfälle die Seen zu Ketten verbinden.

Alle diese Berge und Höhen waren einst von der letzten großen Vereisung bedeckt. Sie wurden abgeschliffen, eingeebnet und geglättet, was nirgends so reich zutage tritt wie an den trogförmigen Tälern und den fjordartig eingeschnittenen Seen.

Neben den Wäldern und Wasserfällen, die eine gewaltige industrielle Entwicklung des Landes in Aussicht stellen, sind noch unermeßliche Schätze an Eisenerz vorhanden, die heute nur zum kleinsten Teil abgebaut werden dürfen. Aber schon jetzt geht die Entwicklung mit Riesenschritten voran; Eisenbahnen und Dampfschifflinien werden in die weltfernen Gegenden vorgeschoben, und Industriestädte entstehen, wo vor 10 Jahren nur lappische Jäger und Renntierherden vorüber zogen. Wenn einmal die 10 Millionen H. P. die bis jetzt noch ungehoben in Schwedens Wasserfällen schlummern, dem Verkehr und der Technik dienstbar gemacht sein werden, dann wird auch das Nordland mit seinem unerschöpflichen Reichtum an „weißer Kohle“ siegreich den Konkurrenzkampf mit den gestauten Wasserkräften des übrigen Europas aufnehmen können. Dann verliert aber auch ein stilleinsamer und schöner Erdenwinkel seine eigenen Reize, wenn Industriestädte am See Laidaure und am Stora Sjöfallet erstehen und Touristenreisegesellschaften durch die lappländischen Wälder ziehen.

Am 19. März hielt Herr Hauptmann Tiling einen, an prächtigen Naturschilderungen reichen Vortrag über seine Reise: „Auf dem Yangtse stromauf nach Tsetschuan“.* Kein wissenschaftlicher Bericht sollte es sein, nur Bilder versuchte er wiederzugeben, und so den Riesenstrom mit seinem Leben, und in seiner handelspolitischen Bedeutung den Hörern näher zu bringen. Viele Namen führt der Yangtse in alter und neuer Zeit, von seiner noch unbekannten Quelle in den Tongolabergen, bis zur 5500 km weit entfernten Mündung. Eine 2800 km lange schiffbare Strecke führt durch die neun wichtigsten Provinzen Chinas, verbindet sie durch das gesamte Flußsystem zu einem organischen Ganzen und schafft Lebensbedingungen für 140—180 Millionen Menschen jetzt, in Zukunft wohl noch für mehr. Von der ca. 50 km breiten Mündung verengt sich der Strom bald auf 15 km. Der Wangpu bildet hier die Verbindung zur Metropole des Ostens Shanghai. Bis Tschingkiang 360 km weit landeinwärts auf dem hier etwa 10 km breiten Yangtse macht sich Flut und Ebbe regelmäßig fühlbar. Nachdem die Mündung des Kaiserkanals passiert ist, treten Hügel und Berge an den Strom heran. Nanking wird erreicht. Kurz wurde von Kinkiangs Porzellanindustrie und Hankaus Tee- und Albuminhandel berichtet und das Städtetrifolium Hankau, Wuschan, Hanyang erwähnt, dann wurden die Wasserunterschiede des Stromes in den verschiedenen Jahreszeiten und die hieraus sich ergebenden Schwierigkeiten für Schiffahrt und Handel geschildert. Bei Hankau ist der Strom noch 700—800 m breit und für Seedampfer mittlerer Größe fahrbar; bis Itschang 1750 km von der Küste verkehren Handels- und Personendampfer regelmäßig. Hier aber ist Umladeplatz; denn bald verengt sich der Strom auf 150 m, und die berühmte und berüchtigte Stromschnellenfahrt beginnt. Besonders gebaute chinesische Boote, mit besonders geschulten Leuten, die seit Generationen mit dem Strom und seinen Tücken fast instinktmäßig vertraut sind, vermitteln bis Pingschapsien 2770 km von der Küste den Verkehr und Warenaustausch, dessen Wert im Jahre 1902 120 Millionen Mark betrug, und dessen zukünftige Entwickelung nicht vorauszusehen ist. Denn die am Yangtse hier gelegenen Provinzen Hupeh und Szechuan sind schon jetzt die reichsten in China, und ihre noch ungehobenen Bodenschätze sind unermeßlich. — Bis Kweitschanfu in Szetchuan trug ein Hausboot den Redner. Von Land und Leuten, Sitten und Gebräuchen, dem Leben und Treiben auf dem Hausboot, den Gefahren und Reizen der Stromschnellenfahrt handelte der letzte Teil des Vortrags, dessen Ausführungen durch Lichtbilder ergänzt wurden.

Am Donnerstag, den 23. Mai fand im kleinen Saale des Zivilkasinos ein Herrenabend statt, der sich vor dem vorigjährigen durch einen bedeutend stärkeren Besuch auszeichnete. Nachdem der 1. Vorsitzende die Versammlung begrüßt hatte, ergriff der Direktor der Universitäts- und Landesbibliothek, Herr Geheimrat Dr. Wolfram, das Wort zu einem Vortrag über „Romanische und germanische Siedlung und Bauweise in Lothringen".*

Der Redner zeigt zunächst an der Hand von Karten, wie sich die Sprachgrenze in Lothringen im Laufe der Jahrhunderte entwickelt hat. Das wesentliche Resultat ist, daß die größte Verschiebung in der Gegend von Dieuze im 17. Jahrhundert stattgefunden hat (um ca. 20 km), daß aber im übrigen die Grenze seit der Zeit der Völkerwanderung entweder völlig konstant geblieben, oder nur um ein geringes zugunsten des Romanentums vorgerückt ist. Die Sprachgrenze der Völkerwanderung ist gleichzeitig die Nationalitätsgrenze und zwar sind es die Alemannen gewesen, die durch ihre Siedlungsart in Sippen diese Grenze zunächst festgelegt haben. Das Germanentum ist nur zeitweise über die alte Nationalitätsgrenze nach Westen vorgedrungen, zum ersten Male im 11. Jahrhundert, als die Bauernschaft auf friedlichem Wege die Dörfer um Ennery germanisiert hat, das andere Mal, als im 15. Jahrhundert unter dem Einfluß der deutschen Bischöfe von Metz, die Bischofstädte Vic und Marsal von deutschen Ansiedlern besetzt wurden. Beide Male ist nach verhältnismäßig kurzer Zeit das deutsche Element wieder verschwunden.

Die Bauart der Bauernhäuser ist durch Holz oder Steinbau deutlich als romanisch oder germanisch charakterisiert. Schon die Anlage der Dörfer unterscheidet sich als Reihen- (romanisch) und Haufendorf (germanisch). Die romanischen Steinhäuser haben flaches Dach und infolgedessen als Ersatz für den fehlenden Speicherraum ein niedriges 2. Obergeschoß. Die germanischen Holzhäuser sind steilgiebelig, mit ausreichendem Speicherraum, infolgedessen ohne das 2. Obergeschoß. Die gleiche Bauart zeigt sich auch vielfach bei den Kirchen.

Das romanische Haus ist vielfach weit über die alte Nationalitätsgrenze eingedrungen, das germanische Fachwerkhaus nur in Marsal und Vic, wo heute noch zahlreiche Fachwerkbauten von den alten deutschen Bewohnern Zeugnis ablegen.

In der neuesten Zeit bringt die Einwirkung der Industrie ein Vordringen des deutschen Elementes mit sich, so vor allem im Kreise Diedenhofen (im Orne- und Fentschtale).

Der Vortrag, den Herr Geheimrat Dr. Wolfram am 12. Dezember 1911 über „Kultur- und Handelsbeziehungen des Orients mit Gallien und Germanien im Frühmittelalter“ hielt, über den aber im letzten Heft noch nicht berichtet werden konnte, hatte folgenden Inhalt: *

Die Kultur der Rhein- und Mosellande in den letzten vorchristlichen und den ersten nachchristlichen Jahrhunderten ist bisher fast ausschließlich auf römisch-italischen Einfluß zurückgeführt worden. Demgegenüber ist gerade in den letzten Jahrzehnten wiederholt darauf aufmerksam gemacht, daß besonders auf dem Gebiete der Kunst griechischer Einfluß nicht zu verkennen ist. So zeigt eine Frauenstatue des Metzer Museums unzweifelhaft Ähnlichkeit mit pergamenischen Bildwerken. Für den Giganten auf der Mertener Säule (Metzer Museum) ist auf gleiche Abhängigkeit hingewiesen worden, und ein Felsrelief bei Bitsch ist von Michaelis unter Hervorhebung des griechischen Charakters, der Skulptur neben die Denkmäler von St. Remy gestellt worden. Aber auch auf dem Gebiete des Münzwesens ist das Moseltal stark vom griechischen Orient her beeinflußt worden, denn gewisse Münzen der Mediomatriker tragen, wenn auch stark deformiert, das Bild des Philippus-Staters.

Wie ist dieser griechische Einfluß zu erklären?

Ein Import aus Italien ist ausgeschlossen. Diese Annahme hätte von vornherein unwahrscheinlich sein müssen, denn die Alpen sind zu $^{3}/_{4}$ des Jahres unwegsam und für die wenigen Monate der Übergangsfähigkeit erlaubten die überaus mangelhaften Wegeverhältnisse durchaus nicht die Einführung einer neuen allumfassenden Kultur. Der einzige Weg, der für Rhein- und Moseltal in Betracht kommt, sind die Straßen moselaufwärts, saôneaufwärts, rhôneabwärts. Die Verbreitung der Succellusbilder weist nach den Darlegungen Michaelis’ direkt dorthin. Die Bitscher Felsskulptur ist ebenso von der Provence aus beeinflußt worden, und keltische Münzen der Mediomatriker zeigen dasselbe Münzbild wie das Gepräge von Marseille. Vor allem aber beweist den lebhaften Verkehr nach jenen Gegenden die Tatsache, daß von den in Metz gefundenen römischen Münzen ungleich mehr in Lyon, als in Rom geprägt sind. Daß eine alte Handelsstraße von Marseille nach Metz vorhanden war, zeigt die Peutingersche Tafel. Aber auch der Wasserweg ist benutzt worden; das ergibt sich klar aus der Überlieferung des Tacitus, daß die Ausführung eines projektierten Kanals zwischen Mosel und Saône lediglich an Kompetenz-Konflikten zwischen den Statthaltern der benachbarten Provinzen gescheitert ist.

Ist nun die mit griechischen Gründungen besiedelte Süd-Provence die Ursprungsstätte des griechischen Einflusses im Moseltal?

Die Stadt Marseille hat allezeit die Verbindung mit dem Griechentum des alten Heimatlandes, vor allem Klein-Asiens, aufrecht erhalten. Bis in das späte Mittelalter ist uns durch die Forschungen Scheffer-Boichorsts und Brécquiers der Verkehr von Syrern und Griechen von Marseille über Lyon nach den gallischen und germanischen Städten erwiesen worden. Insbesondere ist auch das Christentum von Lyon, Metz, Trier und höchstwahrscheinlich auch von Köln und Mainz griechischen Ursprungs, in seinen Anfängen durchaus unbeeinflußt von Rom und Italien. Auch das Julier-Denkmal von St. Remy erinnert, ebenso wie die Igler-Säule bei Trier, an kleinasiatische Mausoleen. Endlich sind unter den Münzen, die im Moseltal gefunden werden, zahlreiche Stücke Antiochischen Gepräges.

Auch in der karolingischen Zeit ist dieser griechisch-syrische Einfluß noch lebendig. Thegan berichtet ausdrücklich, daß Karl der Große Syrer und Griechen an seinen Hof berufen habe, und die Forschungen Strzygowskis beweisen zur Evidenz, daß Syrer speziell in Metz an der Herstellung von Handschriften tätig gewesen sind. Da nun das Monogramm Karls des Großen durchaus gleichartig ist mit demjenigen eines armenischen Patriarchen und das K im Monogramm (statt des sonst gebräuchlichen C) auf griechischen Einfluß hinweist, so dürfte auch speziell dieses Monogramm auf den Einfluß von Syrern in der kaiserlichen Kanzlei zurückgehen.

Schließlich kommt noch eine politische Bildung in Betracht. Die merkwürdige Gestaltung des karolingischen Mittelreiches ist nur zu verstehen, wenn wir annehmen, daß Lothar vor allem die große Handelsstraße von Marseille bis zur Nordsee, die einzige südnördliche Verbindung, die nicht durch ein Gebirge unterbrochen ist, die außerdem im Norden wie im Süden in ertragreiche Häfen ausmündete, im Besitz haben wollte.

Am 5. Nov. sprach Herr Prof. Dr. Littmann über „Historisches und Geographisches aus Abessinien.“*

Abessinien ist heute das einzige noch unabhängige Land Afrikas, seit alle anderen Gebiete jenes Erdteils in europäischem Besitze sind. Es wird auf allen Seiten von Kolonien europäischer Staaten umgeben: der italienischen Kolonie Erytrea, der französischen, englischen und italienischen Somaliküste, dann von Britisch Ostafrika und dem anglo-ägyptischen Sudan. Das unabhängige Kaiserreich Abessinien ist jetzt auf das Hochland beschränkt, während es in älterer Zeit auch Zugang zum Meere hatte. Dies Hochland ist eins der zerklüftetsten Bergländer der Welt und hat außerordentlich merkwürdige Bergformationen aufzuweisen. Charakteristisch sind die Tafelberge, dort zu Lande Ambas genannt, die mit den mexikanischen Mesas Ähnlichkeit haben. [Die drei Zonen, Quolla (tiefes Bergtal), Woina Dega (mittleres Hochgebirge), Dega (Hochgebirge und Hochfläche), werden durch Bilder illustriert.] Für die Woina Dega ist die Kandelabereuphorbie typisch, die dort in schönen, großen Exemplaren vorkommt: Kirchen sind manchmal von einem Euphorbienhain umgeben. Von anderen großen Bäumen ist besonders Ficus vasta (oder Ficus daro, nach dem einheimischen Namen da^e^rō so genannt) bemerkenswert: Exemplare, deren Äste einen Raum von 30 Meter Durchmesser überspannen, sind gesehen worden.

Abessinien wird von drei Rassen bewohnt, von denen zwei jedoch wahrscheinlich urverwandt sind: afrikanische Neger, Hamiten und Semiten. Hamiten und Semiten sind urverwandt. [Einzelne Typen werden im Bilde vorgeführt.]

Aus der ältesten Zeit Abessiniens, vor Beginn der christlichen Zeitrechnung, ist wenig bekannt. Einige verstreute sabäische Inschriften beweisen, daß die Südaraber auf ihren Handelszügen dorthin gekommen sind und hie da Niederlassungen gegründet haben. Nach der abessinischen Legende aber war die Königin von Saba in Wirklichkeit Königin von Abessinien: sie hatte von Salomo einen Sohn, Menilek I. Irgendwelche gleichzeitige historische Dokumente aus jener Zeit sind in Abessinien nicht vorhanden: die Sage selbst wurde erst im 13. oder 14. Jahrhundert n. Chr. aufgezeichnet, wird aber wohl etwas älter sein.

Der erste König von Abessinien, das damals nur Nordabessinien umfaßte, und Aksum zur Hauptstadt hatte, hat —

soweit man die Geschichte sicher zurückverfolgen kann — im 1. Jahrhundert n. Chr. gelebt. Im 4. Jahrhundert, etwa um 350 wurde das Christentum im Reiche von Aksum eingeführt, nachdem vorher schon das Judentum unter der Bevölkerung Eingang gefunden hatte. Der Name des Königs, der das Christentum zur Staatsreligion machte, des Constantins von Abessinien, war 'Ēzānā. Mit dem Vordringen des Islams im 7. Jahrhundert brachen für Abessinien schwere Zeiten an; aber durch alle Kämpfe hindurch behauptete sich das tapfere Bergvolk und rettete seine christliche Religion. Vom 7. bis zum 13. Jahrhundert gibt es nur ganz spärliche Nachrichten über die Geschichte des Landes. Damals dehnte es sich nach Süden aus, und die Hauptstadt wurde nach Gondar, nördlich vom Tana-See verlegt. Von ca. 1300 an jedoch bis auf den heutigen Tag gibt es einheimische Chroniken, zum Teil mehr, zum Teil weniger ausführlich. Im 16. Jahrhundert bestand das Reich eine schwere Gefahr: ein mohammedanischer Eroberer hatte fast das ganze Land in seine Gewalt gebracht. Wären damals nicht die Portugiesen unter Christoph da Gama zu Hülfe gekommen, so wäre das christliche Reich doch vielleicht zugrunde gegangen. Danach kamen die Jesuiten und riefen schwere innere Kämpfe hervor, bis sie im 17. Jahrhundert wieder vertrieben wurden. Das alte Reich von Gondar war im 19. Jahrhundert zu einem Schattenkönigtum geworden. Da machte sich Kasa, ein afrikanischer Napoleon, zum Kaiser als Theodoros II.; ihm folgte Johannes, der im Kampfe mit den Derwischen fiel. Sein Nachfolger war der kluge Menilek II., der seit mehreren Jahren völlig gelähmt ist: er hat das alte Reich fast in seiner ganzen Ausdehnung wiederhergestellt und behauptet.

In die nordamerikanischen Steppengebiete führte uns am 26. November Herr Professor Dr. Golf-Leipzig in einem Vortrag über „Siedelung und Farmbetrieb im nordamerikanischen Westen".*

Der Vortragende gab zunächst einen kurzen Überblick über die wirtschaftlichen Verhältnisse in den Ost- und Zentralstaaten der Union und wandte sich darauf der westlichen Staatengruppe zu, der ausgedehnten regenarmen Region. Das westliche Nordamerika besteht vorwiegend aus weiten Hochebenen und Gebirgen. Das Klima ist ein typisches Steppenklima, heiß und trocken, die Regenmengen nehmen von Osten nach Westen ab.

Die Steppen stellen spärlich bestandene Grasflächen dar; in der Trockenzeit stirbt das Gras ab, behält aber seinen hohen Nährwert. Stellenweise versagt auch das Gras, einige Salbeigewächse oder in Texas der hohe Masquitabusch bilden dann den einzigen Pflanzenwuchs.

Den ersten Anlaß zur wirtschaftlichen Erschließung des nordamerikanischen Westens gab das Auffinden von Gold in Kalifornien; es wurde eine Überlandpost von Osten nach der Westküste eingerichtet, in der Nähe der Stationen ließen sich Ansiedler nieder, deren Zahl mit der zunehmenden Ausdehnung der Minenindustrie in den Kordilleren rasch anwuchs. Die Goldproduktion ist inzwischen in Kalifornien immer mehr zurückgegangen, dagegen in Kolorado gestiegen; ferner findet in den Kordilleren ein ausgedehnter Bergbau auf Silber, Kupfer, Blei statt. Kohle hat man in den Weststaaten noch nicht in abbauwürdigen Lagern gefunden, wohl aber sind im Südwesten reiche Erdölquellen erschlossen worden, die den Westen von den Kohlenfeldern des Ostens unabhängig machen. Die großen Eisenbahnlinien, welche bald nach der Entdeckung des Goldes in Kalifornien aus dem bereits besiedelten Osten nach der pazifischen Küste geführt wurden, haben die wirtschaftliche Erschließung des Westens rasch vorwärts gebracht. Die Bahnen erhielten die Hälfte alles Landes längs der Bahnstrecke als Entschädigung und Geschenk überwiesen und suchten nun so rasch als möglich Landkäufer und Siedler in das Land zu locken. Auch die Regierung selbst sorgte für eine rasche Besiedlung durch Schaffung des Heimstättengesetzes.

Im nordamerikanischen Westen sind 4 Wirtschaftsformen zu unterscheiden: 1. die Weidewirtschaft. Sie wird mit Rindern, Pferden und Schafen betrieben, ihren Hauptsitz hat sie in Texas. Die Steppenviehzucht liegt ganz überwiegend in den Händen von großen Einzelunternehmern oder Gesellschaften; abgesehen von Texas, wo die Herdenbesitzer zugleich die Landbesitzer sind, findet der Betrieb fast ausschließlich auf öffentlichem, der Regierung gehörigen Lande statt. Der Betrieb ist durchaus extensiv. Die Tiere werden nur unter loser Aufsicht gehalten und müssen sich ihr Futter auf der Steppe selbst suchen. Ein- oder zweimal jährlich werden die Tiere von den Cowboys zusammengetrieben, um die inzwischen geborenen Fohlen und Kälber mit dem Brandzeichen des Besitzers zu versehen und die zum Verkauf reifen Tiere auszuscheiden. Von letzteren gehen die Rinder nach den großen Schlachthäusern in Kansas City, San Louis, Denver, während die Pferde an die Ackerbaufarmen und Städte abgesetzt werden. 2. Trockenfarmen (Ackerbau ohne Bewässerung) im extensiven Betriebe. Trotz der Regenarmut des Landes hat man schon seit Beginn der Besiedlung in allen Staaten versucht, auf unbewässertem Lande Ackerbau zu treiben und einige hinsichtlich der Wasserzufuhr genügsame Getreidearten, zumeist Weizen oder Gerste, anzubauen. Die Bewirtschaftung erfolgt fast stets im Großbetriebe und geht in ganz extensiver Weise vor sich: pflügen, säen und mähen, letzteres mit der großen amerikanischen Erntemaschinen, die nur die Ähren abschneiden und ernten oder zugleich mähen und dreschen. Die Erträge sind sehr niedrig, lohnen aber doch die geringe Arbeit.

3. Trockenfarmen im intensiven Betriebe. Da in vielen Gegenden die vorhandenen Wasservorräte bereits vollständig zu Bewässerungszwecken herangezogen werden, wendet man jetzt dem Ackerbau auf unbewässertem Lande rege Aufmerksamkeit zu. Indem man alle in Gestalt von Regen und Schnee dem Acker zuteil gewordene Feuchtigkeit durch zweckmäßige Bodenbearbeitung im Boden festzuhalten sucht, hat man erreicht, daß selbst in Gegenden mit nur 300 mm Niederschlagshöhe noch Ernten erzielt werden können. Farmen dieser Art sind nur von mittlerem und kleinerem Umfange, und noch mehr ist für die Bewässerungswirtschaft der kleinere und mittlere Betrieb charakteristisch. Mit der zunehmenden Besiedlung tritt also in den Weststaaten genau wie im Osten der kleine und mittlere Betrieb in den Vordergrund, mit Farmen von 50—200 Hektar. Das Land einer Farm bildet ein geschlossenes Rechteck, das aus nur 1—3 einfachen Gebäuden bestehende Gehöft liegt auf dem zugehörigen Felde.

4. Die Bewässerungswirtschaft. Feldbewässerung wurde schon von den Indianern in Arizona und Mexiko betrieben und später von den spanischen Missionen sehr gefördert, aber erst die germanische Rasse wurde die Begründerin der modernen amerikanischen Bewässerungswirtschaft und schuf dadurch erst die Möglichkeit einer wirklichen Besiedlung der großen regenarmen Region. Eifrig arbeiten Regierung, Gesellschaften und Farmer an der Nutzbarmachung der natürlichen

Wasservorräte, und Millionen von Hektaren sind schon aus dürrer Steppe in grüne Luzerne-, Gemüse- und Rübenflächen, volltragende Weizen- und Haferfelder und herrliche Obstpflanzungen und Weingärten umgewandelt worden. Große Stauwerke und Dämme durchqueren das Bett der Flüsse, Kanäle, die zuweilen mit Zement ausgelegt sind, und kilometerlange Holzrinnen leiten die aufgestauten Wassermengen weiter und geben sie durch Schleusen und Nebengräben an die durstigen Felder ab, und wo das Flußwasser nicht ausreicht, sind Brunnen gebohrt worden, und mit Wind-, Dampf- oder elektrischer Kraft wird das Wasser aus der Tiefe gepumpt und tränkt die kalifornischen Obstpflanzungen, die Luzerne-, Rüben- und Getreidefelder. Aus der einstigen großen Wüsten- und öden Steppenregion ist ein modernes Kulturland geworden, in welchem Millionen fleißiger Menschen ihre Heimat und ihres Lebens Zweck gefunden haben.

Lichtbilder nach eigenen photographischen Aufnahmen des Redners veranschaulichten den Farmbetrieb in trefflicher Weise.

Für den letzten Vortrag des Jahres, am 10. Dezember, hatten wir den Sibirienforscher Herrn Oscar Iden-Zeller, Alexanderdorf gewonnen. Sein Thema lautete: „Meine Schlitten-Expedition zur Halbinsel Tschukotsk und mein Leben als Nomade unter den Tschuktschen"* (mit Lichtbildern).

Der Vortragende hat während eines Zeitraumes von vier Jahren die gewaltigen Landgebiete West-, Ost- und Nordost-Sibiriens durchmessen und hatte seine besondere Aufmerksamkeit der im äußersten Nordosten Asiens gelegenen Tschuktschen-Halbinsel (Tschukotsk) zugewendet. Ethnographische und wirtschaftliche Studien veranlaßten den Redner, als Knecht in eine Tschuktschenfamilie einzutreten, um auf diese Weise intimer mit dem Leben der nordostasiatischen Berg-Nomaden bekannt zu werden.

Interessant war schon die Schilderung, wie der Vortragende von Jakutsk aus zu dem nordöstlichen Zipfel der alten Welt vordrang. Zuerst, bis zum asiatischen Kältepol, nach Werchojansk Polizeikonvoi als Begleiter eines russischen Gebietschefs für eine Wegstrecke von etwa 1000 Kilometer; dann Hilfspostillon der russischen Krone zwischen Werchojansk und

Sredny Kolymsk, ein Weg von 2000 Kilometern, der mit Renntier- und Hundeschlitten in 27 Tagen und Nächten zurückgelegt wurde; von Sredny- bis Nishny Kolymsk Beauftragter der Lokalregierung an der Kolyma; und zuletzt für 120 Tage Nomade unter den noch heute heidnischen Tschuktschen.

Nach den Ausführungen Iden-Zellers stehen die Tschuktschen nur nominell unter der Oberhoheit Rußlands. Ihre Heimat, die Halbinsel gleichen Namens, entbehrt auch noch jeglicher Kolonisation. Es ist ein wildes, von Bergketten durchzogenes Gelände, das ungünstigste klimatische Verhältnisse aufweist. In ihm streifen die heute nur noch etwa 15000 Köpfe zählenden Tschautschus als Renntierzüchter nomadisierend umher, bald hier, bald dort am Abend ihre Zelte aufschlagend. Nur gelegentlich der Jahrmärkte in Panteléicha, unweit der Mündung der Kolyma ins Eismeer und Markowo am Anadyrfluß treten diese Nomaden mit den Russen in Handelsverkehr, und die Vertreter der russischen Regierung nehmen dabei Veranlassung, von den noch vollkommen ungebändigten Eingeborenen da und dort das Marktgeld und den Tribut (Jassak) einzutreiben, der in Fellen beglichen wird. Die Tschautschus (Bergnomaden) ebensowohl wie die zum selben Stamme gehörenden Tschuktschen, die an der Eismeerküste zwischen Tschaunbucht und Beringstraße ihre Zelte aufgeschlagen haben, und die zumeist vom Robbenfang leben, haben keinerlei politische Organisation. Sie vegetieren in vollkommener Anarchie und huldigen unter sich dem Kommunismus. Des Bergnomaden ganzer Reichtum besteht in mehr oder minder großen Renntierherden. Und in der Sorge um das Futter für diese Tiere, die sich während des Winters von unter dem Schnee befindlichem Renntiermoos nähren, ist er mit seiner ganzen Familie und all seinem Besitztum mit Renntierschlitten tagein, tagaus unterwegs. So irren viele Gruppen der Tschautschus durch die Tschuktschen-Halbinsel. Während eine wohlhabendere Familie, die über viele Renntiere verfügt, allein über die Berge und durch die Tundra zieht, tun sich die ärmeren Eingeborenenfamilien zu einer Gruppe zusammen, und die Arbeitslast wird auf die verschiedenen Mitglieder der so entstandenen Gemeinde gleichmäßig verteilt. Das Leben der Bergnomaden stellt so ziemlich die härteste und zugleich traurigste Existenz dar, die man sich denken kann, und während die an der Eismeerküste lebenden Tschuktschen infolge reichlichen Robbenfanges mehr und mehr wirtschaftlich erstarken, gehen die im Innern nomadisierenden Stammesgenossen langsam und kläglich zugrunde. Von Jahr zu Jahr vermindert sich die Anzahl der Jahrmarktsbesucher, und auch der Umsatz beim Handel ist dementsprechend gesunken. Im Interesse der allmälichen Kolonisation der Tschuktschen-Halbinsel ist dieser rapide Rückgang der Eingeborenenziffer tief zu beklagen. Es bleibt nicht allein beim Verlust der Menschen, sondern mit ihnen gehen auch die Renntierherden zugrunde.

Es wäre durchaus falsch, anzunehmen, daß die Tschuktschen-Halbinsel nicht entwicklungsfähig ist. Der Boden birgt nicht nur Gold, sondern auch Silber, Kupfer, Graphit und Steinkohlen. Die geologischen Formationen sind dieselben wie in Alaska, und Amerika hat uns gezeigt, daß auch ein während des größten Teiles vom Jahre unter Schnee und Eis begrabenes polares Gelände der Kultur erschlossen werden kann. Wenn sich heute im nördlichen Teil der Halbinsel auch nur erst eine Handelsniederlassung befindet, so steht doch zu erwarten, daß allein schon infolge des sich stetig mehrenden Interesses für die endgültige Erschließung der Nordostpassage für die Schiffahrt, die Tschuktschen-Halbinsel für Handel und Industrie nach und nach wirtschaftlich erobert wird. Und wenn sich der russische Bär nicht bald dazu entschließt, mit seinen ungefügen Tatzen zuzugreifen, dann wird sicher Uncle Sam, der längst schon jenseit der Beringstraße auf der Lauer liegt, seine Pioniere, wie das jetzt schon da und dort geschieht, auf asiatisches Gebiet hinüberschicken und gewaltsam Kolonisation betreiben.

Kassenbericht pro 1912.

Einnahme	Mk.	Pfg.	Ausgabe	Mk.	Pfg.
Vortrag	731	30	Honorar für Redner, Redaktion, Saalmiete, Bedienung von Lichtbild-Apparaten etc.	1462	83
Beitrag des Kaiserl. Statthalters Graf von Wedel pro 1912 . . .	1000	—	Drucksachen	916	49
„ 1913	500	—	Porto-Auslagen, Schreib- und Einzugsgebühren	88	—
Jahresbeiträge . . . Mk. 3358.— abzüglich des an die Deutsche Kolonialgesellschaft Berlin überwiesenen Anteils . . „ 1860.—	1498	—	Vereins- und Denkmalbeiträge . . .	60	50
Diverse Einnahmen	745	35	Verschiedene Auslagen, Telephongebühren	720	25
Zinsen der Rhein. Creditbank, Filiale Straßburg . .	59	36	Guthaben bei der Rhein. Creditbank, Filiale Straßburg, am 31. Dezember 1912	1285	94
	4534	01		4534	01

Mitgliederverzeichnis

Januar 1913.

Protektor:

Seine Durchlaucht Fürst zu Hohenlohe-Langenburg.

Ehrenmitglieder:

Dr. Sven von Hedin in Stockholm.
Leo, Generalleutnant z. D., Exzellenz, in Kassel.
Euting, Prof. Dr., Geheimer Reg.-Rat, Straßburg, † 2. Januar 1913.

Korrespondierende Mitglieder:

von Förster, Oberst u. Kommandeur des Inf.-Regts. 48 in Cüstrin.
Herold, Oberstleutnant, Berlin.

Vorstand:

Ehrenvorsitzender:	Gerland, Dr., Univ.-Professor, Geh. Reg.-Rat.
I. Vorsitzender:	v. Harbou, Generalmajor.
II. „	Sapper, Dr., Universitätsprofessor.
I. Schriftführer:	Gähtgens, Dr., Professor, Oberlehrer.
II. „	Hager, Hauptmann, Inf.-Regt. 105.
Schatzmeister:	Engelhorn, Kommerzienrat, Bankdirektor.
Beisitzer:	Hergesell, Dr., Univ.-Professor, Geh. Reg.-Rat.
	Heye, Oberst, Inf.-Regt. 132.
	v. Hoffmann Graf Hoffmansegg, Major.
	Langenbeck, Dr., Professor, Oberlehrer.
	Marckwald, Prof. Dr., Oberbibliothekar.
	Offermann, Dr., Geh. Reg.-Rat.
	Pöhlmann, Bezirkspräsident.
	Rudolf, Dr., Universitätsprofessor.
	Schmidt, Generalleutnant z. D., Exzellenz.
	Schwalbe, Dr., Univ.-Prof., Geh. Medizinalrat.
	Schwander, Dr., Bürgermeister.
	Stage, Geh. Regierungsrat.
	v. Teichmann, Oberst, Inf.-Regt. 126.
	Weigand, Prof. Dr., Oberlehrer.
	Wolfram, Dr., Geh. Reg.-Rat, Direktor der Universitäts- u. Landesbibliothek.
	Würtz, Dr., prakt. Arzt.

Mitglieder.

Die Namen derjenigen Mitglieder, welche zugleich der Abteilung Straßburg der Deutschen Kolonialgesellschaft angehören, sind mit einem * versehen.

1. Abegg, Dr. jur., Oberleutnant a. D., Goethestraße 41.
2. Abel, Dr., Oberstabsarzt, Sternwartstraße 17.
*3. Adler, C., Fabrikant, Kochstaden 7.
*4. Adriani, Generalmajor, Kommandeur der 85. Inf.-Brig., Orangeriering 18.
*5. Albrecht, Oberleutnant, Feldart.-Regt. 51, Paul-Labandstaden 8ª.
*6. Amman v. Borowsky, Major, Inf.-Rgt. 126, Schweighäuserstraße 31.
7. Andersch, Hauptmann, Inf.-Regt. 126, Christoph Heerstraße 9^{IV}.
8. Argentina, Studentenverbindung, Kreuzgasse 13.
9. Aron, Landgerichtsdirektor, Ruprechtsauer Allee 32.
*10. Auler, Generalleutnant Exzellenz, Berlin.
*11. Backes, Heinrich, Architekt, Oberlinstraße 23.
*12. Baer, Dr., prakt. Arzt, Kleine Kirchgasse 2.
13. Baeseler, Landgerichtsrat, Manteuffelstraße 39.
*14. Bäßler, Oberleutnant, Inf.-Reg. 126, Wasselnheimerstr. 5 II.
*15. Baeumker, Dr., Universitätsprofessor, Wenckerstraße 8.
16. Ballenberg, Oberleutnant, Fuß-Art.-Regt. 14, Schirmeckerring 24.
*17. Bansi, Generalmajor und Kommandeur d. 4. Fuß-Art.-Brigade, Sebastian-Brantplatz 3.
18. v. Bar, Oberleutnant, Inf.-Reg. 105, Schiltigheimerplatz 10.
*19. Bartenstein, Hauptmann, Fortifikation, Ingweilerstraße 22.
20. Basse, Reg.- und Baurat, Schiltigheimerplatz 12.
*21. Bauer, Major z. D. Bezirkskommando, Universitätsplatz 8.
22. Bauer, Baurat, Kochstaden 6.
*23. Baumann, Oberleutnant, Inf.-Regt. 126, Barrerstraße 10.
24. Bauschinger, Dr., Universitätsprofessor, Sternwarte.
25. Bayer, Dr., Universitätsprofessor, Paul-Labandstaden 2.
26. Bechen, Oberst z. D., Vorstand d. Art.-Depots, Ruprechtsau, Pützengasse 17ª.
27. Becker, Kriegsgerichtsrat, Wimpfelingstraße 2.
28. Beetz, Dr., Direktor, Pioniergasse 1.

*29. Belin, Dr., prakt. Arzt, Thomasstaden 1 bis.
*30. Bellardi, Hauptmann, Fortifikation, Twingerstraße 5.
*31. Berg, Dr., Assistent am Anatom. Institut, Taulerstraße 21.
32. v. Berg, Frhr., Landforstmeister a. D., Murnerstraße 4.
*33. Berger, Kaufmann, Gewerbslauben 10.
*34. Berger, Schriftsteller, Ruprechtsauer Allee 45I.
35. Bergmann, Dr., Regierungsrat, Daniel-Hirtz-Straße 14.
36. Berninger, Jules, Architekt, Kleberstaden.
*37. Bertheau, Ingenieur, Sleidanstraße 6.
*38. Bertog, Oberstleutnant u. Direktor d. Artilleriewerkstatt, Zeughausgasse 6.
*39. Bethcke, Major u. Adjut. d. 30. Div., Bischof-Werner-Str. 2.
*40. Beyer, Reinh., Kaufmann, Gewerbslauben 46.
*41. Biffé, Regierungs-Assessor, Goethestraße 21.
*42. v. Bila, Hauptmann, Inf.-Regt. 174, Schiltigheimerplatz 8.
*43. Bilharz, Leutnant, Inf.-Regt. 105, Geilerstraße 19.
*44. Bindernagel, Hauptmann, Pion.-Batl. 15, Paul-Labandstad. 4.
45. Blaum, Dr., Professor, Oberlehrer, Universitätsplatz 7.
46. Block, Hauptmann, Inf.-Regt. 105, Schiltigheimerplatz 10.
47. Blunck, Geh. Baurat, Königshofenerstraße 8.
*48. v. Boeckmann, Generalmajor u. Komm. d. 60. Inf.-Brig., Möllerstraße 9 II.
49. Bögnerschule, Vorstand der —, Finkweilerstaden 5.
*50. Böhm, Carl, Oberregierungsrat a. D., Lessingstraße 12.
51. Bok, Dr., Prof., Oberlehrer, Weißturmring 29.
52. v. Bomhard, Dr., Landgerichtsdirektor, Geh. Justizrat, Arnoldsplatz 1.
*53. Bon, Leutnant, Inf.-Regt. 143, Taulerstraße 9.
54. „Bon Pasteur“, Direktion des —, höhere Mädchenschule der Diakonissenanstalt, Marxgasse 8.
55. Bonsack, Hauptmann, Inf.-Regt. 172, Neubreisach.
*56. v. Borries, Dr., Professor, Oberlehrer, Judengasse 15.
*57. Borckenhagen, Generalmajor, Inspekteur d. 2. Fußart.-Insp. Twingerstraße 3 II.
*58. Bramm, F., Kriegsgerichtsrat, Herderplatz 2 III.
*59. Brandenburg, Major, Inf.-Regt. 132, Nikolausring 39.
60. Brans, Fabrikant, Schwarzwaldstraße 26a.
*61. Braubach, Berghauptmann u. Ministerialrat, Lessingstraße 8.
62. Braun, Dr., Universitätsprofessor, Physikalisches Institut.
63. Breitenbach, Generalleutnant z. D., Ludwigshafenerstraße 4.

64\. Brion, Aug., Architekt, Aureliengasse 11.
*65. Bruch, Geh. Regierungsrat, Lameystraße 3.
*66. Bucher, Major, Inf.-Regt. 105, Twingerstraße 8.
*67. Bücking, Dr., Universitätsprofessor, Lessingstraße 7.
*68. Bürel, Badbesitzer, Gedeckte Brücken 8a.
*69. Bullrich, Leutnant, Husaren-Regt. 9, Ruprechtsauerallee 65.
*70. v. dem Busche-Haddenhausen, Frhr., Hauptmann, Inf.-Regt. 105, Ludwigshafenerstraße 12.
71\. Burger, Kriegsgerichtsrat, Fischartstraße 18.
*72. Burschenschaft „Arminia", Orangeriering.
*73. Burschenschaft „Germania", Katzensteg 1.
74\. Buzenies, Reg.-Rat, Vogesenstrasse 63.
*75. Cahn, Dr., Universitätsprofessor, Goethestraße 5.
*76. Chiari, Dr., Universitätsprofessor, Goethestraße 9.
*77. Classen, Dr., Generaloberarzt, Ruprechtsauer Allee 14.
*78. Clorer, Oberleutnant, Inf.-Regt. 132, Ludwigshafenerstr. 15.
79\. Colas, Prokurist von M. DuMont Schauberg, Thomannsg. 19.
*80. Colomb, Leutnant, Inf.-Regt. 105, Contades 6.
*81. Consbruch, Major, Inf.-Regt. 136, Sternwartstraße 11.
82\. Crell, Hauptmann, Fuß-Art.-Regt. 14, Fünfzehner-Wört-Weg 9, Villa Marga.
*83. v. Criegern, Major, Inf.-Regt. 105, Mannheimerstraße 3 IV.
*84. Cronau, Geh. Regierungsrat, Blessigstraße 4.
*85. Cunze, Oberleutnant, Feld-Art.-Regt. 15, kommandiert zur deutschen Gesandtschaft in Athen.
86\. Cußler, Hoflieferant, Studentengasse 8—10.
87\. Dalitz, Postdirektor, Gailerstraße 35.
88\. Danz, Hauptmann, Inf.-Regt. 136, Kaiser-Friedrichstr. 19a.
*89. Deichmann, W., Rentner, Baden-Baden, Gunzenbachstr. 4.
*90. Deuster, Kaufmann, Kronenburgerring 23.
*91. Dieckhoff, Dr., Geh. Ober-Reg.- und Vortragender Rat beim Statthalter, Orangeriering 11.
*92. Dienst, Robert, Kaufmann, Oberlinstraße 6.
93\. Dietrich, Dr., Sanitätsrat, Odilienstraße 1.
94\. Dittler, Oberleutnant, Inf.-Regt. 143, Ruprechtsauer Allee 3.
*95. Dittmar, Oberregierungsrat, Kaiser-Friedrichstraße 9.
96\. Dittmar, Geh. Sanitätsrat Dr., Schwarzwaldstraße 31.
97\. Dobritz, Katasterkontrolleur, Bitscherstraße 5.
98\. v. Dobschütz, Hauptmann, Inf.-Rgt. 143, Mutzig, Obergasse 63.
99\. Döderlein, Dr., Universitätsprofessor, Paul-Labandstaden 30.

100. Dreyfuß, Dr., Professor, Ruprechtsauer Allee 39.
101. Duhm, Liz., Divisionspfarrer, Ruprechtsauer Allee 48a.
*102. Ebbinghaus, Oberstleutnant, Inf.-Rgt. 126, Fischartstr. 24 II.
103. Ebelt, Oberleutnant, Inf.-Rgt. 132, Geilerstraße 54.
*104. Egloffstein, Frhr. v. u. zu, Exz., General der Infanterie, Gouverneur von Straßburg, Blauwolkengasse 25.
*105. Ehrhard, Dr., Universitätsprofessor, Vogesenstraße 16.
106. Ehrhardt-Redslob, Marie, Sternwartstraße 15.
107. Eichelmann, Schiltigheim, Vogesenstraße 5.
*108. Eichmann, Major, Fuß-Art.-Regt. 10, Fischartstraße 14.
*109. Einecker, Dr., Stabsarzt, Schiltigheimerplatz 11 I.
110. Eissen, Geh. Kommerzienrat, Kaiser-Friedrichstraße 13.
*111. Engelhorn, Bankdir., Kommerzienrat, Schweighäuserstr. 41.
*112. Esche, Major, Inf.-Regt. 136, Kaiser-Wilhelmstraße 5.
*113. Fack, Major, Inf.-Regt. 126, Vogesenstraße 21.
*114. Fehling, Dr., Geh. Obermedizinalrat, Universitätsprofessor, Paul Labandstaden 15.
*115. Feist, Jos., Direktor der Elsäss. Tabakmanufaktur, Kaiser-Wilhelmstraße 3.
*116. Feuerheerd, Hauptmann, Inf.-Regt. 136, An der Aar 7.
117. Fick, Justizrat, Notar, Schiltigheim, Bischweilerstraße 56.
118. Ficker, Dr., Universitätsprofessor, Lessingstraße 2.
119. Fischer, Dr., Universitätsprofessor, Küfergasse 25.
*120. Fischer, Hermann, Oberleutnant, Inf.-Regt. 105, Bitscherstr 2.
121. Fischer-Gissot, Hauptmann, Inf.-Rgt. 132, Universitätsstr. 38.
122. v. Förster, Oberst und Kommandeur des Inf.-Regt. 48 in Cüstrin, korrespondierendes Mitglied.
*123. v. Frankenberg und Ludwigsdorf, Generalmajor u. Kommandeur der 61. Inf.-Brig., Schwarzwaldstraße 26a.
*124. Freihen, Buchhändler, Dietrichstaden 4.
*125. Freudenfeld, Oberregierungsrat, Kaiser-Wilhelmstraße 5.
*126. Freund, Dr., Universitätsprofessor, Lessingstraße 6.
*127. Fritsch, Oberstleutnant, Festungsinspekteur, Ruprechtsauer Allee 46 III.
*128. Füßlein, Major im Generalstab d. 30. Division, Ruprechtsauer Allee 65.
129. Funke, Dr., Universitätsprofessor, Müllenheimstaden 3.
*130. Gähtgens, Dr., Prof., Oberlehrer, Schiltigheim, Vogesenstr. 7.
*131. Geest, Oberleutnant, Inf.-Regt. 132, Offizier-Wohngebäude, Zitadelle.

*132. Gebhardt, Landger.-Dir. a. D., Geh. Justizrat, Gailerstr. 5.
*133. Geissel, J., Generalagent, Kleberstaden 16.
*134. Gelshorn, Dr., Prof., Oberlehrer a. D., Schweighäuser. 21 II.
*135. Geographisches Seminar, Universität.
*136. Gerber, E., Dr., Geh. Reg.-Rat, Stöberstraße 7.
*137. Gerland, Dr., Geh. Reg.-Rat, Universitätsprofessor, Schillerstraße 6.
*138. Giessen, Leutnant, Inf.-Rgt. 143, Kaiser-Friedrich-Kaserne St. 77.
139. v. Gilsa, Oberstleutnant, Inf.-Rgt. 132, Universitätsplatz 2 I.
140. Gläser, Leutnant, Inf.-Rgt. 132, Offizier-Kasino Inf.-Rgt. 132, Zitadelle.
*141. Glässgen, Oberleutnant, Inf.-Regt. 132, Gerhartstraße 5.
*142. v. Glasenapp, Hauptmann u. Adjutant d. Gouvernements, Kaiser Friedrich-Straße. 14 p.
*143. Glasmacher, Regier.- u. Forstrat, Schiltigheimerplatz 7.
*144. Glauer, Generalmajor z. D., Am Waseneck 7.
*145. Glück, Oberstleutnant, Inf.-Regt. 126, Ludwigshafenerstr. 10.
*146. Glunz, J., Fabrikant, Weißturmring 2.
*147. Glunz, M. E., Strohhutfabrikant, Wasselnheimerstraße 4.
148. Götte, Dr., Universitätsprofessor, Spachallee 13.
*149. Goetz, Geh. Oberregierungsrat, Direktor d. direkten Steuern, Schweighäuserstraße 21.
150. Goldschmidt, H., Dr., Regierungsrat, Ruprechtsauer Allee 33.
151. Goltz, Frl., Sternwartstraße 10.
*152. v. d. Goltz, Frhr., Kreisdirektor, Palaststraße 5.
*153. Gramsch, Major, Train-Btl. 15, Möllerstraße 1.
154. Graner, Geh. Baurat, Direktor der Techn. Schule, Schwarzwaldstraße 19.
155. Grau, Ober-Postinspektor, Oberlinstraße 38.
*156. Grass, Hauptmann, Inf.-Regt. 105, Schiltigheimerplatz 6.
*157. Graul, Oberst, Inf.-Regt. 105, Ruprechtsauerallee 49.
*158. Greiner, Emil, Zivilingenieur, Kronenburgerstraße 19.
159. Grober, Prof., Dr., Lycealdirektor, Schloßplatz 1.
*160. Grosch, Oberleutnant, Hus.-Regt. 9, Am Schießrain 7.
*161. Großkopf, Brauereidirektor, Schiltigheim, Bischweilerstr. 17.
*162. Grote, Frhr., Hauptmann, Maschinengew.-Abt. 3, Kölnerring 22.
*163. Grotowsky, Oberleutnant, Inf.-Regt. 132, Bez.-Adj., Strauß-Dürkheimstraße 3.

*164. Grunert, Otto, Dr., Bankdirektor, Kochstaden 14b.
*165. Gründahl, Rentmeister, Franziskanergasse 1.
*166. Gümbel, Leutnant, Inf.-Regt. 143, Fort Sachsen.
167. Gunzert, Bankdirektor, Murnerstraße 2.
*168. Günther, Hauptmann, Pionier-Batl. 19, Ill-Rheinkanalstr. 4.
*169. Gussone, Leo, Kaufmann, Pariserstaden 6.
170. Haan, Ed., Diplom-Ingenieur, Vogesenstraße 17.
171. Haberer, Professor, Griesbach i. Renchtal.
172. Hähner, Direktor der Straßenbahngesellschaft, Vogesenstraße 20.
173. Hänsler, Dr., prakt. Arzt, Kochstaden 5.
*174. Hager, Hauptmann, Inf.-Regt. 105, Silbermannstraße 15 I.
*175. Hambruch, Generalvertreter der Krupp'schen Werke in Essen, Daniel-Hirtz-Straße 11.
*176. Hammel, Kaufmann, Kronenburgerstraße 37.
*177. Hanssen, Franz, Direktor, Müllenheimstaden 4.
178. Harbordt, Prof., Dr., Oberlehrer, Universitätsplatz 6.
*179. v. Harbou, Generalmajor, Kommandeur der 60. Inf.-Brig., Lenôtrestraße 4.
180. Hartmann, Hauptmann in der 3. Ingenieur-Inspektion, Stöberstraße 12.
181. Hartmann, Dr. Paul, Privatdozent, Wenckerstraße 6 III.
*182. Hauptmann, E., Rektor d. städt. Schulen, Heerstraße 9 III.
183. Hausmann, Dr., Universitätssekretär, Geilerstraße 1.
184. Hecker, Dr., Medizinalrat, Spachallee 10.
*185. Hecker, Dr., Obergeneralarzt, Lameystraße 13.
*186. Hecker, Geh. Reg.-Rat, Prof. Dr., Herderstraße 10.
187. Hedin, Sven v., Dr., Ehrenmitglied, Stockholm.
*188. Heinrich, Verlagsbuchhändler, Lameystraße 5.
*189. Heitmann, Ober-Postinspektor, Vogesenstraße 26.
*190. Henninger, cand. jur., Nikolausstaden 20 I.
*191. Herf, Reg.- u. Forstrat, Schwarzwaldstraße 25.
*192. Hergesell, Dr., Universitätsprofessor, Geh. Reg.-Rat, Direktor des meteorolog. Instituts, Silbermannstraße 4.
*193. Hering, Geh. u. Oberregierungsrat, Twingerstraße 18.
*194. Herold, Oberstleutnant, Fußart.-Rgt. 14, Schwarzwaldstr. 44.
195. Herrenschmidt, Kommerzienrat, Wacken 1.
196. Hertel, Dr., Universitätsprofessor, Paul-Laband-Staden 4.
197. Hertzog, ev. Pfarrer, Blauwolkengasse 3.
*198. Heuck, Major, Inf.-Regt. 136, Christoph-Heerstraße 5.

*199. Heussner, Assessor, Schwarzwaldstraße 65.
200. v. der Heyde, Oberstleutnant, Inf.-Rgt. 136, Kochstaden 5.
*201. Heye, Oberst, Inf.-Regt. 132, Ruprechtsauer Allee 32.
*202. Hille, Leutnant, Inf.-Regt. 143, kommand. zur Militär-Turnanstalt.
203. Hoff, C. E., Kaufmann, Ruprechtsau, Fiacriusgasse 9.
*204. Hoffmann, Buchhändler, Kaiser-Friedrichstraße.
*205. v. Hoffmann Graf von Hoffmansegg, Major, Ruprechtsauer Allee 60.
206. Hofmeister, Dr., Universitätsprofessor, Wimpfelingstraße 2.
*207. Se. Durchlaucht Fürst zu Hohenlohe-Langenburg. Langenburg, Württemberg.
*208. Se. Durchlaucht Erbprinz zu Hohenlohe-Langenburg. Langenburg, Württemberg.
*209. Holderer, Dr., Oberamtmann, Kehl.
*210. Holnstein, Graf, Major z. D., Froeschweiler.
*211. Hommel, Fabrikdirektor, Kaiser-Friedrichstraße 17.
*212. Horst, Ernst, Maler, Schwarzwaldstraße 30.
213. Hoseus, Frau Unterstaatssekretär, Goethestraße 1.
*214. Huber, Geh. Kommerzienrat, Kochstaden 4.
215. v. Hügel, Frhr., Regierungsrat, Zornstaden 3.
*216. Hugo, Oberstleutnant, Husaren-Regt. 9, Ruprechtsauer Allee 34.
217. Hüster, Geh. Baurat, Ehrmannstraße 1.
218. Irgahn, Major, Inf.-Rgt. 143, Schwarzwaldstraße 10.
*219. Jaehne, Stabsarzt, Dr., Inf.-Regt. 105, Schwarzwaldstr. 12.
*220. Jahr, Leutnant, Pionier-Batl. 19, Kaserne v. Mertens.
*221. Jansen, Aug. Th., Fabrikant, Gutleutgasse 10.
*222. Janssen, Rittmeiser, Train-Batl. 15, Universitätsplatz 5.
*223. Jeckel, Amtsgerichtsrat, Odilienstraße 1.
*224. Jerschke, W., Baumeister, Schwarzwaldstraße 42.
225. Jessen, Ernst, Dr. med., Professor, Schiltigheimerring 9.
226. Jessen, Wilh., Dr. Zahnarzt, Broglieplatz 4.
*227. Jorns, Kriegsgerichtsrat, Nikolausstaden 22.
228. Jost, Dr., Universitätsprofessor, Botan. Institut.
*229. Jungk, Hedwig, Fräulein, Oberlinstraße 39.
*230. Kade, Oberst u. Kommand., Ruprechtsauer Allee 25.
*231. Kässberg, Leutnant, Inf.-Rgt. 105, Manteuffelkaserne I St. 93.
*232. Kaiser, Dr., Archivdirektor, Schwarzwaldstraße 12.
233. Karst, Hauptmann, Inf.-Rgt. 136, Kaiser-Wilhelmstraße 3.

*234. Kauffmann, Kommerzienrat, Taulerstraße 27.
235. Keetmann, Landgerichtsrat, Fischartstraße 16.
236. Keller, Dr., Geh. Justizrat, Notar, Pioniergasse 7.
*237. Killinger, Geh. Reg.-Rat, Leostraße 5.
238. Klähn, Dr., Prof., Oberlehrer, Schiltigheimerring 7.
239. Klein, Dr., Univ.-Prof., Neukirchgasse 1—3.
*240. Klemme, Leutnant, kommand. beim Feldart.-Regt. 51, Antwerpenerring 22.
241. Klostermann, Prof. Dr., Sternwartstraße 16.
*242. Knapp, Dr., Universitätsprofessor, Schwarzwaldstraße 4.
243. Knorr, Kunstmaler, Schiltigheimerplatz 1.
244. Koch, C., D. D. S., American Dent., Kaiser-Wilhelmstr. 3.
*245. Koch, Hauptmann, Inf.-Regt. 136, Inselstraße 2.
246. Köbig, Institutsvorsteherin, Manteuffelstraße 14.
*247. Könnecke, Lothar, Oberingenieur.
*248. Kopp, Oberleutnant, Inf.-Regt. 105, Ohmachtstraße 1.
249. Kraft, J., Kaufmann, Sleidanstraße 4.
250. Krause, Dr., Privatdozent, Oberlinstraße 32.
*251. Kreyher, H., Hauptmann a. Bekleidungsamt, Ruprechtsau, Hinterortweg 10 b.
*252. Kritzler, Major, Bekleidungsamt, Apffelstraße 18.
253. Kröll, Dr., Prof., Geh. Sanitätsrat, Wenckerstraße 8.
*254. Kruttke, Fräulein, Schulvorsteherin, Am Waseneck 6.
255. Kühn, Leutnant, Inf.-Regt. 105, Mannheimerstraße 20.
*256. Kühne, Hauptmann, Inf.-Regt. 136, Goethestraße 29.
*257. Kuhff, Aug., Weinhändler, Blauwolkengasse 6.
258. Kuhn, Frl., Lehrerin, Sternwartstraße 12.
259. Laband, Dr., Univ.-Prof., Staatsrat, Wirkl. Geh. Rat, Exzellenz, Kaiser-Wilhelmstraße 17.
260. Lade, Geh. u. Oberkriegsgerichtsrat, Geilerstraße 6 III.
*261. Lamarche, Kaufmann, Hohenlohestraße 2 a.
*262. Lammers, H., Dipl.-Ingenieur, Dietrichstaden 1.
*263. Landolt, Dr., Universitätsprofessor, Neukirchgasse 3 I.
*264. Langenbeck, Dr., Prof., Oberlehrer, Kaiser-Friedrichstr. 24.
*265. Laschke, Hauptmann, Pionier-Bat. 19, Geilerstraße 54.
*266. v. Lautz, Polizeipräsident, Blauwolkengasse 11.
*267. Lawaczek, Eisenbahn-Betriebsdirektor, Bahnhofsring 3 II.
268. Ledderhose, Frau Unterstaatssekretär, Kaiser-Wilhelmstraße 17.
269. Ledderhose, Dr., Univ.-Professor, Erwinstraße 1.

*270. v. Legat, Major, Sternwartstraße 12.
*271. Lellbach, Landgerichtsrat, Wenckerstraße 4.
*272. Lengnick, Hauptmann, Inf.-Regt. 105, Oberlinstraße 15.
273. Leo, Generalleutnant z. D., Exz., Ehrenmitglied, Kassel.
274. Leuchtenberger, Dr., Ober-Stabsarzt, Fuß-Art.-Regt. 14, Universitätsplatz 11.
275. Levy, Ernst, Dr., Univ.-Professor, Johannesstaden 10.
*276. Lexis, Oberleutnant, Festungs-Inspektion, Ingweilerstr. 10.
*277. v. Liebenstein, Frhr., Geh. Ob.-Reg.-Rat, Poststraße 10.
*278. Limpert, Hauptmann, Inf.-Regt. 126, Vogesenstraße 50.
279. Lippert, Direktor d. Lehrerinnenseminars, Heuplatz 3.
280. Littmann, Dr., Universitätsprofessor, Taulerstraße 19.
*281. Löwe, Direktor der Elektrizitätswerke, Lameystraße 4.
*282. Lonhard, Dr., Stabsarzt, Inf.-Regt. 126, Manteuffelstraße 15.
283. Loos, Dr., Oberstabsarzt, An der Aar 11.
284. Luthmer, Dr., Geh. Reg.-und Oberschulrat, Ohmachtstraße 3.
285. Machemehl, Postrat, Sleidanstraße 3.
*286. Madelung, Dr., Universitätsprofessor, Geh. Medizinalrat, Schillerstraße 9.
*287. Madlung, Major, Bekleidungsamt, Wimpfelingstraße 3.
*288. v. Maltzahn, Frhr., Oberleutnant, Kaiserpalast.
289. Manasse, Dr., Universitätsprofessor, Herderstraße 2.
*290. Marckwald, Dr., Prof., Oberbibliothekar, Herderstraße 36.
291. Marum, Kaufmann, Julianstraße 13.
*292. Maurer, Major z. D. u. Bezirksoffizier, Brantplatz 3 I.
293. Mayer, Alfred, Kaufmann, Kochstaden 9.
294. Mayer, Emil, Dr., Universitätsprofessor, Schiltigheimerring 1.
295. Mayer, Max Ernst, Dr., Universitätsprofessor, Orangerie-ring 19.
296. Medicus, Dr., Justizrat, Oberkriegsgerichtsrat, Ruprechtsauer Allee 22.
*297. Mencke, Hauptmann, Pionier-Batl. 19, Universitätsplatz 1 I.
*298. Mengelbier, Oberst, Inf.-Rgt. 143, Stöberstraße 7 a.
299. Menger, Oberleutnant, Inf.-Regt. 172, Vogesenstraße 40.
300. Menten, Feuerwerkshauptmann, Art.-Depot, Mannheimerstraße 20.
301. Metzenthin, Dr., Sanitätsrat, Sebastian-Brantplatz 8.
302. Meyer, E., Dr., Universitätsprofessor, Geilerstraße 14.
303. Meyer, K., Schulrat, Direktor d. Lehrerseminars, Schwarzwaldstraße 65.

304. Meyer-Nicolay, C., prakt. Zahnarzt, Odilienstraße 3.
*305. v. Mohn, Oberst, Kommand. d. Feld-Art.-Rgts. 51, Möllerstraße 9 II.
*306. v. Mossner, Exz., General d. Kaval. z. D., Nikolausring 41.
307. Müller, Wwe., Frau Hauptmann, Orangeriering 2.
*308. Müller, Regierungsbaumeister a. D., Schwarzwaldstraße 48.
*309. Müller, Dr., Oberlehrer, Schiltigheim, Apffelstraße 5.
310. Müller, J. A., Oberinspektor, Wimpfelingstraße 3.
*311. Nagel, Leutnant, Inf.-Reg. 136, Zornstaden 18.
*312. Naumann, Oberleutnant, Inf.-Regt. 136, Paul Labandstaden 21.
*313. Neddermann, Rud., jr., Kaufmann, Blauwolkengasse 17/19.
*314. Neumann, Dr., Universitätsprofessor, Münzgasse 5.
315. Neumann, Ober-Reg.-Rat, Herderstraße 18.
316. Nobis, Dr., Regierungsrat, Twingerstraße 19.
*317. Nüssler, Leutnant, Train-Batl. 15, Lessingstraße 39.
*318. Offermann, Dr., Geh. Reg.-Rat, Paul-Labandstaden 14.
*319. Ohlrogge, Postrat, Möllerstraße 17.
*320. v. Oldershausen, Frhr., Oberstleutnant, Inf.-Regt. 105, Nikolausring 1.
321. Oppenheimer, Dr., Gerichtsassessor, Möllerstraße 9.
*322. Oppermann, Hauptmann, Inf.-Regt. 105, Inselstraße 8a.
323. Osterloff, Architekt u. Bauunternehmer, Strauss-Dürkheimstraße 11.
*324. Ostermann, Major, Art.-Werkstatt, Zeughausgasse 6.
325. Otto, Major, Pionier-Batl. 19, Zornstaden 4.
326. Pauli, Dr., Geh. Oberjustizrat, Landesgerichtspräsident a. D., Dietrichstaden 1.
327. Pauli, Staatsanwalt, Waseneck 2.
*328. Pauli, Geh. Regierungsrat, Orangeriering 22.
*329. Paulus, Dr., Divisionspfarrer, Schwarzwaldstraße 21.
330. Pawolleck, Dr., Geheimrat, Sternwartstraße 12.
*331. Payne, Hauptmann a. D., Odilienstraße 1.
332. Perkowski, Oberleutnant, Train-Batl. 15, Fischartstraße 24.
*333. Petersen, Major u. Bat.-Kdr. Inf.-Regt. 132, Lenôtrestr. 8.
334. Petri, Dr., Unterstaatssekretär, Wirkl. Geh. Rat. Exz., Münstergasse 1.
*335. Petri, Hauptmann, Adj. d. 60. Inf.-Brig., Universitätsstr. 36.
*336. Pfeiffer, Oberleutnant, Feld-Art. 51, Feggasse 9.
337. Pfister, A., Kaufmann, Möllerstrasse 3.

338. Pflügel, Carl, Ingenieur am Elektrizitätswerk, Julianstr. 15.
339. v. d. Pfordten, Frhr., Dr. Universitätsprofessor, Ruprechtsauer Allee 56.
*340. Piehl, Leutnant, Inf.-Regt. 105, Roseneck 6.
*341. Pinder, Major, Inf.-Regt. 132, Sternwartstraße 11.
*342. Plieninger, Hauptmann, Pionier-Batl. 19, kommand. bei der Kriegsschule in Metz.
343. Plügge, W., Referendar, Oberlinstraße 38.
*344. Pöhlmann, Bezirkspräsident, Kochstaden 1.
345. Polaczek, Universitäts-Professor Dr., Oberlinstraße 40.
*346. Poplawski, Reichsbankdirektor, Broglieplatz 5.
347. Preisigke, Dr., Telegraphendirektor, Hohenlohestraße.
348. Pries, Kaufmann, Kaiser-Friedrichstraße 23.
*349. Rathgen, Exz., Generalleutnant z. D., Nikolausring 1.
*350. Ratzel, Hauptmann, Bekleidungsamt, Arnoldsplatz 5.
351. Rademacher, Oberleutnant, Fuß-Art.-Regt. 10, Oberlinstr. 30.
352. Redslob, Frl. Johanna, Nikolausstaden 8.
353. Rehm, Dr., Universitätsprofessor, Hohenlohestraße 22.
354. Reimer, Frau Regierungsrat, Goethestraße 41.
355. Reißland, Postdirektor, Hauptpostamt.
*356. Rentner, Hauptmann, Pionier-Batl. 15, Kölnerring 5.
357. Renz, Regierungsrat, Apffelstraße 18.
358. Rheinart, Regierungsrat, Twingerstrasse 5.
359. Rhode, Ober-Baurat, Bahnhofring 3.
360. Richert, Oberleutnant, Fortifikation, Lützelsteinerstraße 7.
361. Richter, Major, Inf.-Regt. 105, Fridolinstraße 7.
*362. Ries, Dr., Professor, Oberlehrer, Schiltigheimerring 3.
*363. Ries, Emil, Ingenieur, Antwerpenerring 29 II.
*364. Römer, Dr., Universitätsprofessor, Universitätsplatz 1.
*365. v. Römer, Hauptmann, Inf.-Rgt. 105, Schwarzwaldstr. 29 a.
366. Römmler, Hauptmann, Inf.-Rgt. 105, Steinwallstraße 72.
*367. Rohr, Hauptmann, Feld-Art.-Regt. 84, Antwerpenerring 23.
*368. Roos, Siegmund, Holzhändler, Schweighäuserstraße 17.
*369. Roos, Albert, Holzhändler, Goethestraße 13.
370. Rosenfeld, Dr., Universitätsprofessor, Schwarzwaldstraße 3.
*371. Rothfuß, Bauunternehmer, Steinwallstraße 44.
*372. Rudloff, Leutnant, Inf.-Rgt. 105, Manteuffelkaserne I, St. 70.
*373. Rudolph, Dr., Universitätsprofessor, Twingerstraße 28.
374. Rützou, Otto, Landmesser, Manteuffelstraße 1.
*375. Sander, Hauptmann, Inf.-Regt. 143, Lameystraße 6.

*376. Sapper, Dr., Universitätsprofessor, Herderstraße 28 II.
*377. Sauer, Hauptmann, Inf.-Regt. 143, Schwarzwaldstraße 53.
*378. Schäfer, Oberleutnant, Hus.-Regt. 9, Goethestraße 21.
379. Schaer, Dr., Universitätsprofessor, Silbermannstraße 1.
*380. Schaller, Geh. Kommerzienrat, Präsident der Handelskammer, Münstergasse 1.
381. Scheid, Frau Ministerialrat, Ohmachtstraße 10.
382. Schemmell, Major, Fortifikation, Geilerstraße 33.
383. Scherdlin, H., Pyrotechniker, Kochstaden 6.
384. Scherer, Oberbergrat, Taulerstraße 22.
385. Scheuermann, Geh. Rechnungsrat, Brandgasse 19.
386. Scheuffele, Reg.- u. Baurat, Vogesenstraße 43.
*387. Schieckel, Hauptmann, Fortifikation, Zornstaden 17 III.
388. Schlemmer, Dr., Geh. Regierungs- und Oberschulrat, Strauß-Dürkheimstraße 5.
*389. Schlesinger, Dr., prakt. Arzt, Univ.-Professor, Goethestr. 1.
*390. Schmiedeberg, Dr., Universitätsprofessor, Züricherstraße 4.
*391. Schmidt, Wirkl. Geh. Oberregierungsrat, Präsident der Generaldirektion d. Eisenbahnen in Els.-L., Bahnhofpl.
*392. Schmidt, Exz., Generalleutnant z. D., Ruprechtsau, Karpfenweg 6.
393. Schmidt, Dr., phil., Sleidanstraße 25.
394. Schmidt, Major, Bad. Pionier-Bat. 14, Kehl, Rheinstr. 25.
*395. Schmidt, Frau Dr., Schloß Carrières b. Niederweiler i. Lothr.
*396. Schmidt, G., Dipl.-Ing., Lessingstraße 41.
397. Schmidt, H., Dr. med., Schwarzwaldstraße 19.
*398. Schoeller, Leutnant, Hus.-Regt. 9, Daniel Hirtzstraße 15.
*399. Scholl, Hauptmann, Inf.-Regt. 105, Schweighäuserstraße 24.
*400. Schotten, Generalleutnant z. D., Exzellenz, Twingerstr. 24.
*401. v. Schrader, Major, Feldart.-Regt. 84, Ehrmannstraße 3.
402. Schröder, Th., Professor, Dr., Oberlehrer, Illwallstraße 20.
*403. Schultz, Dr., Universitätsprofessor, Silbermannstraße 7.
404. Schumann, Leutnant, Inf.-Rgt. 136, Hohbarrstraße 8.
*405. Schurig, Oberleutnant, Inf.-Regt. 105, Am Waseneck 4.
*406. Schwalbe, Dr., Universitätsprofessor, Geh. Medizinalrat, Schwarzwaldstraße 39.
*407. Schwander, Dr., Bürgermeister, Brandgasse 9.
408. Schwartz, Leutnant, Train-Batl. 15, Antwerpenerring 31.
409. Schwarz, Apotheker, Lützelsteinerstraße 9.
410. Schwerdtfeger, Rittmeister, Train-Batl. 15, Illring 1.

*411. v. Seebach, Wirkl. Geh. Kriegsrat, Allerheiligengasse 10.
*412. Seer, Hauptmann, Fuß-Art.-Regt. 14, Zornstaden 17.
413. v. Seidlitz, Dr., Privatdozent, Ruprechtsau, Parkstraße 8.
*414. Seifert, Leutnant, Inf.-Regt. 105, Illtorkaserne, Geb. I, St. 43.
*415. v. Sichart, Oberleutnant, Inf.-Rgt. 105, Manteuffelstr. 39 IV.
*416. Siebel, Hauptmann, Pionier-Batl. 15, Vogesenstraße 3.
*417. Siebert, Geh. Rechnungsrat, Universitätsquästor, Taulerstraße 21.
418. Siebler-Ferry, Kaufmann, Spießgasse 2.
419. Siegle, Adolf, Fabrikant, Fischartstraße 22.
*420. Sievert, Hauptmann, Fischartstraße 8.
421. Simon, Dr., Univ.-Prof., Oberlehrer, Schiffmattweg 10.
422. v. Skopnik, Geh. Reg.-Rat, Wimpfelingstraße 23.
423. Smend, Dr., Universitätsprofessor, Ruprechtsauer Allee 14.
424. Smits, Dr., Generaloberarzt a. D., Schreiberstubgasse 2.
425. Spahn, Martin, Dr., Universitätsprofessor, Grandidierstr. 1.
426. Speyer, Peter, Kaufmann, Paul Labandstaden 21.
*427. Spiegelberg, Dr., Universitätsprofessor, Twingerstraße 16.
428. Spiess, Dr., Generalarzt a. D., Spachallee 2.
429. Spiro, Dr., Universitätsprofessor, Stöberstraße 16.
*430. Spohr, Oberstleutnant z. D., Fortifikation, Junkerstraße 4.
*431. Stage, Geh. Reg.-Rat, Kochstaden 5.
432. Stehle, Dr., Reg.- und Schulrat, Ohmachtstraße 3.
433. Steffen, L., Rechnungsrat, Hohenlohestraße 26.
*434. Stein, Gust., Kaufmann, Kaiser-Wilhelmstraße 6.
*435. v. Stein, Oberstleutnant z. D., Möllerstraße 3.
*436. v. Stichaner, Frau Bezirkspräsidenten-Witwe, Hohenlohestraße 4.
*437. Stilling, Dr., Universitätsprofessor, Murnerstraße 1.
438. Stoeckicht, Baurat, Schiltigheimerring 13.
*439. Stolzenburg, Generalmajor u. Kommandeur der 30. Feld-Art.-Brig., Ludwigshafenerstraße 14.
*440. Streckenbach, Divisionspfarrer d. 30. Div., Stöberstraße 9.
*441. Strehlke, Hauptmann, Führer d. Maschgew.-Abt. Nr. 10, Schlettstadt.
442. Ströhlin, Major, Inf.-Rgt. 126, Lameystraße 16.
*443. Stud, Oberkriegsgerichtsrat, Geilerstraße 35 III.
444. Stübel, O., Generalsekretär, Ruprechtsau, Silberratgasse 2b.
*445. Stübel, Regierungsrat, Strauß-Dürkheimstraße 5 I.
446. Stürmer, Frl., Oberlehrerin, Schwendistraße 18.

447. Suffert, Hauptmann, Pionier-Batl. 15, Antwerpenerring 10.
*448. Talke, Leutnant, Train-Batl. 15, Mannheimerstraße 10.
449. Tauber, Dr., Privatgelehrter, Ruprechtsauer Allee 32.
*450. v. Teichmann, Oberst, Inf.-Regt. 126, Herderstraße 7.
*451. Teike, Prof., Oberlehrer, Universitätsstraße 28.
452. Tempel, Dr., Oberlehrer, Lessingstraße 33.
453. v. Tettenborn, Major, Inf.-Regt. 105, Daniel-Hirtzstraße 12.
454. v. Tettau, Leutnant, Inf.-Regt. 105, Contades 6.
*455. v. Tettau, Frhr., Eisenbahndirektor, Twingerstraße 5 II.
*456. Thedieck, Leutnant, Inf.-Regt. 132, Ludwigshafenerstr. 24.
*457. Thiele, Dr., Univ.-Professor, Goethestraße, Chem. Institut.
458. Thumb, Dr., Universitätsprofessor, Universitätsstraße 28.
*459. Tiling, Hauptm., Fortifikat., Oberneuland-Neisse, Villa Lux.
*460. Tischbein, Oberst z. D., Wenckerstraße 2.
*461. Tobias, A., Baumeister u. Bauunternehmer, Zornstaden 14.
462. Trapet, Leutnant, Train-Batl. 15, Universitätsstraße 26/28.
463. v. Traut, Ministerialdirektor, Kleberstaden 10.
*464. Trübner, Karl J., Verlagsbuchhandlung, Münsterplatz 9.
*465. v. Tschammer u. Osten, Leutnant, Inf.-Regt. 105, kommand. zur Militärturnanstalt.
466. v. Tuhr, Dr., Univ.-Professor, Ruprechtsauer Allee 64.
*467. Tummeley, Hauptmann, Inf.-Rgt. 143, Sternwartstr. 10 II.
468. Vehse, Leutnant, Inf.-Rgt. 105, Illtorkaserne, Geb. II, St. 32.
*469. v. Velsen, Major, Abteilungskommandeur Feldart.-Regt. 51, Taulerstraße 9 IV.
*470. Vogt, Hauptmann, Feldart.-Rgt. 84, Oberlinstraße 7 III.
471. Waencker v. Dankenschweil, Exz., Generalleutnant z. D., Freiburg i. B., Zasiusstraße 53 II.
*472. Wagner, Oberstleutnant z. D., Arnoldplatz 5.
*473. Wagner, Carl, Fabrikant, Weißturmring 11[a].
*474. Walbaum, Hauptmann, Inf.-Regt. 105, Odilienstraße 7.
*475. Walter, Dr., Oberlehrer, Jarsstraße 16.
*476. v. Waltershausen, Frhr., Dr., Univ.-Prof., Orangeriering 23.
*477. Wandesleben, Hauptmann, 2. Rhein. Pionier-Batl. Nr. 27, Geilerstraße 35.
*478. Wangemann, Oberleutnant, Inf.-Regt. 105, Lessingstr. 39.
479. Weber, Dr., Univ.-Professor, Taulerstraße 33.
*480. Weber, Postrat, Oberlinstraße 6 I.
*481. Weber, Buchhändler, Heinrich'sche Buchhandlung, Goethestraße 21.

*482. Weber, Oberst, Kommandeur d. Pioniere d. XV. Armee-Korps, Sternwartstraße 17.
*483. v. Wedel, Graf, Exz., Kaiserlicher Statthalter in Elsaß-Lothringen, Brandgasse.
484. Wehmann, Dr., Professor, Oberlehrer, Vogesenstraße 8.
*485. Weigand, Dr., Professor, Oberlehrer, Schießrain 7.
486. Weidenreich, Dr., Univ.-Professor, Vogesenstraße 5.
487. Weill, Dr., prakt. Arzt, Langestraße 136.
488. Werner, Kataster-Inspektor, Kölnerring 3.
*489. Westphal, Leutnant, Fuß-Art.-Regt. 10, kommandiert zur Pulverfabrik bei Hanau.
*490. Wiegand, Dr., Univ.-Prof., Geh. Archivrat, Fischartstr. 11.
491. Wilfarth, Hauptmann, Train-Depot, Nikolausring 26.
492. Winckelmann, Dr., Prof., Städt. Archivdirektor, Nikolausr. 5.
*493. Winterberg, Redakteur, Schiltigheimerplatz 8.
494. Wittmer, Kaufmann, Jacob-Sturmstaden 6.
495. Wolf, P., Regierungsrat, Kaiser-Friedrichstraße 9.
*496. Wolff, Carl, Kaufmann, Broglieplatz 3.
*497. Wolfram, Dr., Geh. Reg.-Rat, Direktor d. Universitäts- und Landesbibliothek, Schweighäuserstraße 17.
498. Wollenberg, Dr., Univ.-Prof., Kaiser-Friedrichstraße 19a II.
499. Wormser, Jul., Frau, Ruprechtsauer Allee 12.
*500. Würtz, Dr., prakt. Arzt, Kaiser-Friedrichstraße 10.
*501. Wüstefeld, Leutnant, Train-Batl. 15, Mannheimerstraße 15.
502. Wulff, Oberregierungsrat, Ohmachtstraße 5 I.
*503. Wulff, Hauptmann, Feldart.-Reg. 51, Schwarzwaldstraße 30.
504. Wunder, Justizrat, Notar, Bischheim.
*505. Wunderlich, Leutnant, Inf.-Regt. 132, Mauritiusstraße 3.
*506. v. Wussow, Oberst z. D., Dietrichstaden 1.
507. Zänker, Frl. L., Baldungstraße 1.
*508. Zech, Ober-Postdirektor, Kaiser-Wilhelmstraße 2.
*509. Zeumer, Leutnant, Inf.-Regt. 105, Schleusenkaserne, Geb. II, St. 63/64.
*510. v. Ziegesar, Frhr., Major b. Stab, Inf.-Rgt. 126, Lessingstr. 17.
511. Zorn v. Bulach, Frhr., Wirkl. Geh.-Rat, Exz., Staatssekretär, Kleberstaden 9.
*512. Zschiedrich, Hauptmann, Inf.-Regt. 105, Ludwigshafenerstraße 17.

TAFEL I.

DIE WALDUNGEN
im
OBER-ELSASS

nach ihren Besitzverhältnissen.

Stand 1910.

Entworfen auf Grund der Meßtischblätter
von Dr. Friedr. Schmid

Maßstab 1:160000.

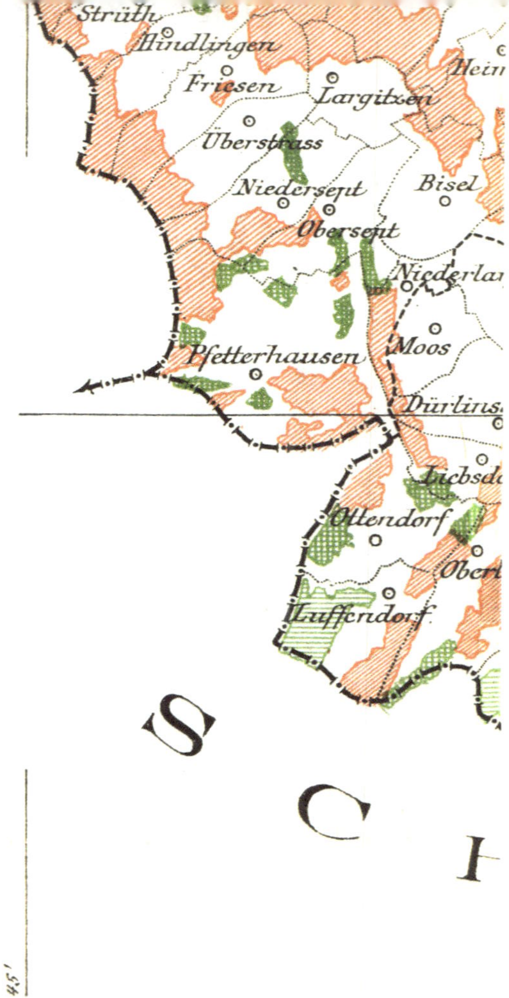

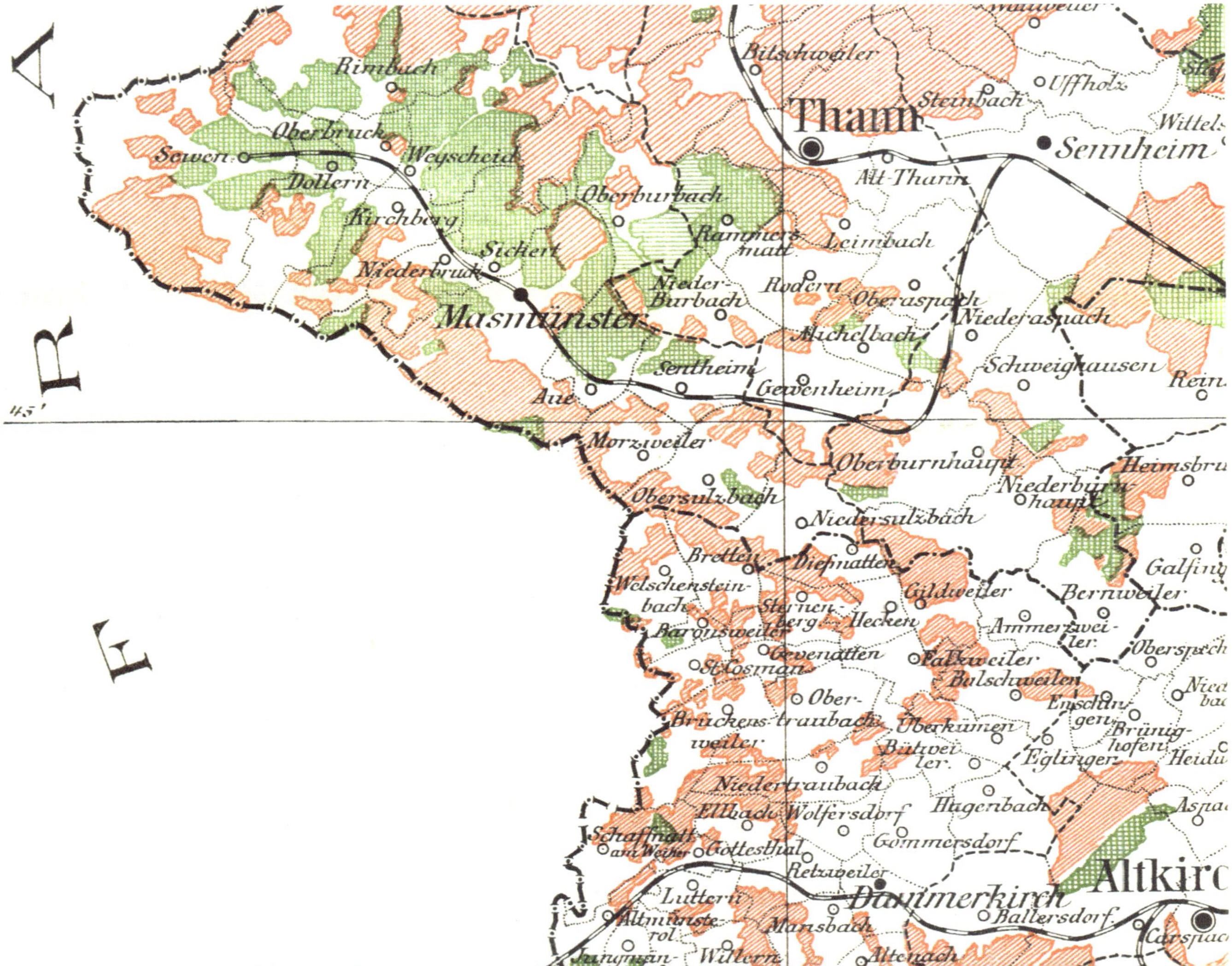
F R A
45'
Sewen
Oberbruck
Rimbach
Dollern
Weyscheid
Kirchberg
Oberburbach
Sickert
Niederbruck
Masmünster
Nieder-Burbach
Rammersmatt
Leimbach
Rodern
Oberaspach
Michelbach
Niederaspach
Sentheim
Gewenheim
Aue
Schweighausen
Thann
Alt-Thann
Bitschweiler
Steinbach
Uffholz
Sennheim
Morzweiler
Oberburnhaupt
Niederburnhaupt
Heimsbru
Obersulzbach
Niedersulzbach
Bretten
Diefmatten
Welschensteinbach
Sternenberg
Hecken
Gildweiler
Bernweiler
Galfing
Baronsweiler
Gevenatten
Ammerzweiler
St. Cosman
Falkweiler
Bulschweilen
Oberspech
Ober-
Brückens-
traubach
weiler
Oberkumen
Enschingen
Brünighofen
Bütweiler
Eglingen
Heidu
Niedertraubach
Elbach
Wolfersdorf
Hagenbach
Aspach
Schaffnatt am Weiher
Gottesthal
Gommersdorf
Retzweiler
Altkirc
Luttern
Dammerkirch
Ballersdorf
Altmünster
Mansbach
Carspach
Jungman-rol
Willern
Altenach

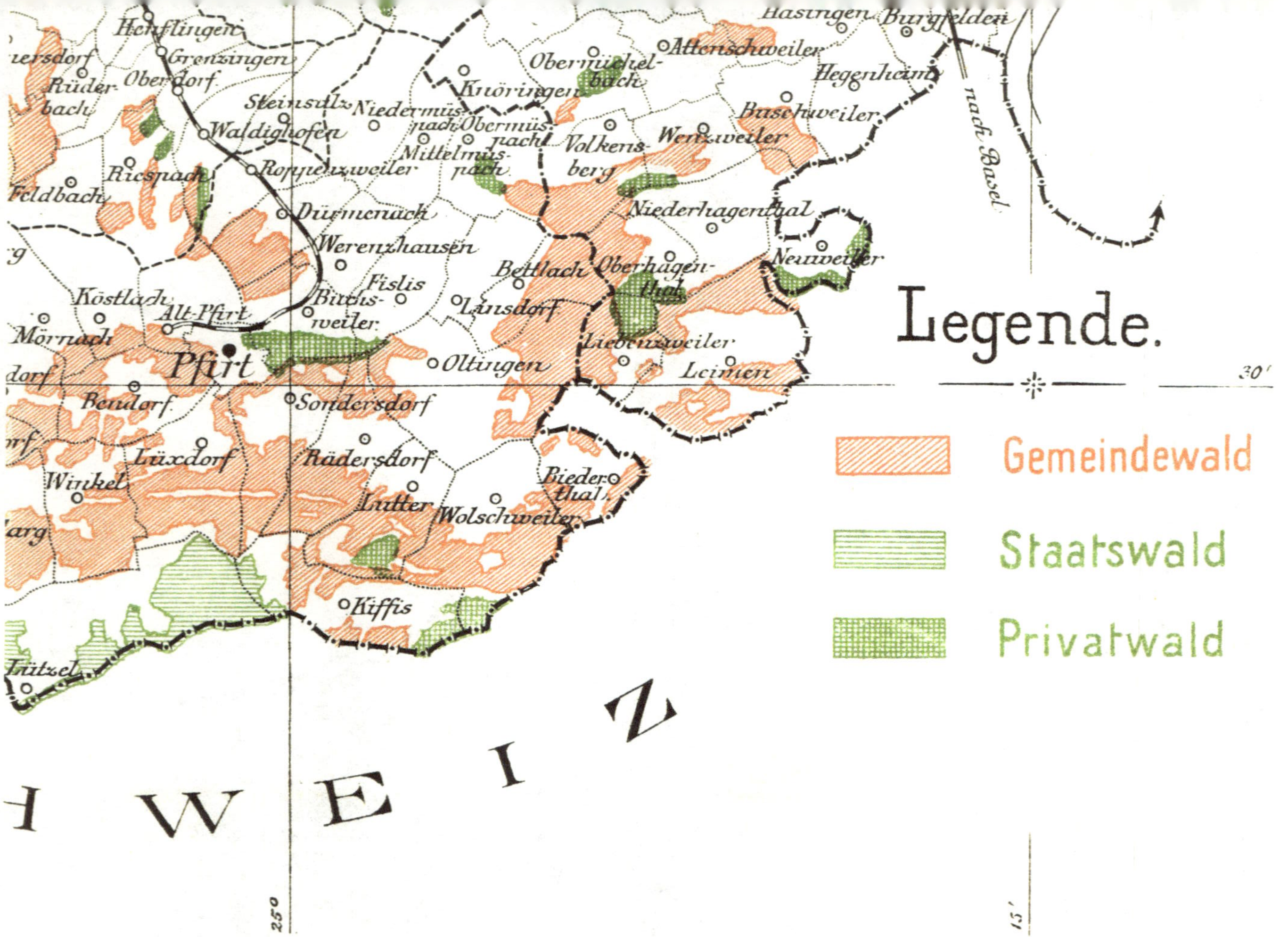
Legende.
Gemeindewald
Staatswald
Privatwald
SCHWEIZ
Pfirt
Alt-Pfirt
Henflingen
Grenzingen
Oberdorf
Rüder-bach
Feldbach
Riespach
Waldighofen
Steinsulz
Niedermüspach
Obermüspach
Mittelmüspach
Roppentzweiler
Dürmenach
Werentzhausen
Fislis
Bettlach
Köstlach
Mörnach
Bendorf
Lüxdorf
Winkel
Sondersdorf
Rädersdorf
Lutter
Wolschweiler
Kiffis
Oltingen
Lansdorf
Liebenzweiler
Leimen
Biederthal
Oberhagenthal
Niederhagenthal
Neuweiler
Knöringen
Obermichelbach
Attenschweiler
Volkensberg
Wentzweiler
Buschweiler
Hegenheim
Hasingen
Burgfelden
nach Basel
Lützel
25°
30′
15′

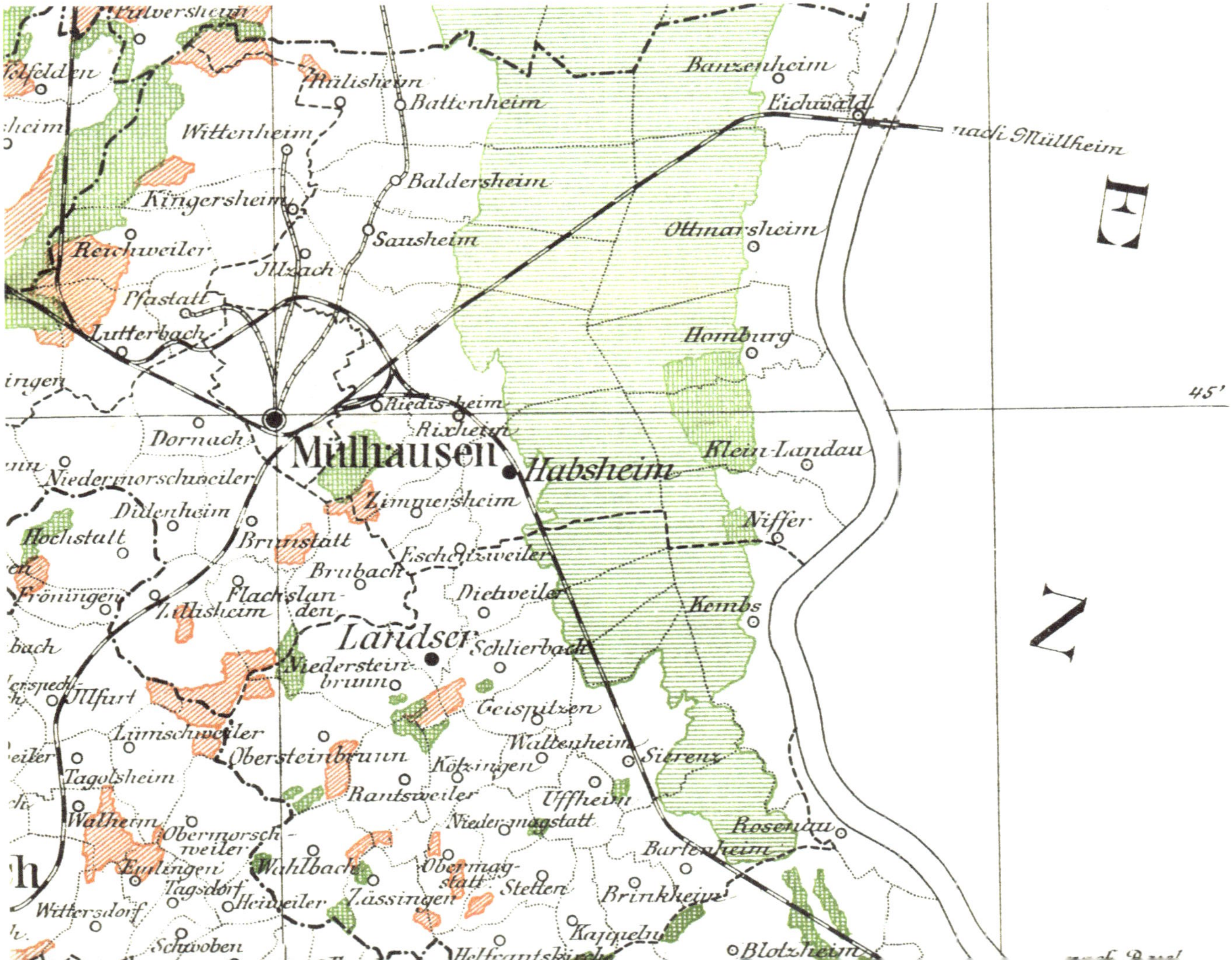
Pulversheim
Wittenheim
Battenheim
Baldersheim
Kingersheim
Sausheim
Reichweiler
Illzach
Pfastatt
Lutterbach
Banzenheim
Eichwald
nach Müllheim
Ottmarsheim
Homburg
Mülhausen
Dornach
Riedisheim
Rixheim
Habsheim
Niedermorschweiler
Didenheim
Hochstatt
Zimmersheim
Brunstatt
Brubach
Eschentzweiler
Flachslanden
Zillisheim
Dietweiler
Landser
Schlierbach
Niedersteinbrunn
Illfurt
Geispitzen
Luemschweiler
Obersteinbrunn
Waltenheim
Kötzingen
Sierenz
Tagolsheim
Rantzweiler
Uffheim
Walheim
Obermorschweiler
Niedermagstatt
Emlingen
Tagsdorf
Wahlbach
Obermagstatt
Stetten
Wittersdorf
Heimweiler
Zässingen
Brinkheim
Bartenheim
Rosenau
Kembs
Niffer
Klein-Landau
Blotzheim
Schwoben
45'
E
N

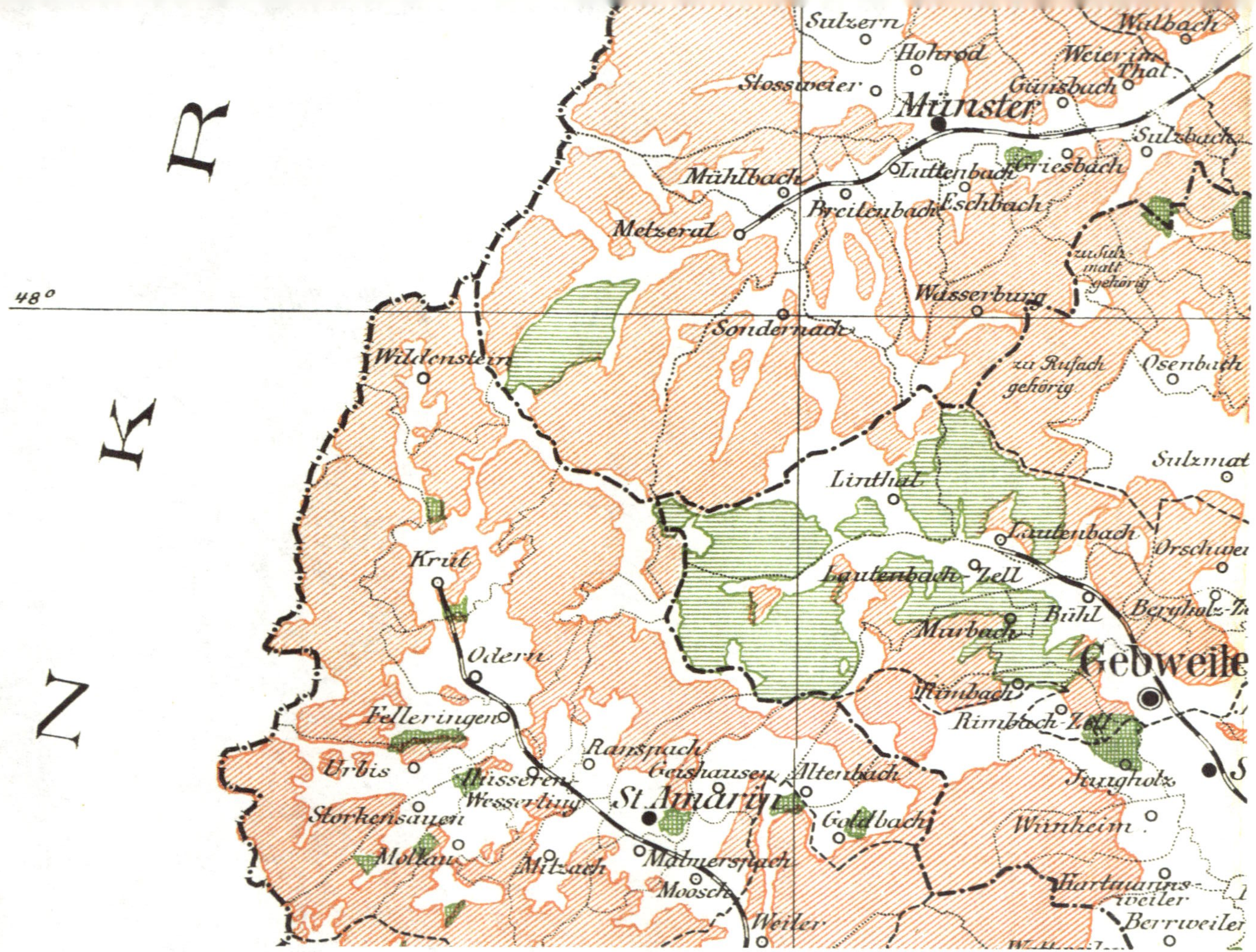

N
K
R
48°
Sulzern
Hohrod
Walbach
Weier im Thal
Stossweier
Münster
Günsbach
Sulzbach
Mühlbach
Luttenbach
Griesbach
Breitenbach
Eschbach
Metzeral
zu Sulzmatt gehörig
Wasserburg
Sondernach
Wildenstein
zu Rufach gehörig
Osenbach
Sulzmat
Linthal
Lautenbach
Orschwei
Krüt
Lautenbach-Zell
Bühl
Bergholz-Ze
Murbach
Gebweile
Odern
Rimbach
Rimbach-Zell
Felleringen
Ranspach
Urbis
Husseren
Wesserling
Geishausen
Altenbach
St Amarin
Jungholz
Storkensauen
Goldbach
Winheim
Mollau
Mitzach
Malmerspach
Moosch
Hartmanns-weiler
Weiler
Berrweiler

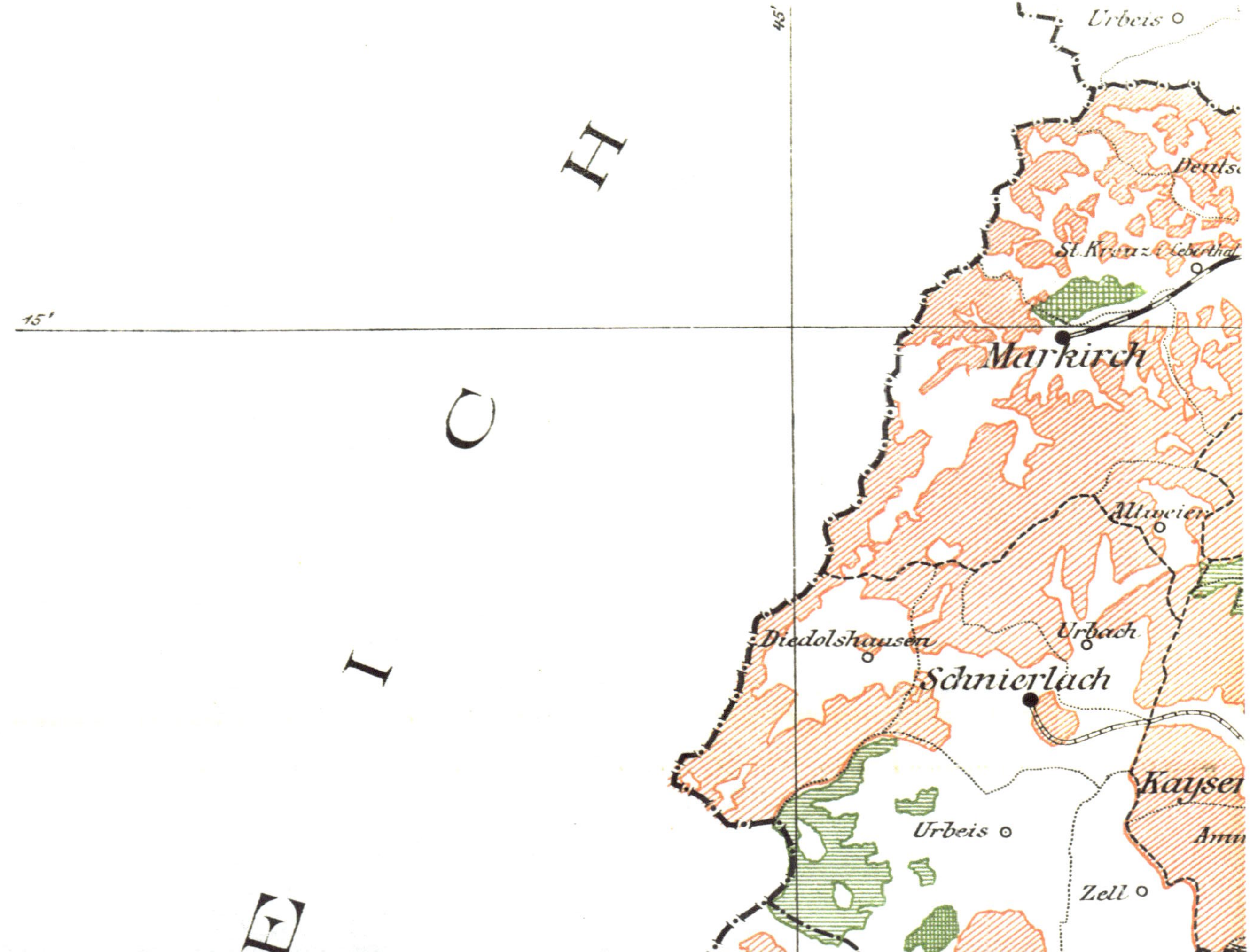
E I C H
15'
45'
Urbeis
Deutsc
St. Kreuz i. Leberthal
Markirch
Altweier
Urbach
Diedolshausen
Schnierlach
Kaysei
Urbeis
Zell
Amm

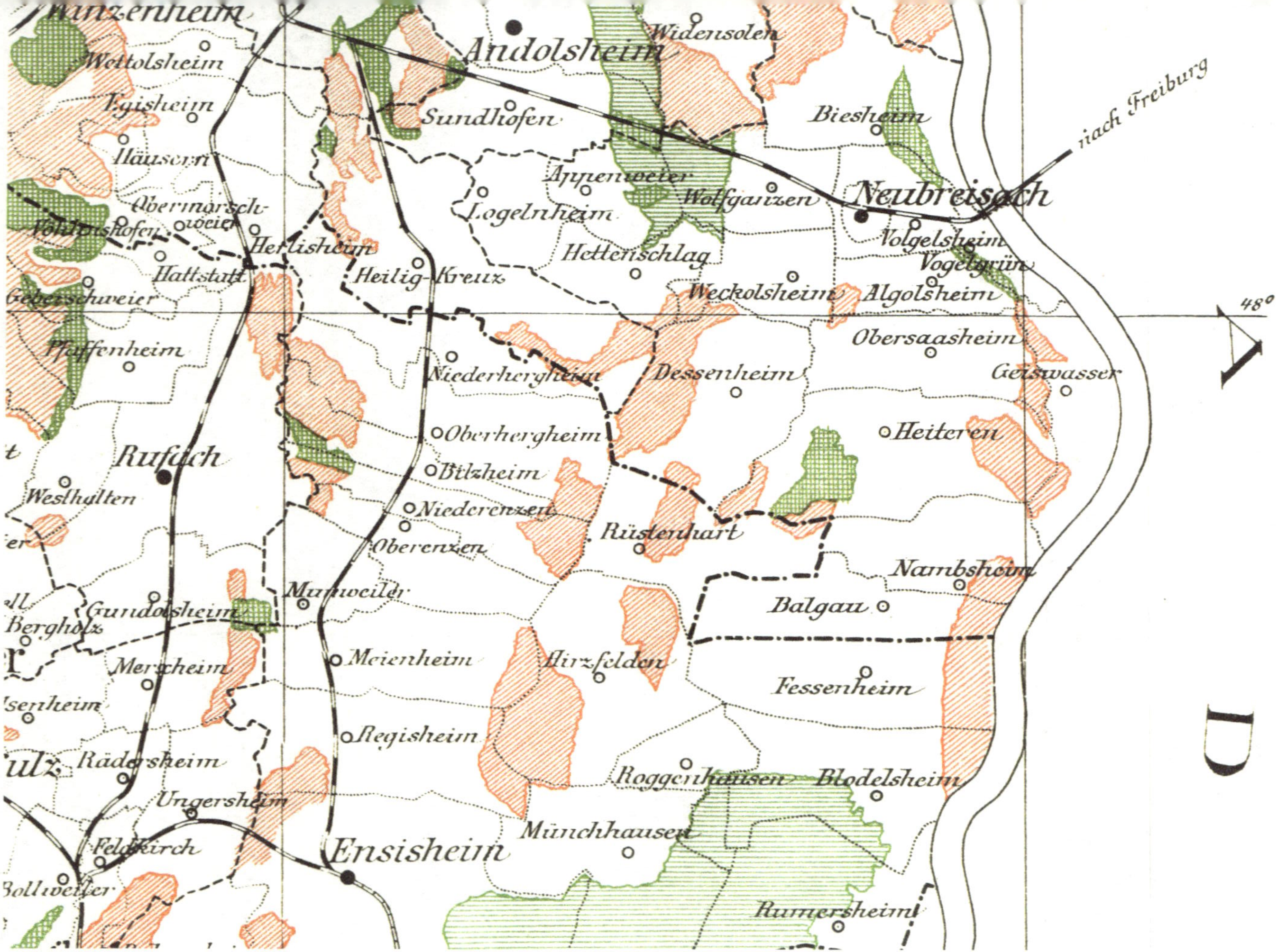

Andolsheim
Widensolen
Wettolsheim
Egisheim
Sundhofen
Biesheim
nach Freiburg
Häusern
Appenweier
Logelnheim
Wolfganzen
Neubreisach
Obermorschweier
Vöklinshofen
Herlisheim
Hettenschlag
Volgelsheim
Vogelgrün
Hattstatt
Heilig-Kreuz
Weckolsheim
Algolsheim
Gebersschweier
48°
Pfaffenheim
Obersaasheim
Niederhergheim
Dessenheim
Geiswasser
Oberhergheim
Heiteren
Rufach
Bilzheim
Westhalten
Niederenzen
Rüstenhart
Oberenzen
Nambsheim
Munweiler
Balgau
Gundolsheim
Bergholz
Meienheim
Merxheim
Hirzfelden
Fessenheim
Regisheim
Rädersheim
Roggenhausen
Blodelsheim
Ungersheim
Feldkirch
Münchhausen
Ensisheim
Bollweiler
Rumersheim
A
D

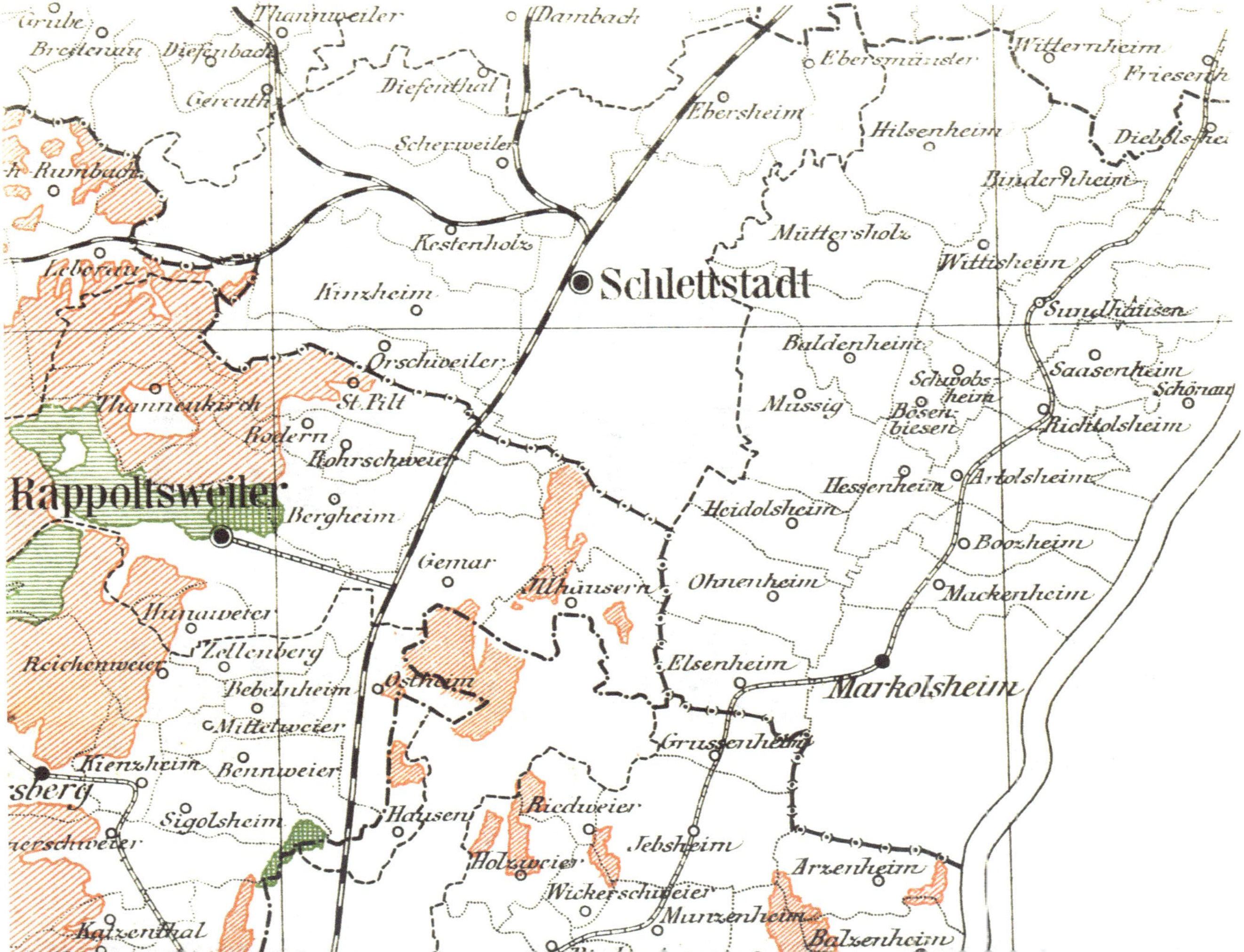
Grube
Breitenau
Diefenbach
Thannweiler
Dambach
Gereuth
Diefenthal
Scherweiler
Rumbach
Kestenholz
Leberau
Kinzheim
Schlettstadt
Orschweiler
St. Pilt
Thannenkirch
Rodern
Rohrschweier
Rappoltsweiler
Bergheim
Gemar
Illhäusern
Hunaweier
Zellenberg
Reichenweier
Bebelnheim
Ostheim
Mittelweier
Kienzheim
Bennweier
Sigolsheim
Hausen
Holzweier
Riedweier
Jebsheim
Wickerschweier
Kaizenthal
Ebersmünster
Ebersheim
Hilsenheim
Wittemheim
Friesenheim
Diebolsheim
Binderheim
Müttersholz
Wittisheim
Sundhausen
Baldenheim
Saasenheim
Schönau
Schwobsheim
Mussig
Bösenbiesen
Richtolsheim
Hessenheim
Artolsheim
Heidolsheim
Boozheim
Ohnenheim
Mackenheim
Elsenheim
Markolsheim
Grussenheim
Arzenheim
Munzenheim
Balzenheim

TAFEL II.

VOLKSDICHTEKARTE des OBER-ELSASS

(Auf das Gesamtareal berechnet)

Entworfen von Dr. Fried. Schmid

Maßstab 1:160000

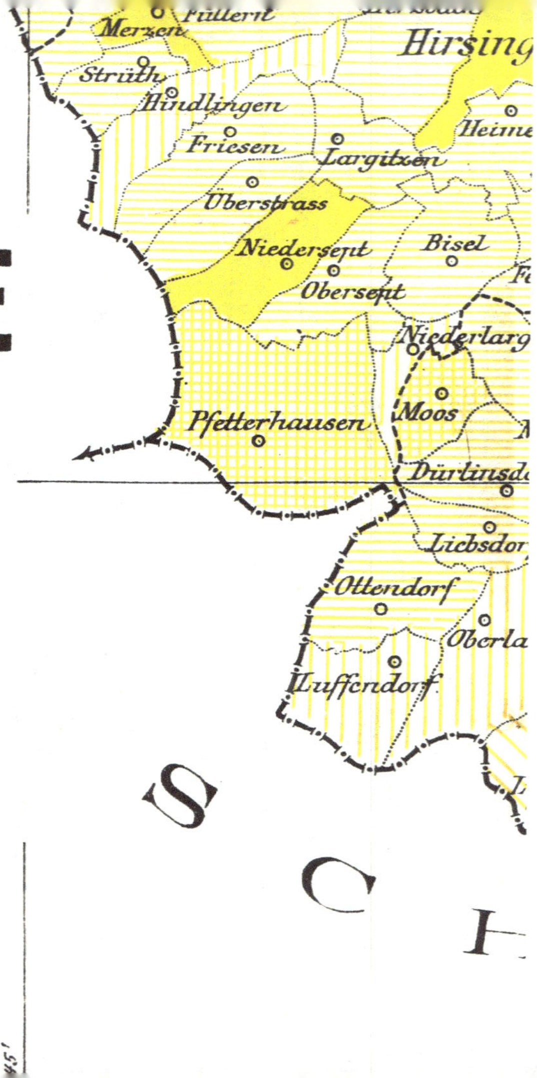

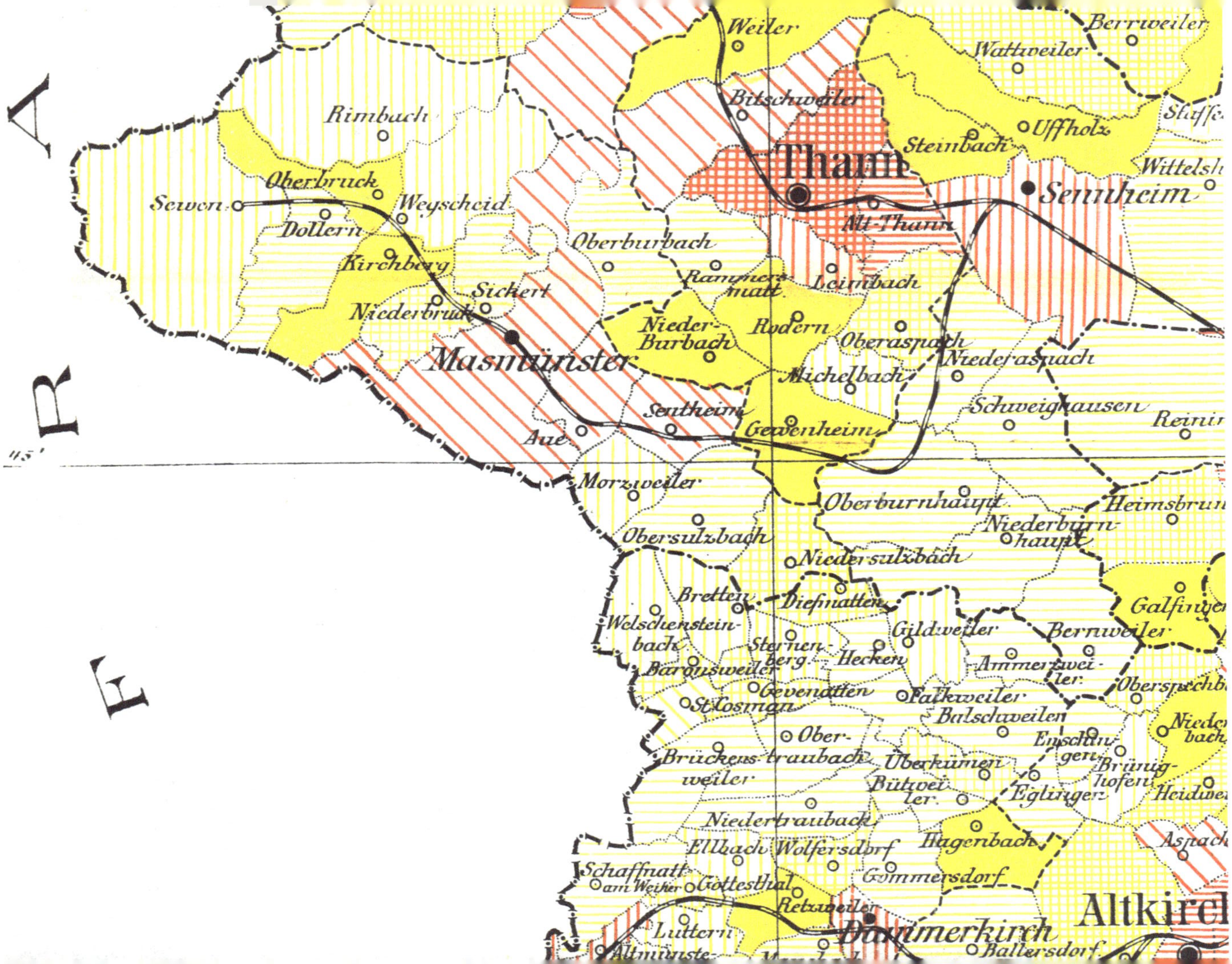
F R A
Thann
Masmünster
Sennheim
Altkirch
Dammerkirch
Weiler
Berrweiler
Wattweiler
Bitschweiler
Rimbach
Uffholz
Steinbach
Wittelsh
Oberbruck
Weyscheid
Sewen
Dollern
Alt-Thann
Oberburbach
Kirchberg
Rammersmatt
Leimbach
Sickert
Niederbruck
Nieder-Burbach
Rodern
Oberaspach
Niederaspach
Michelbach
Sentheim
Schweighausen
Aue
Gewenheim
Reinin
Morzweiler
Oberburnhaupt
Heimsbrun
Niederburnhaupt
Obersulzbach
Niedersulzbach
Galfingen
Bretten
Diefmatten
Welschensteinbach
Sternenberg
Hecken
Gildweiler
Bernweiler
Ammerzweiler
Baronsweiler
Gevenatten
Falkweiler
Obersp
St. Cosman
Balschweilen
Ober-traubach
Enschingen
Brückensweiler
Überkümen
Brünighofen
Bütweiler
Eglingen
Heidwe
Niedertraubach
Hagenbach
Ellbach
Wolfersdorf
Aspach
Schaffnatt am Weiher
Gottesthal
Gommersdorf
Retzweiler
Luttern
Ballersdorf
Altmünster

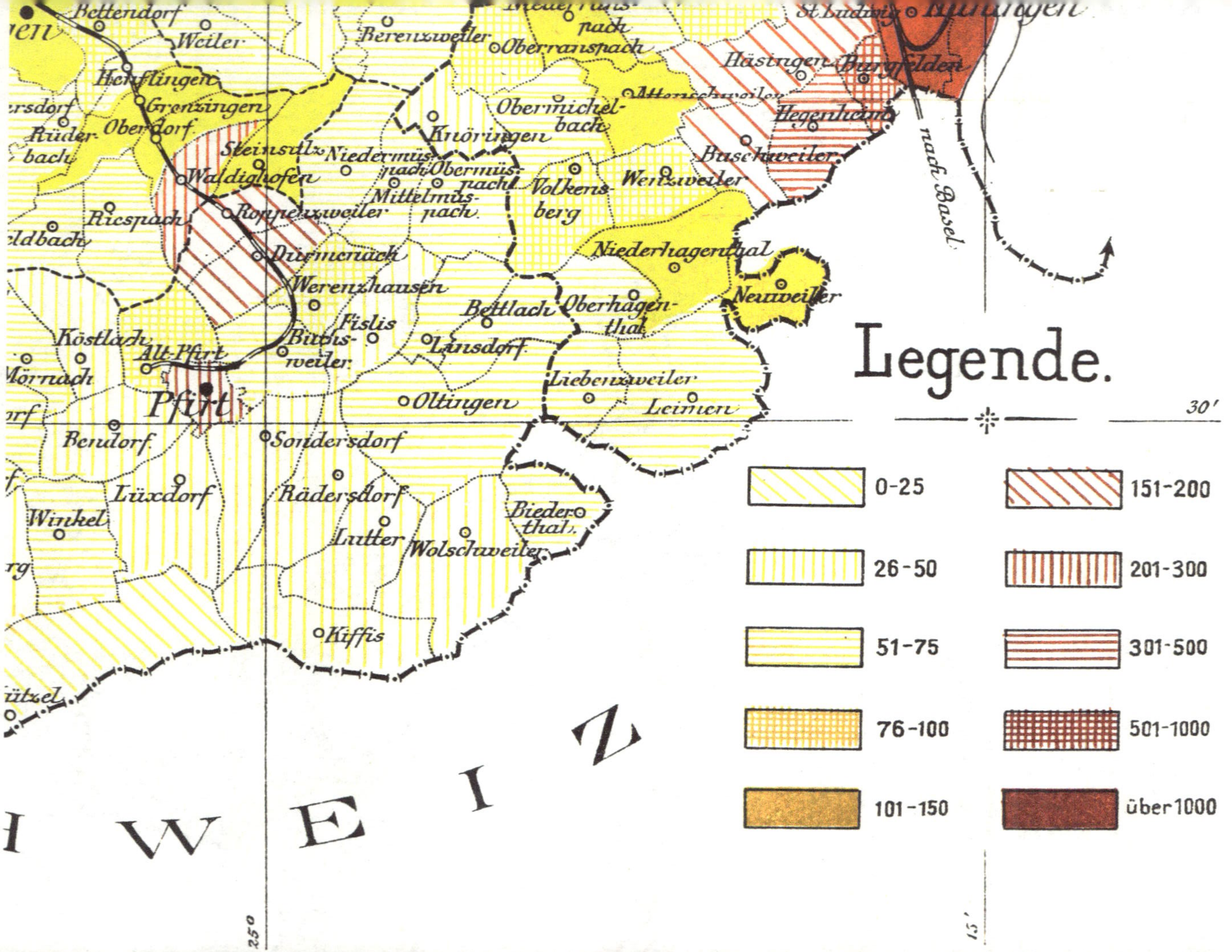
Legende.
0-25
26-50
51-75
76-100
101-150
151-200
201-300
301-500
501-1000
über 1000
Bettendorf
Weiler
Berenzweiler
Oberranspach
Häsingen
Burgfelden
Hegenheim
Buschweiler
Hofflingen
Grenzingen
Oberdorf
Rüderbach
Steinsulz
Niedermüspach
Obermüspach
Mittelmüspach
Knöringen
Obermichelbach
Waldighofen
Roppenzweiler
Volkensberg
Wenzweiler
Riespach
Dürmenach
Niederhagenthal
Neuweiler
Werenzhausen
Bettlach
Oberhagenthal
Fislis
Bisisweiler
Köstlach
Alt-Pfirt
Lünsdorf
Mörnach
Pfirt
Liebenzweiler
Oltingen
Leimen
Bendorf
Sondersdorf
Lüxdorf
Rädersdorf
Winkel
Biederthal
Lutter
Wolschweiler
Kiffis
nach Basel
SCHWEIZ
30′
25°
15′

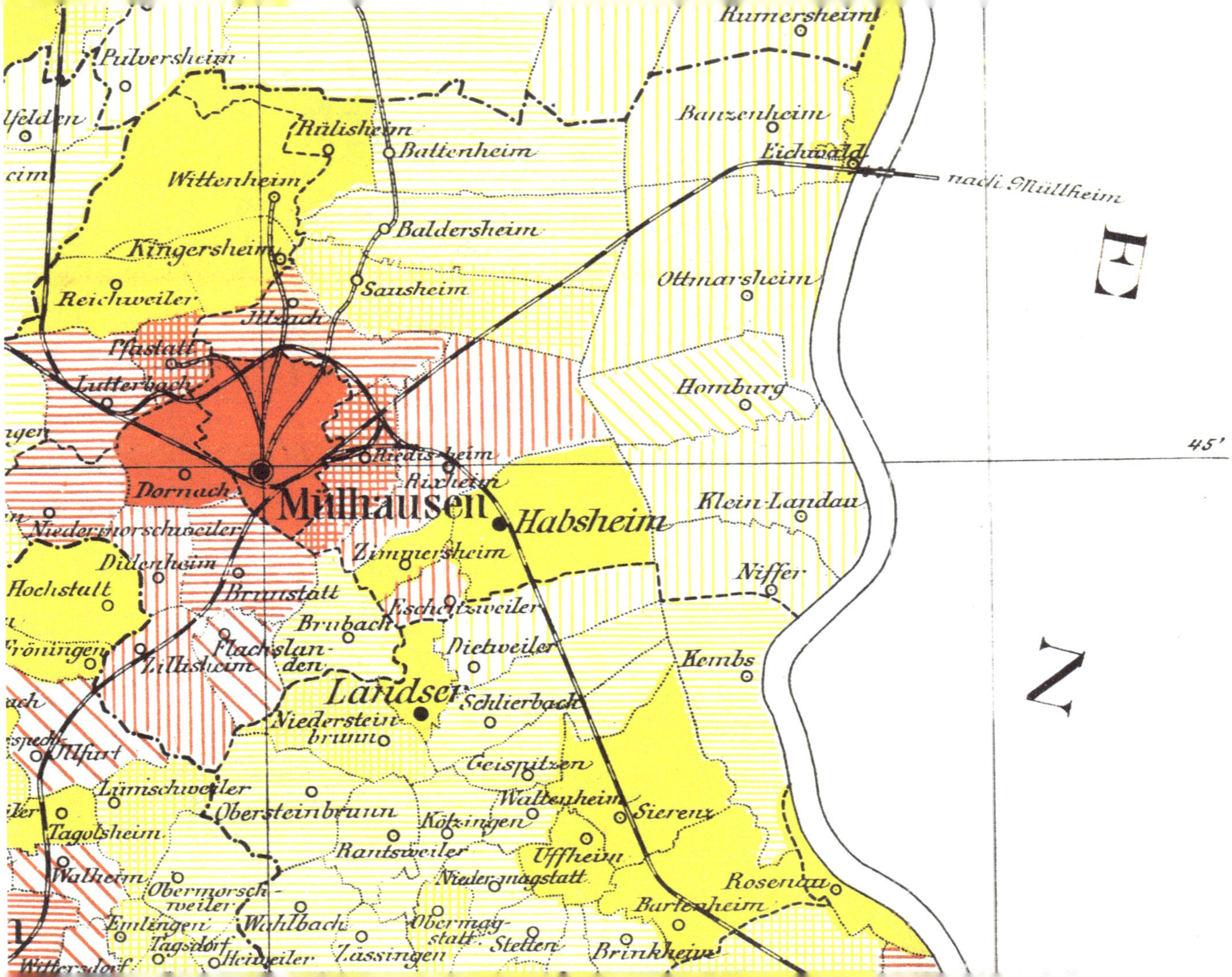
Rumersheim
Pulversheim
Rülisheim
Battenheim
Banzenheim
Eichwald
nach Müllheim
Wittenheim
Baldersheim
Kingersheim
Sausheim
Ottmarsheim
Reichweiler
Illzach
Pfastatt
Lutterbach
Homburg
Riedisheim
Rixheim
Dornach
Mülhausen
Habsheim
Klein-Landau
Niedermorschweiler
Zimmersheim
Didenheim
Niffer
Hochstatt
Brunstatt
Eschentzweiler
Brubach
Dietweiler
Flachslanden
Zillisheim
Kembs
Landser
Schlierbach
Niedersteinbrunn
Illfurt
Geispitzen
Lümschweiler
Obersteinbrunn
Waltenheim
Sierenz
Tagolsheim
Kötzingen
Rantsweiler
Uffheim
Walheim
Niedermagstatt
Rosenau
Obermorschweiler
Bartenheim
Emlingen
Wahlbach
Obermagstatt
Tagsdorf
Stetten
Heimweiler
Zässingen
Brinkheim
Witterdorf
E
N
45'

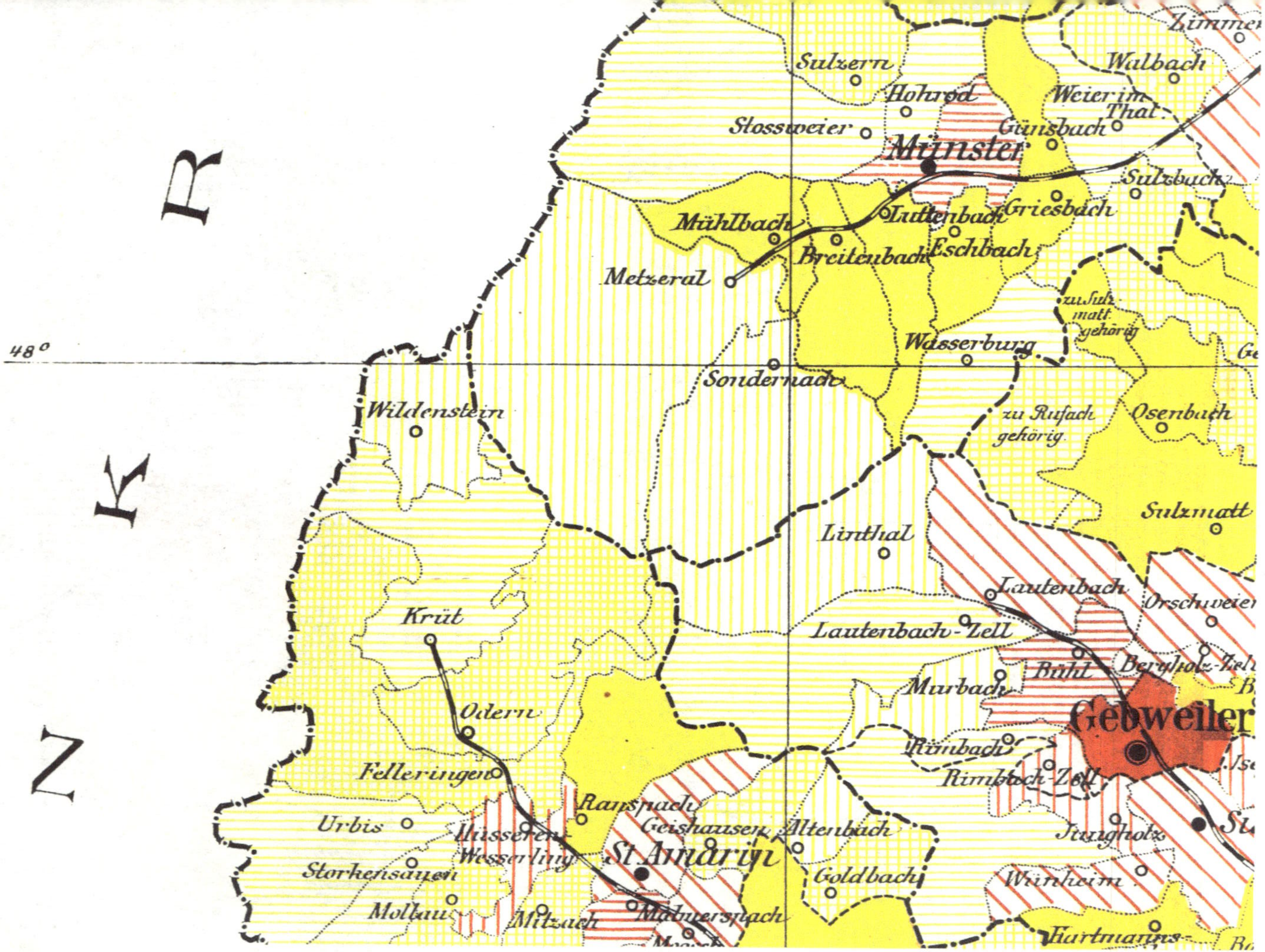

N
K
R
48°
Sulzern
Hohrod
Stossweier
Münster
Günsbach
Weier im Thal
Walbach
Zimmer
Sulzbach
Griesbach
Luttenbach
Eschbach
Mühlbach
Breitenbach
Metzeral
zu Sulzmatt gehörig
Wasserburg
Sondernach
Wildenstein
zu Rufach gehörig
Osenbach
Sulzmatt
Linthal
Lautenbach
Orschweier
Lautenbach-Zell
Bühl
Bergholz-Zell
Murbach
Gebweiler
Krüt
Odern
Rimbach
Rimbach-Zell
Felleringen
Ranspach
Urbis
Hüsseren-Wesserling
Geishausen
Altenbach
St. Amarin
Jungholz
Storkensauen
Goldbach
Wünheim
Mollau
Mitzach
Malmerspach
Hartmanns-

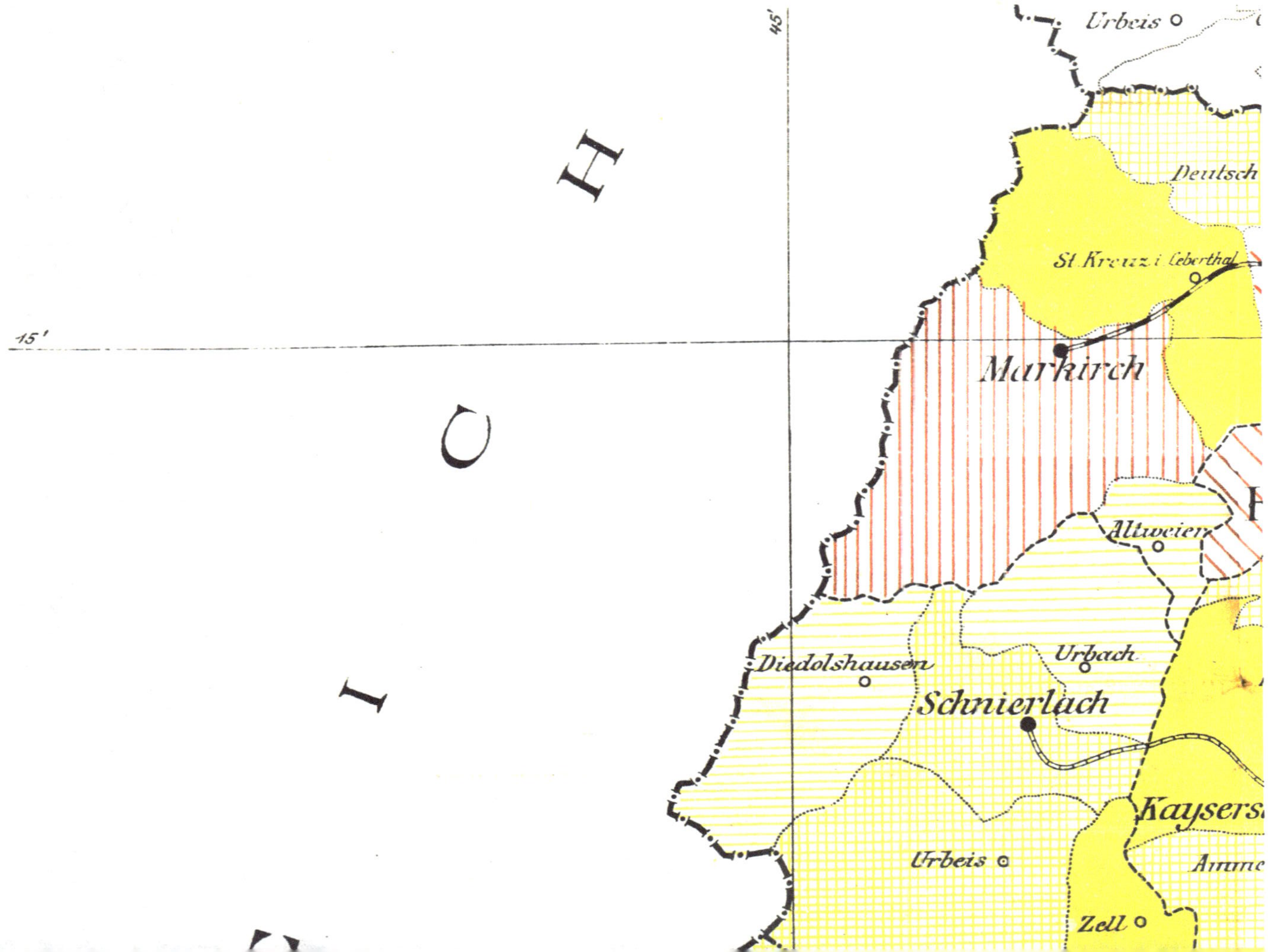

H
C
I
15'
45'
Urbeis
Deutsch
St. Kreuz i. Leberthal
Markirch
Altweier
Diedolshausen
Urbach
Schnierlach
Kaysers
Urbeis
Amme
Zell

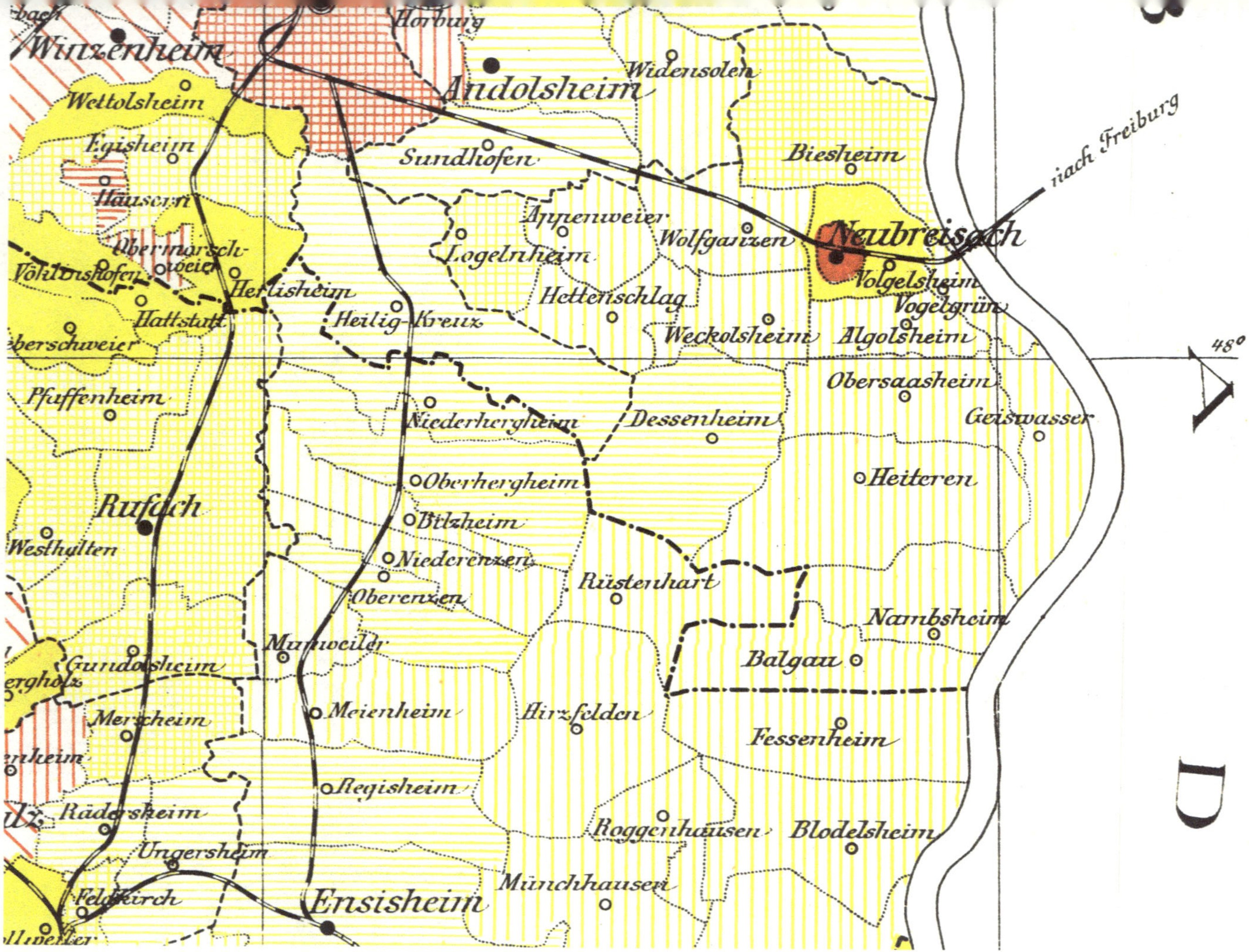
Winzenheim
Horburg
Andolsheim
Widensolen
Wettolsheim
Egisheim
Sundhofen
Biesheim
nach Freiburg
Häusern
Appenweier
Wolfgantzen
Neubreisach
Obermorschweier
Logelnheim
Vöklinshofen
Herlisheim
Hettenschlag
Volgelsheim
Hattstatt
Heilig-Kreuz
Vogelgrün
Weckolsheim
Algolsheim
48°
Obersaasheim
Pfaffenheim
Niederhergheim
Dessenheim
Geiswasser
Oberhergheim
Heiteren
Rufach
Bilzheim
Westhalten
Niederentzen
Rüstenhart
Oberentzen
Nambsheim
Munweiler
Balgau
Gundolsheim
Meienheim
Hirzfelden
Merxheim
Fessenheim
Regisheim
Rädersheim
Roggenhausen
Blodelsheim
Ungersheim
Münchhausen
Feldkirch
Ensisheim
D

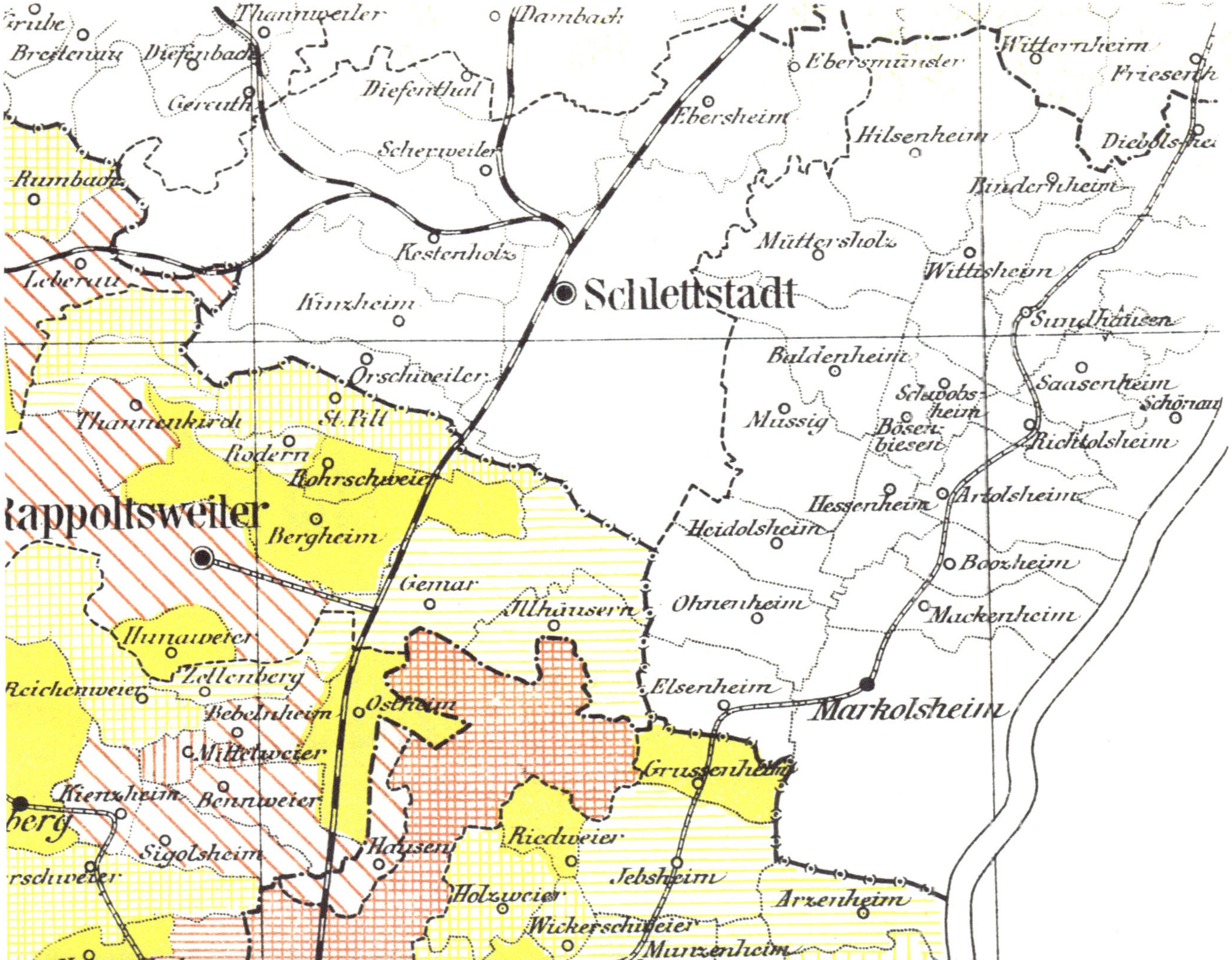
Thannweiler
Dambach
Breitenau
Diefenbach
Gereuth
Diefenthal
Scherweiler
Ebersmünster
Ebersheim
Witternheim
Friesenheim
Hilsenheim
Diebolsheim
Rumbach
Rinderheim
Kestenholz
Müttersholz
Leberau
Wittisheim
Kinzheim
Schlettstadt
Sundhausen
Baldenheim
Orschweiler
Saasenheim
Schönau
Thannenkirch
St. Pilt
Schwobsheim
Mussig
Bösenbiesen
Richtolsheim
Rodern
Rohrschweier
Hessenheim
Artolsheim
Rappoltsweiler
Heidolsheim
Bergheim
Boozheim
Gemar
Ohnenheim
Mackenheim
Illhäusern
Hunaweier
Zellenberg
Reichenweier
Elsenheim
Markolsheim
Ostheim
Bebelnheim
Mittelweier
Grussenheim
Kienzheim
Bennweier
Riedweier
Hausen
Sigolsheim
Jebsheim
Holzweier
Arzenheim
Wickerschweier
Munzenheim

TAFEL III

VOLKSDICHTEKARTE des OBER-ELSASS

(Auf das Kulturland berechnet)

Entworfen von Dr. Fried. Schmid

Maßstab 1:160000

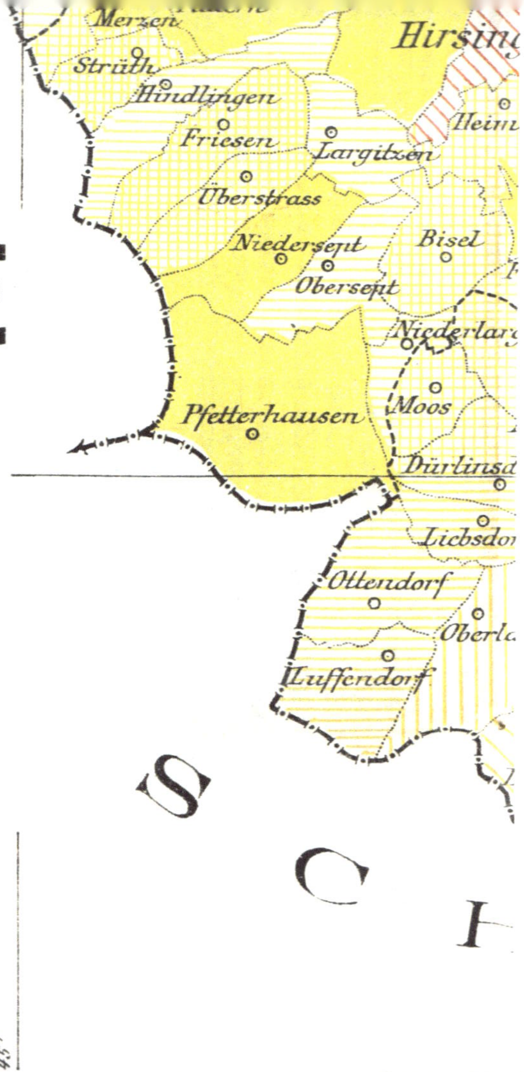

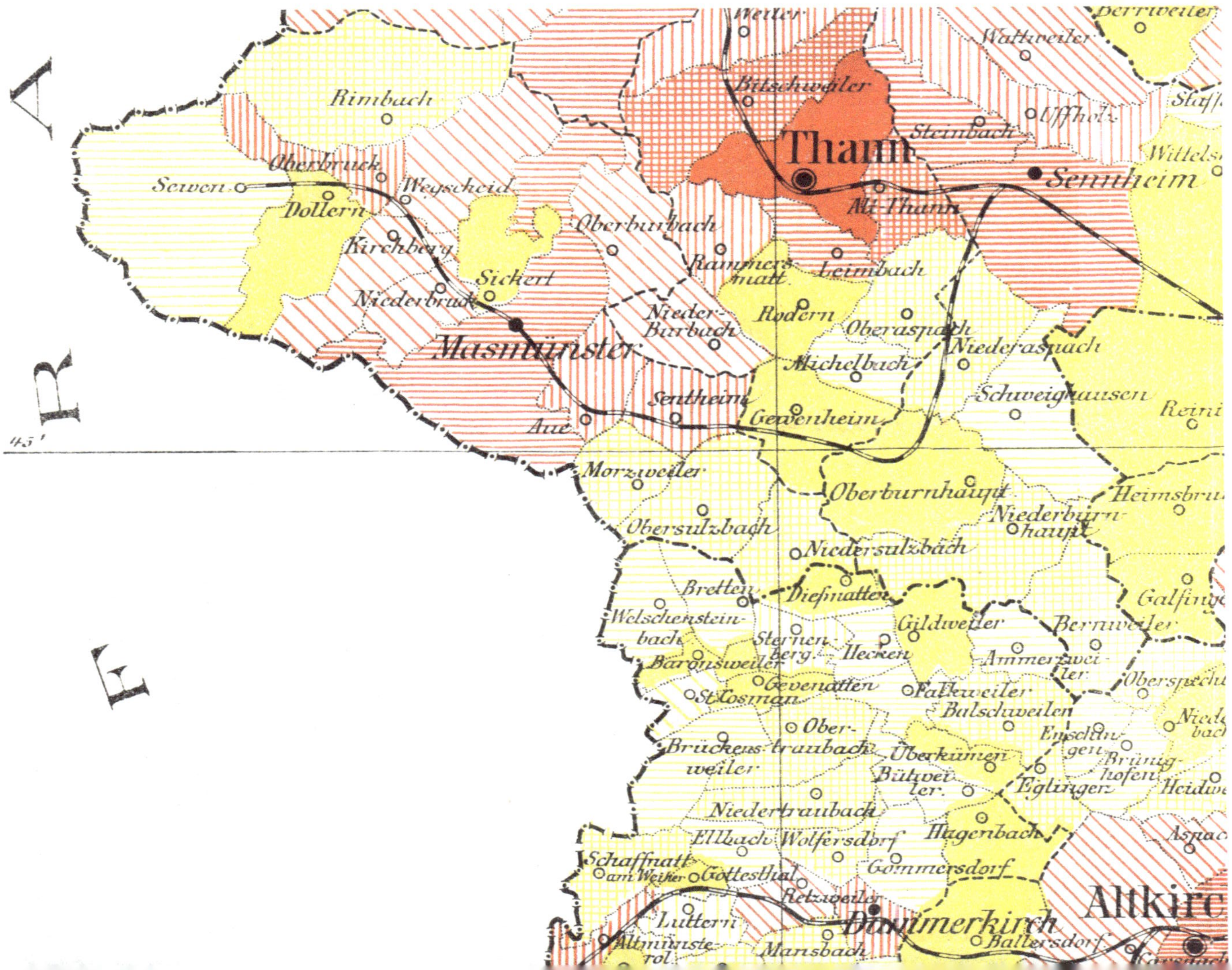
F
R
A
45'
Rimbach
Oberbruck
Sewen
Dollern
Weyscheid
Kirchberg
Sickert
Niederbruck
Masmünster
Oberburbach
Rammersmatt
Nieder-Burbach
Bitschweiler
Thann
Steinbach
Alt-Thann
Leimbach
Sennheim
Uffholz
Wattweiler
Rodern
Oberaspach
Niederaspach
Michelbach
Sentheim
Aue
Gewenheim
Schweighausen
Morzweiler
Obersulzbach
Oberburnhaupt
Niederburnhaupt
Niedersulzbach
Bretten
Diefmatten
Welschensteinbach
Sternenberg
Hecken
Gildweiler
Bernweiler
Ammerzweiler
Baronsweiler
Gevenatten
St. Cosman
Falkweiler
Bulschweiler
Ober-traubach
Brückensweiler
Überkümen
Bütweiler
Eglingen
Niedertraubach
Hagenbach
Ellbach
Wolfersdorf
Gommersdorf
Schaffnatt am Weiher
Gottesthal
Retzweiler
Dammerkirch
Luttern
Altmünsterol
Mansbach
Ballersdorf
Altkirc
Heimsbru
Galfinge
Obersped
Heidwe
Aspac
Reini
Wittels
Staff
Berrweiler

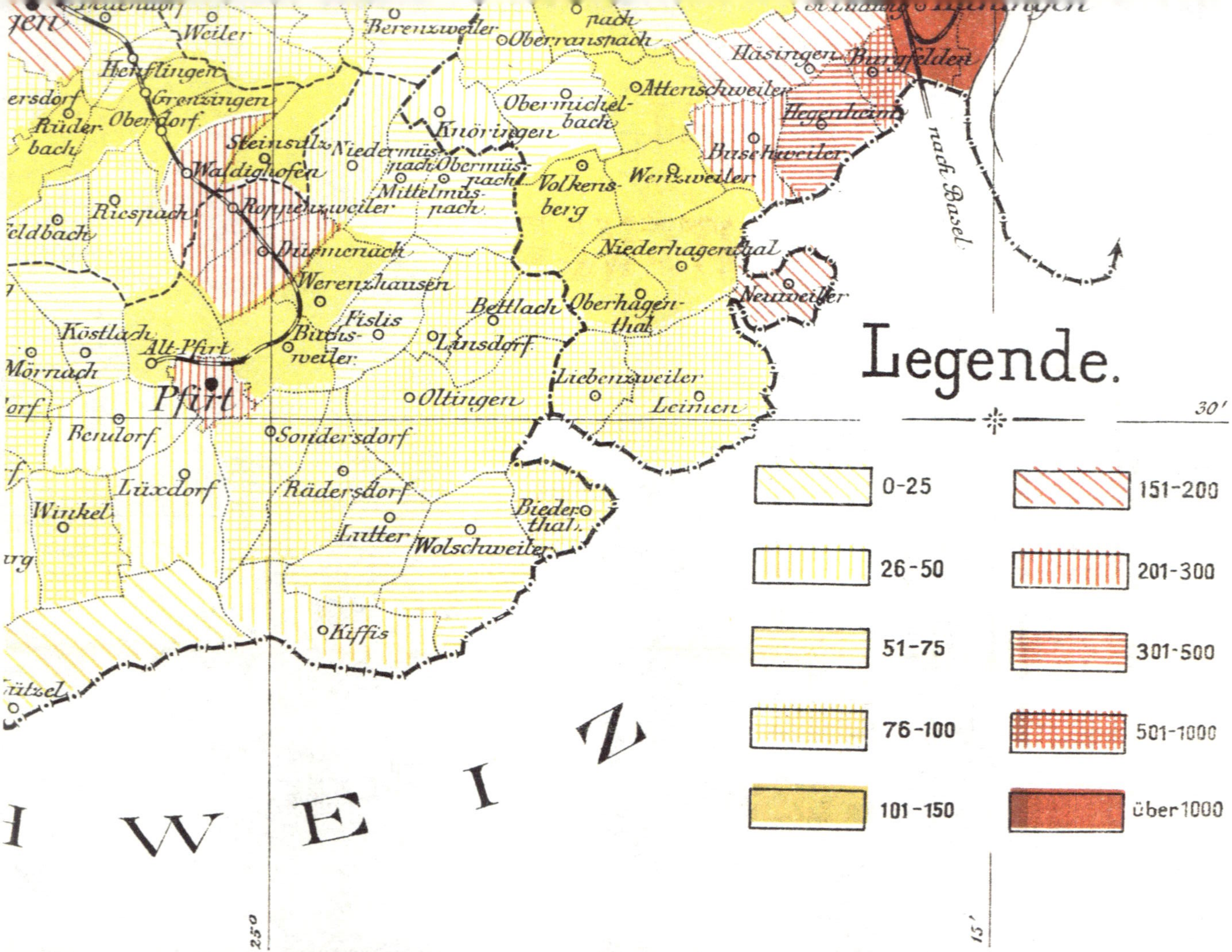

Weiler
Berenzweiler
Oberranspach
Häsingen
Burgfelden
Henflingen
Grenzingen
Attenschweiler
Oberdorf
Obermichelbach
Rüderbach
Steinsulz
Niedermüspach
Obermüspach
Knöringen
Hegenheim
Waldighofen
Mittelmüspach
Volkensberg
Wenzweiler
Buschweiler
Riespach
Roppenzweiler
Feldbach
Dürmenach
Niederhagenthal
Werenzhausen
Fislis
Bettlach
Oberhagenthal
Neuweiler
Köstlach
Buchsweiler
Linsdorf
Alt-Pfirt
Mörnach
Pfirt
Oltingen
Liebenzweiler
Leimen
nach Basel
Bendorf
Sondersdorf
Lüxdorf
Rädersdorf
Winkel
Lutter
Wolschweiler
Biederthal
Kiffis
Legende.
0-25
26-50
51-75
76-100
101-150
151-200
201-300
301-500
501-1000
über 1000
I W E I Z
25°
30′
15′

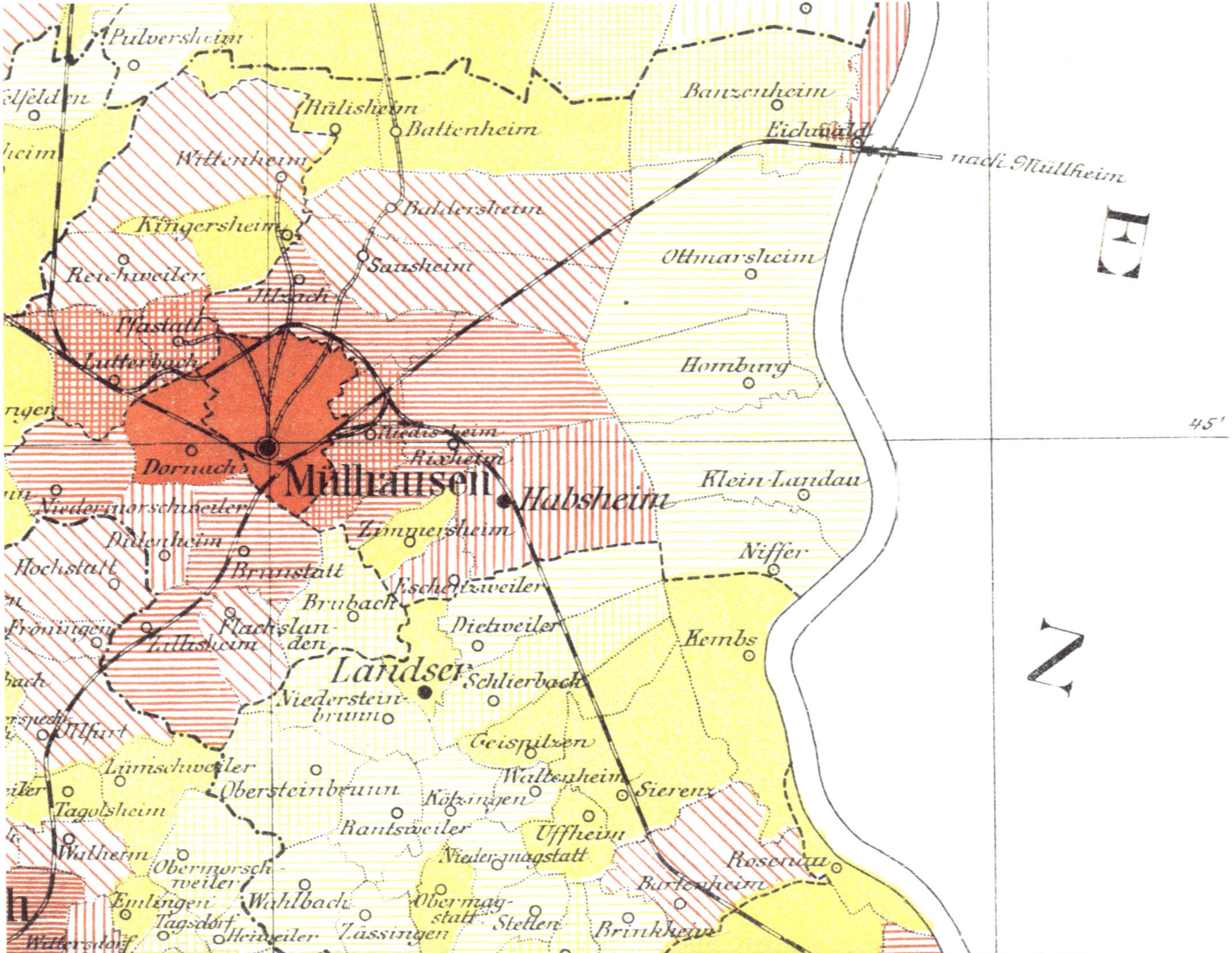

Pulversheim
Banzenheim
Rülisheim
Battenheim
Eichwald
nach Müllheim
Wittenheim
Baldersheim
Kingersheim
Ottmarsheim
Reichweiler
Sausheim
Illzach
Pfastatt
Lutterbach
Homburg
Riedisheim
Rixheim
45'
Dornach
Mülhausen
Habsheim
Klein-Landau
Niedermorschweiler
Zimmersheim
Dillenheim
Niffer
Hochstatt
Brunstatt
Eschentzweiler
Brubach
Dietweiler
Fröningen
Flachslanden
Zillisheim
Kembs
Landser
Schlierbach
Niedersteinbrunn
Illfurt
Geispitzen
Linsschweiler
Waltenheim
Obersteinbrunn
Sierenz
Tagolsheim
Kötzingen
Rantsweiler
Uffheim
Walheim
Niedermagstatt
Rosenau
Obermorschweiler
Bartenheim
Emlingen
Wahlbach
Obermagstatt
Tagsdorf
Steffen
Brinkheim
Heimweiler
Zässingen
Willersdorf
E
N

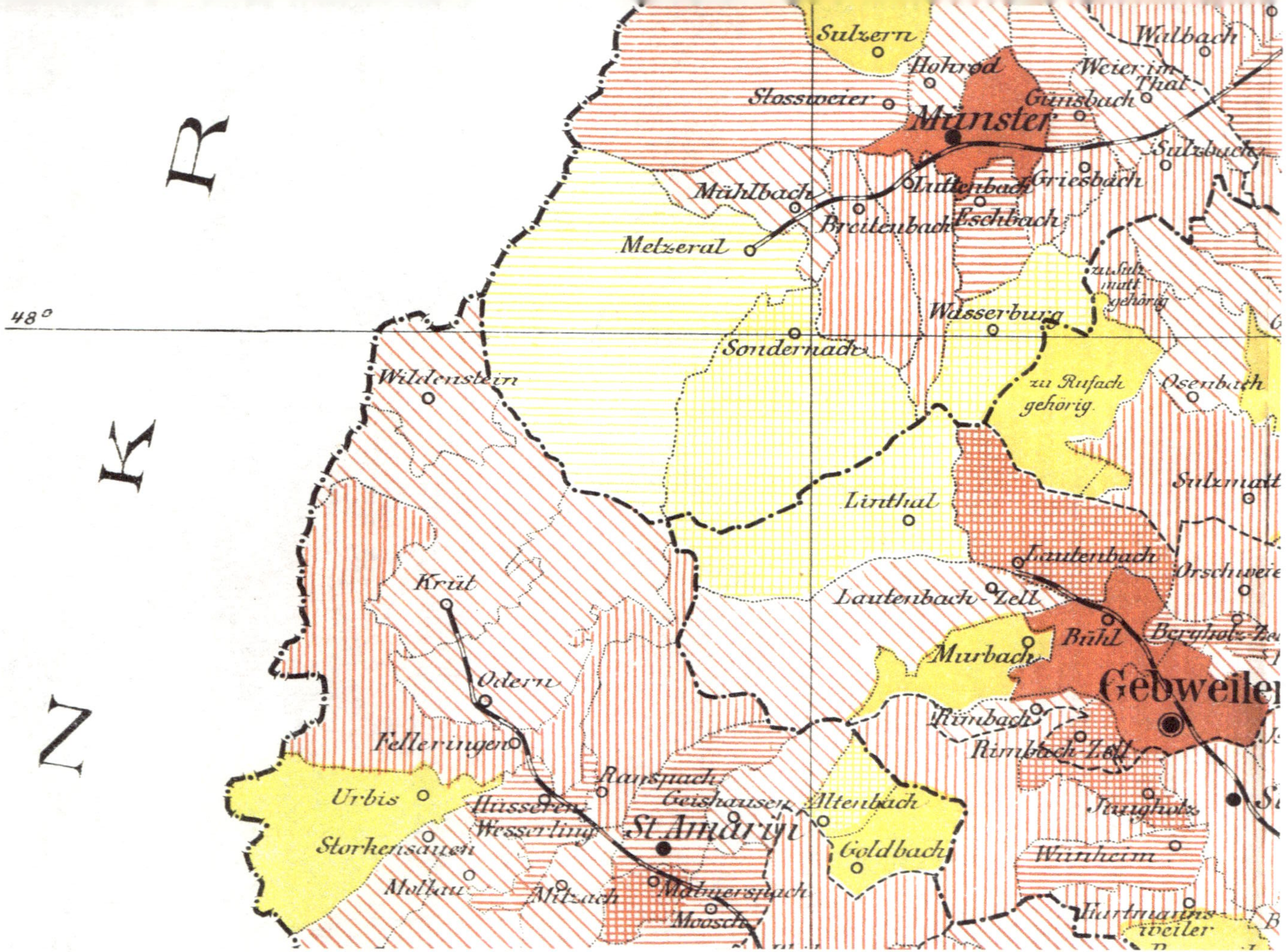

R
K
N
48°
Sulzern
Hohrod
Walbach
Weier im Thal
Slossweier
Münster
Günsbach
Sulzbach
Mühlbach
Luttenbach
Griesbach
Breitenbach
Eschbach
Metzeral
zu Sulzmatt gehörig
Wasserburg
Sondernach
Wildenstein
zu Rufach gehörig
Osenbach
Sulzmatt
Linthal
Lautenbach
Orschweier
Krüt
Lautenbach-Zell
Bühl
Bergholz-Zell
Murbach
Gebweiler
Odern
Rimbach
Rimbach-Zell
Felleringen
Ranspach
Urbis
Husseren
Wesserling
Geishausen
Altenbach
St Amarin
Jungholz
Storkensauen
Goldbach
Wünheim
Mollau
Mitzach
Malmerspach
Moosch
Hartmannsweiler

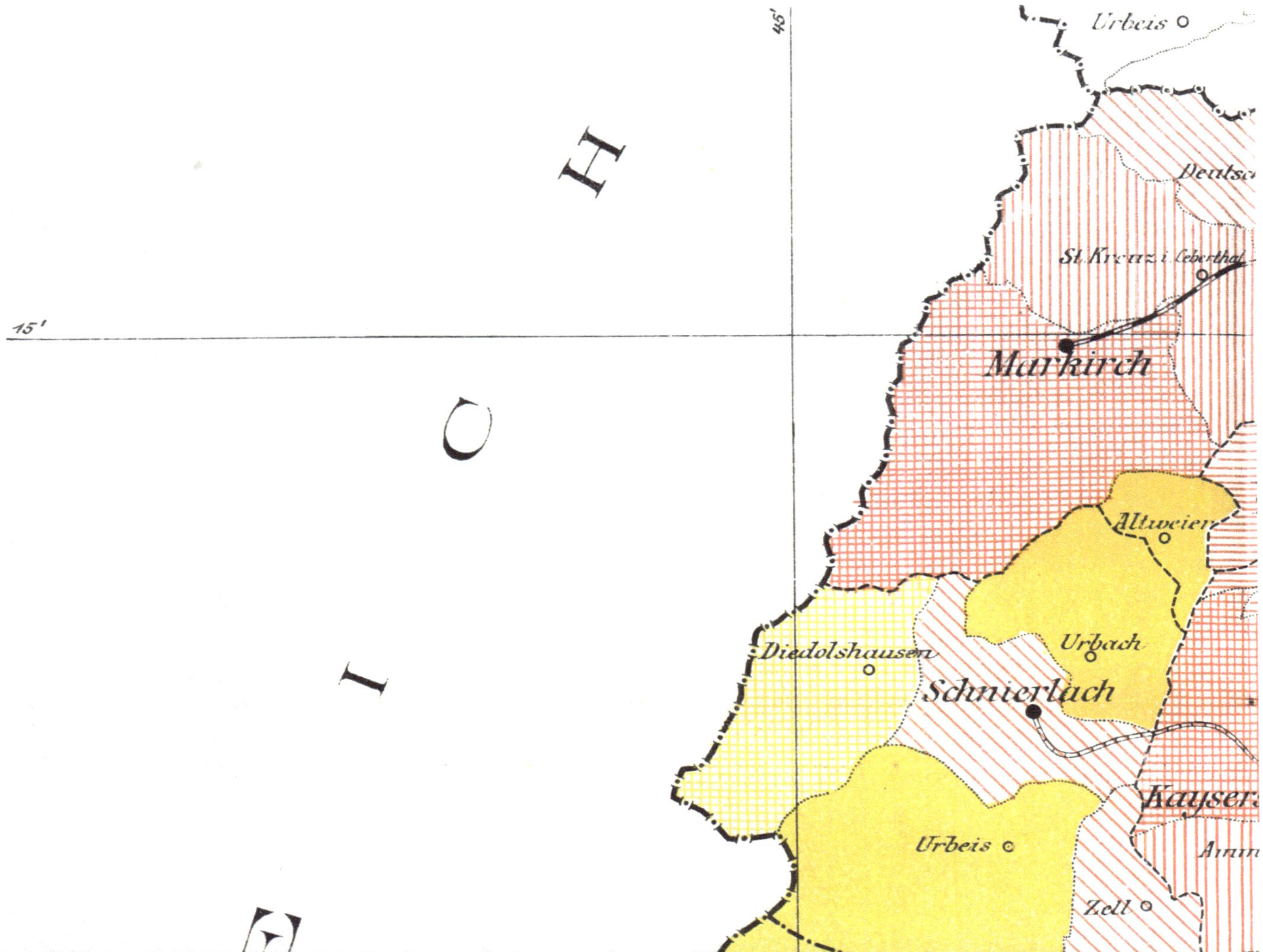

45'
15'
H
C
I
E
Urbeis
St. Kreuz i. Leberthal
Markirch
Altweier
Urbach
Diedolshausen
Schnierlach
Urbeis
Zell

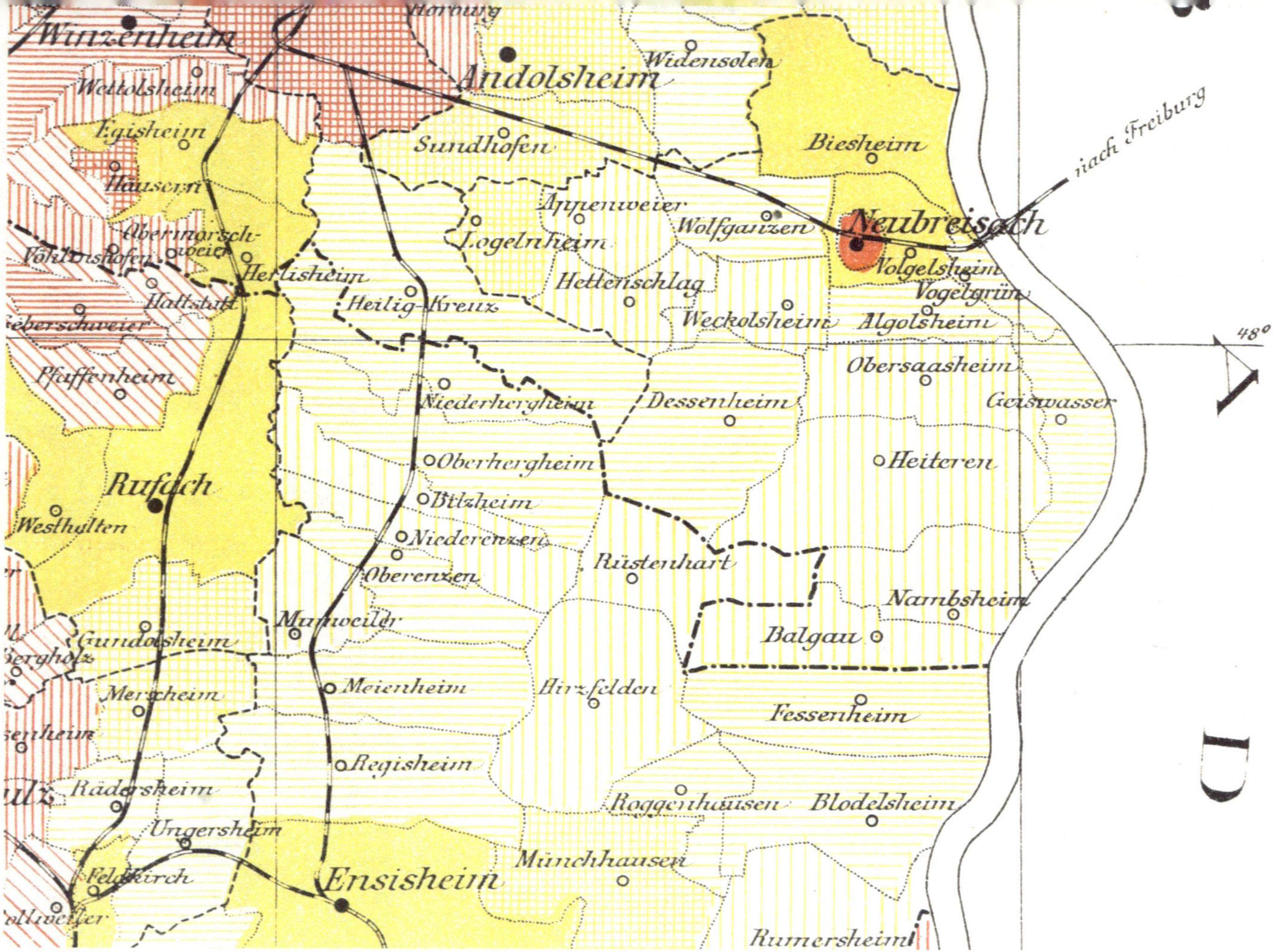
Winzenheim
Andolsheim
Widensolen
Wettolsheim
Egisheim
Sundhofen
Biesheim
Häusern
Appenweier
Wolfganzen
Neubreisach
nach Freiburg
Obermorschweier
Logelnheim
Vöklinshofen
Herlisheim
Volgelsheim
Hettenschlag
Hattstatt
Heilig-Kreuz
Vogelgrün
Weckolsheim
Algolsheim
48°
Pfaffenheim
Obersaasheim
Niederhergheim
Dessenheim
Geiswasser
Oberhergheim
Heiteren
Rufach
Bilzheim
Westhalten
Niederenzen
Rüstenhart
Oberenzen
Nambsheim
Merxheim
Balgau
Gundolsheim
Meienheim
Hirzfelden
Fessenheim
Regisheim
Rädersheim
Roggenhausen
Blodelsheim
Ungersheim
Münchhausen
Feldkirch
Ensisheim
Rumersheim
A
D

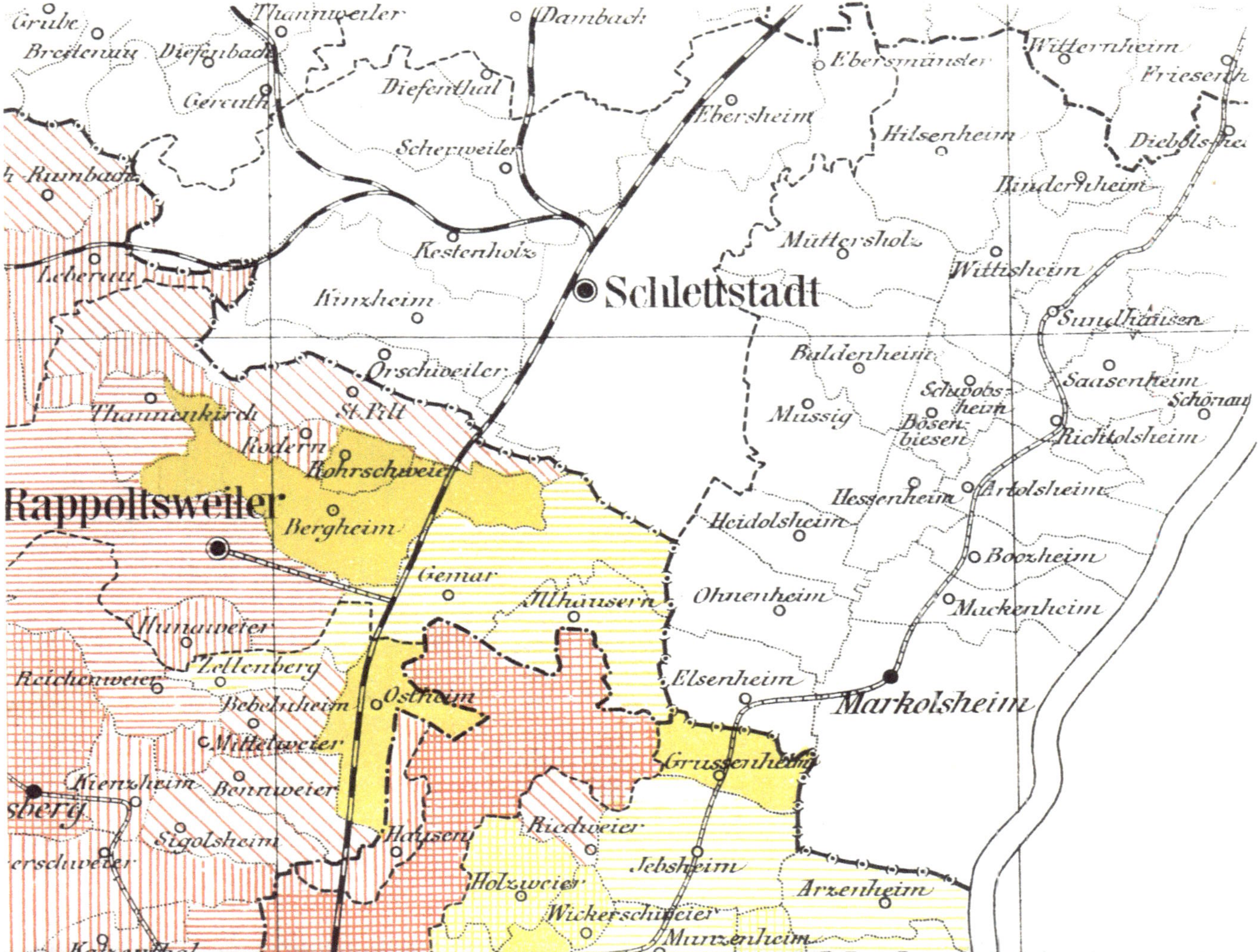
Grube
Breitenau
Diefenbach
Thannweiler
Dambach
Gereuth
Diefenthal
Scherweiler
Ebersheim
Ebersmünster
Witternheim
Friesenheim
Hilsenheim
Diebolsheim
Bindernheim
Rumbach
Leberau
Kestenholz
Müttersholz
Wittisheim
Kinzheim
Schlettstadt
Sundhausen
Orschweiler
Baldenheim
Saasenheim
Schönau
Thannenkirch
St. Pilt
Schwobsheim
Mussig
Bösenbiesen
Richtolsheim
Rodern
Rohrschweier
Hessenheim
Artolsheim
Rappoltsweiler
Bergheim
Heidolsheim
Boozheim
Gemar
Ohnenheim
Illhäusern
Mackenheim
Hunaweier
Zellenberg
Reichenweier
Elsenheim
Markolsheim
Bebelnheim
Ostheim
Mittelweier
Grussenheim
Kienzheim
Bennweier
Sigolsheim
Hausen
Riedweier
Jebsheim
Holzweier
Arzenheim
Wickerschweier
Munzenheim

FSC
www.fsc.org
MIX
Papier | Fördert
gute Waldnutzung
FSC® C083411

Zeitfracht Medien GmbH
Ferdinand-Jühlke-Straße 7
99095 Erfurt, Deutschland
produktsicherheit@kolibri360.de